U0508415

陕西省公众科学素质发展年鉴
（2022）

袁晓军　张　丽　席建成　编著

图书在版编目（CIP）数据

陕西省公众科学素质发展年鉴 . 2022 / 袁晓军，张丽，席建成编著 . —北京：研究出版社，2024.4
ISBN 978-7-5199-1663-3

Ⅰ.①陕… Ⅱ.①袁… ②张… ③席… Ⅲ.①公民—科学—素质教育—陕西— 2022 —年鉴 Ⅳ.① G322.741-54

中国国家版本馆 CIP 数据核字（2024）第 070466 号

出 品 人：陈建军
出版统筹：丁 波
责任编辑：谭晓龙

陕西省公众科学素质发展年鉴（2022）

SHANXISHENG GONGZHONG KEXUE SUZHI FAZHAN NIANJIAN（2022）

袁晓军 张 丽 席建成 编著

研究出版社 出版发行

（100006 北京市东城区灯市口大街 100 号华腾商务楼）

北京建宏印刷有限公司印刷 新华书店经销

2024 年 4 月第 1 版 2024 年 4 月第 1 次印刷

开本：787 毫米 × 1092 毫米 1/16 印张：16.25

字数：322 千字

ISBN 978-7-5199-1663-3 定价：98.00 元

电话（010）64217619 64217652（发行部）

目　录

目 录

前　言

科学素质是国民素质的重要组成部分，是社会文明进步的基础。科学素质是指公民在科学领域的知识、能力和态度。了解必要的科学技术知识是公民具备基本科学素质的重要方面，只有了解科学的基本知识，公民才能更好地理解科学在生活中的重要性和应用科学。掌握基本的科学方法也是提升公民科学素质的关键。科学方法是一种系统、有序的思考和探索方式，它包括观察、提出假设、实验和验证等步骤。通过学习和掌握科学方法，公民可以更好地进行科学思考和问题解决，培养批判性思维和科学精神。另外，树立科学思想和崇尚科学精神也是公民科学素质的重要方面。只有树立公民对科学的认同感和信任感，以及对科学方法和科学理论的认可和尊重的科学思想，才能培育出崇尚科学精神、具备批判思维、求真务实、勇于创新的科学态度。一个社会拥有大量具备科学思想、崇尚科学精神的现代公民，才能更好地面对科技发展带来的挑战和机遇。提升科学素质，对于公民树立科学的世界观和方法论、增强国家自主创新能力和文化软实力、全面建设社会主义现代化强国，具有十分重要的意义。

2021 年，国务院制定了《全民科学素质行动规划纲要（2021—2035 年）》（简称《规划纲要》）。为了贯彻落实《规划纲要》，2021 年 12 月，陕西省政府制定并出台了《陕西省贯彻〈全民科学素质行动规划纲要（2021—2035 年）〉实施方案》。经过不懈努力，陕西省科普工作和科学素质建设工作取得了显著成效，组织动员体系不断健全，科学教育纳入基础教育效果明显，科普传播能力逐年递增，科普信息化水平显著提升，现代科技馆体系初步建成，党的领导、政府推动、全民参与、社会协同、开放合作的科学素质建设模式初步形成。

作为提升公众科学素质的主导者，陕西省科学技术协会推动形成全社会共同参与的大科普格局，促进科技资源科普化，深化科普供给侧结构性改革，扩大科普服务的覆盖面和提升服务均等化。紧密围绕科普"讲什么""谁来讲""给谁讲""怎么讲""在哪儿讲"，贯穿科普价值引领、科学教育、人才培养和阵地建设、文化涵养等各个环节，深化科普供给侧结构性改革，系统提高科普能力，推进科普资源共建共享，不断满足广大人民群众日益增长的科学文化需求。同时，全省各级科协组织积极融入全省创新驱动发展战略大局，助力秦创原创新驱动平台建设、搭建创新创业服务平台，围绕全省 23 条重点产业链的关键技术、创新成果开展科普工作。

　　《陕西省公众科学素质发展年鉴（2022）》包括省域科学素质发展、市域科学素质发展、科创提升科学素质、青少年科学素质发展、农民科学素质发展、科学素质研究、科学素质发展平台建设与创新活动等 7 个栏目，分别记录省市科协、公众科学素质研究中心、各类学会等开展科普宣传、科普教育的工作情况，记录科普进校园、下乡村的基本状况。针对公民科学素质提升工作开展的各类学术研究由"科学素质研究"栏目呈现，"科学素质发展平台建设与创新活动"栏目呈现了各类科学素质研究平台及创新活动等工作。

　　编纂年鉴是一项极具有挑战性的工作，因为它要求我们在有限的空间内，准确地呈现出一年来发生的各种事件和活动。在西北工业大学的支持和指导下，年鉴编纂组表现出良好的组织能力和分析能力，从大量的信息中筛选出最重要和最有代表性的内容，以充分、深入体现陕西科普领域 2022 年的工作成效。年鉴编纂不当之处，恳请各位读者予以指正。

概　述

2022 年，在陕西省科学技术协会的领导下，陕西科普工作呈现出欣欣向荣的景象，科普事业得到进一步发展，陕西公民的科学素质得到进一步提升。

进一步推进科普领域改革，开展科普示范活动，着力提升公民科学素质。举办全省科协系统科普工作会和全省现代科技馆系统工作会，建立 20 个全国科普示范县和 42 个全国科普教育基地。"科学技术之春""全国科普日""科普尹裕博士展览馆""振兴农村、赋予科学技术""典赞·科普三振"等丰富多彩的科普活动得以举行。开展 20 个全国科普示范县、31 个省级科普范县创建活动。举办"科技之春"等群众性科普示范活动 800 余项，开展全国科普日系列活动 1417 项，开展"典赞·科普三秦"推选活动。陕西省 4 个集体、4 名个人获 2021 年度全民科学素质工作全国表彰，42 家单位被认定为 2021—2025 年度全国科普教育基地。

不断营造良好的科普社会环境，推动科普工作再上新台阶。通过召开全省科协系统工作会议、专题工作会，举办陕西科协讲堂等，面向基层一线科技工作者，深入解读习近平新时代中国特色社会主义思想、习近平总书记来陕考察重要讲话重要指示精神和关于科技创新、群团发展的重要论述，宣传贯彻中国科协第十次全国代表大会，省第十四次党代会及省委十四届二次、三次全会精神。8 个单位成为全国第一批科学家精神教育基地。"全国科技日"主场活动和党领导下的"科学家主题展"巡回展览成功举办，在全社会形成弘扬科学家精神，培育创新文化的良好氛围。

积极加强智库建设，服务区域经济社会发展。组织征集 2022 年陕西省科协决策咨询课题 164 项，开展 20 项重点智库课题研究，上报专家建议获省级领导批示 10 次。多份科技工作者状况调查站点信息被中国科协平台采纳。围绕"助力秦创原平台建设，服务陕西高质量发展"主题，推进西咸新区"科创中国"试点，搭建"1+10+N+ 成果发布"活动框架，涵盖开幕式、10 场专项活动、26 个特色活动，31 人次院士、近 600 人次专家、约 20 万线上线下参会代表共聚一堂，推动"秦创原"和"科创中国"双平台融通互动。举办"科创中国"苏陕协作推进会暨"秦创原"推介活动，推动陕西省相关地市（园区）与江苏省相关地市（园区）签订合作协议。实施 2022 年度科技经济融合助力秦创原建设项目，组建科技服务团，开展技术咨询、生产调研等活动，推荐 5 家单位入选全国首批"科创中国"创新基地。

　　加强科普人才队伍建设，培育青少年人才。推荐产生中国青年女科学家2名、团队1个、第十七届中国青年科技奖4人。组织省级学会推荐陕西省科学技术奖75项，获奖率达50%。开展"陕西最美科技工作者""西迁精神传承人"学习宣传活动和"四个100"先进典型最美志愿者点赞活动，在全社会营造尊重知识、尊重人才的浓厚氛围。举办陕西省青少年科技创新大赛，实施中学生科技创新后备人才培养计划，开展"英才计划"天文科普实践活动、青少年高校科学营活动、青少年科学调查体验、青少年科学影像节等活动，挖掘和培养青少年科技人才，其中，中学生五项学科竞赛奖牌总数为多年来最好成绩。

1. 省域科学素质发展

在省委、省政府的正确领导下，陕西省科学技术协会党组坚持以习近平新时代中国特色社会主义思想为指导，积极、切实、创造性地学习贯彻习近平总书记关于科技创新与科学普及等一系列重要论述精神，认真履行陕西省《全民科学素质行动计划纲要》实施领导小组办公室职责，组织省级有关部门和各级科协持续落实《陕西省贯彻〈全民科学素质行动计划纲要〉实施方案（2006—2010—2020 年）》，全民科学素质行动取得显著成效，公民科学素质取得良好发展。

"省域科学素质发展"栏目以时间为序，记录了省级层面各界开展科普宣传、促进公民素质提升的各项活动。按照这些活动是否具有全省范围的影响力、能否对全省公民科学素质水平提升产生促进作用的原则，本栏目记录了 108 项相关活动。这些活动主要记录了省科协在促进全民科学素质提升方面的活动，以及能够在全省范围内形成影响、对全省公民科学素质提升产生促进作用的其他社会组织，在促进全民科学素质提升方面的活动。

省域科学素质发展一览表

2月26日	陕西省计算机学会2021年度工作总结暨表彰会议召开
3月27日	"节水中国，你我同行"第三十届"科技之春"线上主题活动顺利开展
3月31日	陕西省金属学会组织召开新产品、新技术鉴定验收会
4月11日	省科协党组会议传达学习习近平总书记近期重要指示精神，研究贯彻落实举措
4月12日	陕西省召开合力推进巩固拓展脱贫攻坚成果同乡村振兴有效衔接工作电视电话会议
4月13日	陕西省科协获评2021年度全国科协系统助力乡村振兴工作优秀单位
4月14日	省科协召开中学生五项学科竞赛2021年工作总结暨2022年工作部署会议
4月15日	省科协党组与省纪委监委驻省科技厅纪检监察组召开2022年全面从严治党专题会商会议
4月15日、18日	省科协为咸阳市、延安市作公民科学素质主题宣讲
4月19日	省科协为渭南市线上开展公民科学素质主题宣讲
4月24日	云游九号宇宙探索浩瀚宇宙"中国航天日"线上主题科普活动成功举办
4月25日	省科协党组会议传达学习习近平总书记近期重要指示精神，研究贯彻落实举措
4月25日	省科协召开专职主席办公会议研究审议学会组织建设有关事项
4月26日	省科协召开专题会议研究科学技术普及"一法一条例"执法检查工作
4月26—27日	省科协调研全省中学生五项学科竞赛筹备工作情况
4月27日	省科协与渭南师范学院座谈交流

5月	陕西省通信学会开展"5·17"世界电信日宣传活动
5月5日	省科协党组会议传达学习习近平总书记近期重要指示精神，研究贯彻落实举措
5月9—12日	李豫琦到西安市调研青少年科学素质提升工作
5月13日	省科协召开党组理论学习中心组（扩大）会议，重温习近平总书记重要讲话重要指示精神
5月13日	省科协党组会议传达学习习近平总书记近期重要讲话重要指示精神，研究贯彻落实举措
5月16日	省科协荣获2021年度全省目标责任考核优秀单位
5月16日	陕西省2022年全民营养周启动仪式在西安举办
5月20日	陕西省通信学会召开第九届理事会第四次会议
5月20日	省科协党组会议传达学习习近平总书记近期重要指示精神，研究贯彻落实措施
5月30日	陕西科技报《科技会客厅》直播栏目开播
6月2日	省科协党组会议传达学习习近平总书记近期重要指示精神，研究贯彻落实措施
6月7日	陕西科协讲堂举办《新传播形态下的舆情应对策略》专题报告
6月7—8日	省科协赴铜川、延安调研县级科技馆和科普基础设施建设工作
6月10日	省科协召开党组理论学习中心组（扩大）会议围绕学习贯彻省第十四次党代会精神开展交流研讨
6月10日	省科协党组会议传达学习习近平总书记近期重要指示精神，研究贯彻落实举措
6月15日	公众科学素质与现代化研讨会在西北大学举行
6月16日	李肇娥到榆林市开展公民科学素质主题宣讲并调研科普工作
6月17日	省科协与省社科联对接交流工作
6月17日	李豫琦会见榆林学院党委书记张新柱一行
6月21日	省科协与省作协对接交流工作
6月23日	宝鸡文理学院科协第三次代表大会顺利召开
6月30日	陕西省副省长方光华在陕西省科协第九次代表大会上作经济形势报告
6月30日	陕西省科协第九次代表大会闭幕
7月	陕西科技报社2022年"新春走基层"获多项表彰
7月4日	省科协召开党组（扩大）会议专题，传达学习陕西省科协第九次代表大会会议精神，研究部署宣传贯彻落实举措
7月5日	西安财经大学召开科协成立大会
7月5日	省科协赴安康参加省级定点帮扶单位助力安康发展恳谈会并开展工作调研
7月7日	吕建军专题党课宣讲省第十四次党代会精神和陕西省科协第九次代表大会会议精神
7月8日	省科协党组会议传达学习习近平总书记重要指示精神，研究贯彻落实举措
7月12日	《陕西工作交流》刊发李豫琦署名文章《紧盯高质量发展主题勇担创新驱动使命推动省第十四次党代会精神在科协系统落地见效》
7月14日	李豫琦到铜川市宣讲陕西省科协第九次代表大会会议精神
7月14日	陕西科技馆赴安坪社区开展实地调研工作

7月15日	省科协新一届领导班子开展科学家精神主题学习教育活动
7月17日	省科协开展2022年陕西省中学生生物学联赛监督工作
7月18日	省第十四次党代会精神和陕西省科协第九次代表大会会议精神专题党课走进陕西科技报社
7月20日	省科协赴陕西师范大学开展学科竞赛工作调研座谈
7月21日	省科协领导赴中联西北工程设计研究院有限公司调研
7月22日	陕西省科协召开全省科普示范体系建设能力提升培训会
7月25日	省科协召开党组理论学习中心组（扩大）会议，认真学习《中国共产党章程》和习近平总书记重要讲话重要文章
7月25日	省科协党组会议传达学习习近平总书记重要指示精神，研究贯彻落实举措
7月27—30日	吕建军深入榆林宣讲陕西省科协第九次代表大会会议精神并调研基层科协工作
7月下旬至8月上旬	第五次全国科技工作者状况调查（陕西）专项调研组开展广泛调研
7月28日	智慧物联科技服务团进企开展技术需求对接服务工作
7月29日	陕西科技报社召开2022年下半年工作推进会
8月	陕西3家单位入选中国科协首批"科创中国"创新基地
8月1日	省科协党组会议传达学习习近平总书记重要指示精神，研究贯彻落实举措
8月2日	中国科协党校青年科技领军人才国情研修活动在西安举行
8月3日	朱爱斌、徐海波、景蔚萱、张琴等专家赴西安缔造者机器人有限责任公司开展科技服务团对接企业技术需求活动
8月4日	省科协赴省计算机学会开展学科竞赛工作调研座谈
8月4日	材料专家科技服务团一行来到西咸新区秦汉新城，围绕陕西科谷新材料科技有限公司提出的技术难题开展对接服务工作
8月4日	省科协召开党组理论学习中心组（扩大）会议，认真开展纪律教育学习
8月4日	省科协召开党组（扩大）会议专题传达学习省委十四届二次全会精神
8月6日	"科创中国"西咸新区新能源及智能网联汽车产学融合会议成功召开
8月6日	陕西省汽车工程学会第八次会员代表大会召开
8月10日	省科协所属省级学会秘书长工作会议在西安召开
8月11日	省科协召开党组理论学习中心组（扩大）会议，认真学习《习近平谈治国理政》第四卷
8月11日	省科协党组会议传达学习习近平总书记重要指示精神，研究贯彻落实举措
8月18日	科普中国创作大会暨2022年中国科普作协年会特色分论坛线上举办
8月19日	省科协党组会议传达学习习近平总书记重要指示精神，研究贯彻落实举措
8月19日	省科协召开干部会议，部署推进科协机关深化改革工作
8月31日	李豫琦参加办公室党支部组织生活会
9月	省科协薛琳同志家庭荣获2022年度"三秦最美家庭"荣誉称号

9月1日	李豫琦、李肇娥赴中国航天科技集团第六研究院调研
9月2日	李豫琦、李肇娥会见韩城市委书记亢振峰一行
9月2日	省科协与省司法厅座谈交流科技工作者法律服务工作
9月2日	省科协召开党组理论学习中心组（扩大）会议专题学习习近平经济思想
9月2日	省科协召开党组会议传达学习习近平总书记重要指示精神，研究贯彻落实举措
9月7日	省科协赴西安市航天城第一中学调研
9月8日	陕西铁路老科学技术工作者协会第三次会员代表大会在西安召开
9月11日	省科协开展2022年全国中学生数学奥林匹克竞赛（预赛）监督工作
9月13日	省科协召开党组会议传达学习习近平总书记近期重要指示精神，研究贯彻落实举措
9月15日	省科协领导赴科学家精神教育基地走访调研
9月15日	隆基绿能启动航天技术与新能源融合发展新模式
9月15—16日	测井科技高端论坛隆重召开
9月16日	2022年企事业科协秘书长工作会议暨能力提升培训班在西安召开
9月17日	省科协开展2022年第39届全国中学生物理竞赛和信息学全国CSP-J/S认证监督工作
9月19—20日	李豫琦、李肇娥赴广东考察调研科普基础设施建设
9月19日	"'经'彩西安·数智未来"秦创原数字经济生态论坛召开——西安经开区首批海智工作站授牌
9月21日	西安市高新区创业园召开"科创中国"陕西智能制造区域科技服务团专家问诊企业问题交流会
9月21日	省科协青年人才托举计划科技沙龙在西安举办
9月22日	秦创原·第六届国际丝路新能源与智能网联汽车大会开幕
9月22日	陕西省老科学技术教育工作者协会第九次会员代表大会在西安召开
9月23日	省科协召开党组会议传达学习习近平总书记重要文章重要讲话精神，研究贯彻落实举措
9月23日	省科协与新华社陕西分社座谈交流科技新闻报道工作
9月24日	陕西省农技协积极开展全国科普日农技协联合行动
9月24日	陕西省暨西安市2022年全国科普日主场示范活动启动
9月24日	陕西省土壤学会第十三次会员代表大会在杨凌召开
9月26日	全省现代科技馆体系工作会议在西安召开
9月28日	省科协组织离退休同志赴蓝田县葛牌镇红色教育基地参观学习
9月30日	省科协与团省委座谈交流提升青少年科学素质和青年人才工作
10月24日	第一届储能与节能国际研讨会成功举办
12月2日	秦创原离散装备工业互联网创新应用学术论坛在渭南市举办
12月2日	机器学习助力数字经济协同发展国际论坛成功举办

省域科学素质发展主要事项

2月26日，陕西省计算机学会2021年度工作总结暨表彰会议召开

2月26日，陕西省计算机学会2021年度工作总结暨表彰会议在西安召开。会议由副理事长冯幼文主持，副理事长兼秘书长陈锐、副理事长韩炜分别作2021年工作总结报告和宣读评审表彰决定。常务副秘书长苗启广、生物医学智能计算专委会副主任委员石争浩、高性能计算专委会秘书长朱虎明作为代表发言，理事长周兴社进行会议讲话并部署2022年工作。总结表彰会议结束后随即召开常务理事扩大会议，与会期间，学会监事会委员参会并监督会议全程，王泉、冯幼文、郭永强、周非凡、韩炜、耿国华、彭进业、王忠民、吴宝海、鲁红军、张建奇、黑新宏等副理事长、常务理事、专委会主任先后发言，对学会发展提出多项建设性的建议和意见。

3月27日，"节水中国，你我同行"第三十届"科技之春"线上主题活动顺利开展

3月27日，由陕西省水利厅、陕西省科协主办，陕西省科普宣传教育中心承办，西安市教育局协办的"节水中国，你我同行"线上科普直播活动顺利举办。作为陕西省水利厅、陕西省科协在第三十届"科技之春"宣传月期间组织的重点科普活动，共分为四个环节，向观众展示了水资源的稀缺性和节水的重要性。

3月31日，陕西省金属学会组织召开新产品、新技术鉴定验收会

3月31日，陕西省金属学会对两项新产品、新技术召开了鉴定会。陕西省金属学会理事长、陕钢集团公司副总经理、教授级高工韦武强，西安交通大学钱学森学院副院长、教授杨森，西北工业大学材料科学与工程学院副院长、教授苏海军，西北有色金属研究院副总工程师、教授赵永庆，陕西省金属学会副秘书长、高级工程师陈湘法等专家出席，陕西省金属学会常务副理事长李三梅对应邀专家表示欢迎和感谢，并对新产品、新技术给予肯定。专家委员会主任委员韦武强主持专家组会议，听取工作汇报并现场考察，会上专家组一致同意通过产品鉴定，可以投入批量生产。

4月11日，省科协党组会议传达学习习近平总书记近期重要指示精神，研究贯彻落实举措

4月11日，省科协党组书记李豫琦主持召开党组会议，传达学习习近平总书记在3月31日中央政治局常委会会议、北京冬奥会冬残奥会总结表彰大会、参加首都义务植树活动时的重要讲话和《求是》杂志发表的《坚持把解决好"三农"问题作为全党工作重中

之重，举全党全社会之力推动乡村振兴》重要文章精神，研究贯彻落实举措。

4月12日，陕西省召开合力推进巩固拓展脱贫攻坚成果同乡村振兴有效衔接工作电视电话会议

4月12日，陕西省召开合力推进巩固拓展脱贫攻坚成果同乡村振兴有效衔接工作电视电话会议。会议由省乡村振兴局党组成员、副局长张益民主持。省乡村振兴局、退役军人事务厅、团省委、省妇联、省科协、省工商联、省残联负责同志在主会场出席会议。各设区市、杨凌示范区和96个有巩固拓展脱贫攻坚成果任务的县（市、区）乡村振兴局设分会场。会上，省乡村振兴局、退役军人事务厅、团省委、省妇联、省科协、省工商联、省残联负责同志分别做了讲话。

4月13日，陕西省科协获评2021年度全国科协系统助力乡村振兴工作优秀单位

陕西省科协等30家单位被评为助力乡村振兴工作优秀单位。2021年，省科协按照中国科协，省委、省政府工作部署，着力科技产业、抓好关键环节，切实发挥引领科技工作者创新创业和科学普及的作用，推动科协资源向乡村振兴重点帮扶县（市、区）倾斜，在科技赋能农业产业发展、持续提升农民科学素质、增强农民增收本领等方面取得明显成效。

4月14日，省科协召开中学生五项学科竞赛2021年工作总结暨2022年工作部署会议

4月14日下午，在省科技馆7楼会议室召开了陕西省中学生五项学科竞赛2021年工作总结暨2022年工作部署会议。省科协副主席、领导小组副组长吕建军出席会议并讲话。会议传达了中国科协青少年科技中心《关于印发全国中学生五项学科竞赛有关办法的函》（科协青发函〔2021〕28号）文件精神，听取了陕西省中学生五项学科竞赛2021年工作总结和2022年工作计划。

4月15日，省科协党组与省纪委监委驻省科技厅纪检监察组召开2022年全面从严治党专题会商会议

4月15日，省科协党组与省纪委监委驻省科技厅纪检监察组召开2022年全面从严治党专题会商会议。省科协党组书记李豫琦主持会议并讲话，省纪委监委驻省科技厅纪检监察组组长成应斌出席会议并讲话。省科协常务副主席李肇娥，省纪委监委驻省科技厅纪检监察组二级巡视员马洪光，副组长陈全红、乔昌贤，省科协党组成员，专职领导，二级巡视员参加会议。

4月15日、18日，省科协为咸阳市、延安市作公民科学素质主题宣讲

4月15日、18日，省科协党组副书记丁德科分别为咸阳市、延安市作公民科学素质主题宣讲。丁德科以"切实提升公民科学素质"为题，围绕《陕西省贯彻〈全民科学素质行动规划纲要（2021—2035年）〉实施方案》进行宣讲。

4月19日，省科协为渭南市线上开展公民科学素质主题宣讲

4月19日，省科协党组成员、副主席李延潮为渭南市作公民科学素质主题宣讲。讲座围绕《陕西省贯彻〈全民科学素质行动规划纲要（2021—2035年）〉实施方案》，从公民科学素质的概念、公民科学素质取得的成效、面临的难点问题以及陕西省纲要《实施方案》的主要内容等方面开展宣讲。渭南市和各县（市、区）全民科学素质工作领导小组成员单位分管负责同志，市、县科协机关全体同志，市级学会负责人参加了主题宣讲会。

4月24日，云游九号宇宙探索浩瀚宇宙"中国航天日"线上主题科普活动成功举办

陕西省科普宣传教育中心联合九号宇宙航天深空科技馆举办线上云游直播活动。活动带领观众参观了"航天探索""重返地球""九号新知""未来宇航"四大主题展厅并讲解了航天发展史等相关知识。本次线上云游通过陕西科普平台进行直播，共有1.97万人次在线观看。

4月25日，省科协党组会议传达学习习近平总书记近期重要指示精神，研究贯彻落实举措

4月25日，省科协党组书记李豫琦主持召开党组会议，传达学习习近平总书记在中央全面深化改革委员会第二十五次会议、在海南考察和视察文昌航天发射场时的重要讲话精神，在博鳌亚洲论坛2022年年会开幕式上的主旨演讲和《求是》杂志发表的《促进我国社会保障事业高质量发展可持续发展》重要文章精神，审议《2022年陕西省科协全面从严治党工作要点》，研究贯彻落实举措。

4月25日，省科协召开专职主席办公会议研究审议学会组织建设有关事项

4月25日，省科协常务副主席李肇娥主持召开专职主席办公会议，省科协党组书记李豫琦出席。会议研究审议了《陕西省科学技术协会省级学会组织通则（试行）》，审议了陕西省地震学会、陕西省化学会、陕西省科技史学会换届筹备有关情况，听取了关于成立陕西省女科技工作者协会有关情况的汇报。

4月26日，省科协召开专题会议研究科学技术普及"一法一条例"执法检查工作

4月26日下午，省科协召开专题会议研究科学技术普及"一法一条例"执法检查工作，省科协常务副主席李肇娥出席会议并讲话。会议由省科协党组成员、副主席李延潮主持。省科协二级巡视员曹文举，党组成员、陕西科技馆馆长王晓东参加了会议。机关各部门、直属各单位负责同志在会上分别汇报了开展科普工作的情况及存在的主要问题。

4月26—27日，省科协调研全省中学生五项学科竞赛筹备工作情况

4月26—27日，省科协党组成员、副主席吕建军赴陕西省动物学会、陕西省物理学会、陕西省西安中学调研全省中学生五项学科竞赛筹备工作情况。调研组一行前往西北大学生命科学学院，对生物学竞赛工作进行调研。与省物理学会座谈陕西省动物学会和陕西省物理学会主要负责人及相关同志、省科协有关单位负责同志参加调研。

4月27日，省科协与渭南师范学院座谈交流

4月27日，省科协常务副主席李肇娥会见渭南师范学院院长张守华一行，双方就加强和渭南师范学院的合作、交流、共同推进全民科学素质行动计划纲要《实施方案》落实等工作进行了座谈。李肇娥主席在座谈中对渭南师范学院的发展和科普工作所取得的成效表示肯定。省科协党组成员、副主席吕建军，渭南师范学院副院长曹强，省科协相关部门负责人参加座谈。

5月，陕西省通信学会开展"5·17"世界电信日宣传活动

陕西省通信学会联合陕西省通信管理局组织各基础电信企业、单位于5月以开展"面向老年人和实现健康老龄化的数字技术"为主题宣传活动。联合省公安厅、西安市公安局共同举行防范电信网络诈骗宣传活动，同时，也组织引导省内3家基础电信企业向全省手机用户提供公益服务。面对老年人数字化问题，电信、移动、联通企业分别以媒体宣传、营业站点服务建设和深入群众的讲座活动为重心，全方位推出多种惠民、便民、利民举措。同时，西安交通大学与西安邮电大学组织学院师生观看了大会开幕式。

5月5日，省科协党组会议传达学习习近平总书记近期重要指示精神，研究贯彻落实举措

5月5日，省科协党组书记李豫琦主持召开党组会议，传达学习习近平总书记在中央财经委员会第十一次会议、在中国人民大学考察时的重要讲话和致首届大国工匠创新交流大会的贺信、致青蒿素问世50周年暨助力共建人类卫生健康共同体国际论坛的贺信、致首届全民阅读大会的贺信和给北京科技大学老教授的回信，审议《陕西省科协2022年保密工作要点》《陕西省科协2022年网络安全工作要点》《陕西省科协2022年法治工作要点》，研究贯彻落实举措。

5月9—12日，李豫琦到西安市调研青少年科学素质提升工作

5月9—12日，省科协党组书记李豫琦深入西安市部分中小学调研并主持召开青少年科学素质提升工作座谈会。陕西师范大学校长游旭群，西安市科协党组书记、常务副主席耿占军、雁塔区区长王建军、副区长刘军分别陪同调研或参加活动。省科协党组成员、副主席李延潮，西安市科协党组成员张传时，省科协机关有关部门单位、雁塔区科协、雁塔区教育局、碑林区科技局有关负责同志参加调研。

5月13日，省科协召开党组理论学习中心组（扩大）会议，重温习近平总书记重要讲话重要指示精神

5月13日，省科协党组书记李豫琦主持召开党组理论学习中心组（扩大）会议，重温习近平总书记三次来陕考察重要讲话重要指示精神和在两院院士大会、中国科协第十次全国代表大会上的重要讲话精神，传达学习《信访工作条例》。省科协二级巡视员，机关各部门、直属各单位主要负责人参加学习。

5月13日，省科协党组会议传达学习习近平总书记近期重要讲话重要指示精神，研究贯彻落实举措

5月13日，省科协党组书记李豫琦主持召开党组会议，传达学习5月5日中央政治局常委会会议、4月29日中央政治局会议精神，传达学习习近平总书记在中央政治局第三十八次集体学习、庆祝中国共产主义青年团成立100周年大会上的重要讲话精神和给中国航天科技集团空间站建造青年团队的重要回信、对湖南长沙居民自建房倒塌事故的重要指示精神，研究贯彻落实举措。

5月16日，省科协荣获2021年度全省目标责任考核优秀单位

5月16日上午，全省2021年度目标责任考核总结表彰大会在西安召开，总结通报2021年度目标责任考核工作，表彰年度目标责任考核优秀单位。省科协荣获2021年度目标责任考核优秀单位。

5月16日，陕西省2022年全民营养周启动仪式在西安举办

5月16日，陕西省2022年全民营养周暨"5·20"中国学生营养日启动仪式在西安举办。省卫生健康委副主任余立平，省科协党组成员、副主席张俊华，省教育厅二级巡视员关荷出席活动并讲话。西安爱菊粮油工业集团、西安国际港务区管委会、省营养学会有关负责同志先后致辞发言。陕西省各大医院、高校、相关企业、媒体、志愿者等参加启动仪式。

5月20日，省科协党组会议传达学习习近平总书记近期重要指示精神，研究贯彻落实措施

5月20日，省科协党组书记李豫琦主持召开党组会议，传达学习了习近平总书记在《求是》杂志发表的重要文章《正确认识和把握我国发展重大理论和实践问题》、在庆祝中国贸促会建会70周年大会暨全球贸易投资促进峰会上的视频致辞、给南京大学留学归国青年学者的重要回信精神，传达全省2021年度目标责任考核总结表彰会议精神，研究贯彻落实的具体措施。

5月20日，陕西省通信学会召开第九届理事会第四次会议

5月20日，陕西省通信学会第九届理事会第四次会议在西安召开，学会理事、联络员，会员单位等50余人参会。会议由副理事长张海林、秘书长董晓北分别主持。会议听取和审议了由秘书长董晓北做的2021年学会工作、财务报告，关于增聘副秘书长、调整理事及专业委员会主任委员的两个提案，同时，也对2022年的重点工作作了详细的部署。西安交通大学人工智能与网络通信融合专业技术委员会、西安邮电大学科普与教育工作委员会分别代表专委会、工委会进行发言。会议对惠晓丽等51名2021年度学会先进工作者、陕西电信等5家2021年度先进会员单位等荣誉获得者进行了表彰。最后，张海林副理事长做了会议总结发言。

5月30日，陕西科技报《科技会客厅》直播栏目开播

5月30日，陕西科技报推出《科技会客厅》直播节目，倾听科技工作者内心的声音，讲述科技工作者的动人故事。节目邀请了中国科学院国家授时中心主任、首席科学家张首刚，航天六院十一所工程组长秦红强，西北有色金属研究院教授级高级工程师白润和西安航天宏图信息技术有限公司研发中心技术总监廖芳芳4位"最美科技工作者"，作为各行业优秀科技工作者代表做客报社"会客厅"，共庆节日、共话美好未来。

6月2日，省科协党组会议传达学习习近平总书记近期重要指示精神，研究贯彻落实措施

6月2日，省科协党组书记李豫琦主持召开党组会议，传达学习5月27日中央政治局会议精神，习近平总书记在中央政治局第三十九次集体学习时的重要讲话精神、在《求是》杂志发表的题为《努力建设人与自然和谐共生的现代化》的重要文章以及致中国儿童中心成立40周年、中国宋庆龄基金会成立40周年的贺信精神，研究贯彻落实的具体措施。

6月7日，陕西科协讲堂举办《新传播形态下的舆情应对策略》专题报告

6月7日，陕西科协讲堂邀请人民日报社陕西分社社长王乐文作《新传播形态下的舆情应对策略》专题辅导报告。省科协党组书记李豫琦主持报告会并讲话,常务副主席李肇娥出席报告会。省科协党组成员、专职副主席,二级巡视员,机关全体干部,直属事业单位领导班子成员聆听了报告。

6月7—8日,省科协赴铜川、延安调研县级科技馆和科普基础设施建设工作

6月7—8日,省科协二级巡视员曹文举带队赴铜川市王益区科技馆、延安市黄龙县科技馆、黄龙县中药材科普教育基地调研县级科技馆和科普基础设施建设情况,并与有关同志座谈交流,共同研讨县级科技馆、科普基础设施建设中积累的经验做法和面临的实际困难。

6月10日,省科协召开党组理论学习中心组(扩大)会议围绕学习贯彻省第十四次党代会精神开展交流研讨

6月10日,省科协党组书记李豫琦主持召开党组理论学习中心组(扩大)会议,系统学习省第十四次党代会工作报告,紧密围绕高质量发展如何科协系统落地见效开展交流研讨。省科协党组书记李豫琦以《紧盯高质量发展主题,全面提升"四服务"能力,推动省党代会精神在科协系统落地见效》为题,常务副主席李肇娥以《聚焦服务高质量发展主题,推动创新驱动发展做实成势》为题带头交流研讨,班子成员和部分部门负责同志结合工作实际逐一发言。省科协二级巡视员,机关各部门、直属各单位主要负责人参加学习。

6月10日,省科协党组会议传达学习习近平总书记近期重要指示精神,研究贯彻落实举措

6月10日,省科协党组书记李豫琦主持召开党组会议,传达学习习近平总书记在四川考察时的重要指示精神和致2022年"六五"环境日国家主场活动的贺信精神,传达学习6月8日省委常委会会议精神,研究贯彻落实举措。

6月15日,公众科学素质与现代化研讨会在西北大学举行

6月15日,由陕西省公众科学素质发展联盟主办,西北大学科学史高等研究院、陕西省公民科学素质与现代化研究中心承办的公众科学素质与现代化研讨会在西北大学举行。西北大学副校长常江、省科协二级巡视员曹文举参加会议并讲话,陕西省公众科学素质发展联盟理事长丁德科教授作了《充分发挥公民科学素质对建设人与自然和谐共生现代化的重大支持作用》主题报告。10余位相关领域专家学者以"提升公众科学素质,坚持人与自然和谐共生现代化"为主题展开深入研讨交流。

6月16日，李肇娥到榆林市开展公民科学素质主题宣讲并调研科普工作

6月16日，省科协常务副主席李肇娥出席榆林市领导干部科普报告会，以《培植创新驱动的公民科学素质沃土》为题，对《陕西省贯彻〈全民科学素质行动规划纲要（2021—2035年）〉实施方案》进行了主题宣讲。榆林市人大常委会副主任常少海主持报告会。李肇娥围绕公民科学素质的概念、建设成效以及提升领导干部和公务员科学素质等进行了详细解读，并对榆林市公民科学素质建设现状、存在问题等内容进行了具体的分析和指导。市、县两级相关领导干部聆听了报告。李肇娥到榆林市科技馆、陕北民歌博物馆进行调研，详细了解了科普场馆的建设、运营等情况，榆林市委副书记李雄斌，市委副秘书长陈治忠，市科协党组书记、主席许锐陪同调研。

6月17日，省科协与省社科联对接交流工作

6月17日，陕西省科协党组书记李豫琦一行到陕西省社科联调研对接工作，并与陕西省社科联党组书记、常务副主席郭建树座谈交流。陕西省科协党组成员、副主席张俊华，陕西省社科联党组成员、副主席高红霞、张雄，二级巡视员苗锐军参加调研座谈。李豫琦介绍了省科协的基本情况。郭建树介绍了陕西省社科联的基本情况和主要工作。调研组一行参观了陕西省社科联展览馆。省科协、省社科联相关部门负责同志参加调研座谈。

6月17日，李豫琦会见榆林学院党委书记张新柱一行

6月17日，省科协党组书记李豫琦会见榆林学院党委书记张新柱一行，双方就支持榆林学院高质量发展进行了深入交流。李豫琦对榆林学院扎根陕北、服务陕西所做的工作给予了肯定。张新柱简要介绍了榆林学院未来发展的五项主要工作。省科协党组成员、副主席吕建军，榆林学院副校长张晓，省科协和榆林学院有关部门负责同志参加座谈。

6月21日，省科协与省作协对接交流工作

6月21日，省科协党组书记李豫琦一行到省作协调研对接工作，并与省作协党组书记、常务副主席齐雅丽座谈交流。省科协党组成员、副主席张俊华，省作协党组成员、副主席安广文参加调研座谈。座谈会中李豫琦、齐雅丽进行发言。与会人员共同阅览省作协主题文学作品，调研组一行还参观了陕西文学陈列室。省科协、省作协相关部门负责同志参加调研座谈。

6月23日，宝鸡文理学院科协第三次代表大会顺利召开

6月23日上午，宝鸡文理学院科协第三次代表大会召开。宝鸡文理学院校长郭霄鹏，省科协党组成员、副主席吕建军，宝鸡文理学院副校长李景宜，宝鸡市科协主席、党组书记王若鹏出席大会。吕建军介绍了省科协的工作情况，并表示省科协将一如既往地支持宝

鸡文理学院科协的工作。新当选科协主席郭霄鹏对新一阶段的工作进行展望。会议审议通过了《宝鸡文理学院科学技术协会第二届委员会工作报告》《宝鸡文理学院科学技术协会实施〈中国科学技术协会章程〉细则》，选举产生了宝鸡文理学院科协第三届委员会领导机构。郭霄鹏当选为校科协主席，李景宜为副主席。宝鸡文理学院 50 多名教学科研人员参加了会议。

6 月 30 日，陕西省副省长方光华在陕西省科协第九次代表大会上作经济形势报告

6 月 30 日上午，陕西省副省长方光华在陕西省科协第九次代表大会上作经济形势报告。中国工程院院士蒋庄德主持报告会。方光华对当前经济运行形势进行说明。

6 月 30 日，陕西省科协第九次代表大会闭幕

6 月 30 日下午，陕西省科协第九次代表大会在西安闭幕。陕西省委常委、常务副省长王晓出席闭幕式并讲话。省科协第九届委员会主席蒋庄德致闭幕词。会议选举产生了省科协第九届委员会主席、副主席、常委，审议通过陕西省科协第九次代表大会《关于陕西省科协第八届委员会工作报告的决议》《关于陕西省科协实施〈中国科学技术协会章程〉细则的决议》和《关于〈陕西省科协事业发展"十四五"规划（2021—2025 年）〉的决议》。

7 月，陕西科技报社 2022 年"新春走基层"获多项表彰

7 月，省委宣传部、省新闻工作者协会作出《关于表彰 2022 年"新春走基层"活动省级新闻单位先进集体、先进个人和优秀作品的决定》，决定对 19 个省级新闻单位先进集体、83 名省级新闻单位先进个人和 62 件省级新闻单位优秀作品进行通报表彰。陕西科技报社安康记者站荣获"省级新闻单位先进集体"称号；彭军、雷晓超、张宏、孟星晨荣获"省级新闻单位先进个人"称号；曹兴君采写的《为了大地丰收，甘愿汗水洒沃土——记安康市优秀科技工作者、农技推广员曾广莹》、张宏采写的《商洛市打造"一都四区"描绘高质量发展画卷》获评"省级新闻单位优秀作品"。

7 月 4 日，省科协召开党组（扩大）会议专题传达学习陕西省科协第九次代表大会会议精神，研究部署宣传贯彻落实举措

7 月 4 日，省科协党组书记李豫琦主持召开党组（扩大）会议，传达学习省委书记刘国中在陕西省科协第九次代表大会上的讲话精神，中国科协党委书记、分管日常工作副主席、书记处第一书记张玉卓视频讲话，省长赵一德主持开幕式时的讲话，省委常委、常务副省长王晓在闭幕式上的讲话，副省长方光华作经济形势报告时的讲话，学习陕西省科协第九次代表大会工作报告、省科协事业发展"十四五"规划和省科协实施《中国科学技术

协会章程》细则，研究部署、宣传贯彻落实举措。

7月5日，西安财经大学召开科协成立大会

7月5日上午，西安财经大学召开科协成立大会。省科协常务副主席李肇娥、西安财经大学校长方明出席会议并讲话，西安财经大学科协当选主席李佼瑞表态发言。党委书记杨涛，副书记李国武，副校长李萍、吴旺延，西安市科协党组书记、常务副主席耿占军出席大会。科协成立大会现场李肇娥在讲话中对西安财经大学科协的成立表示祝贺。会议审议并通过了《西安财经大学科学技术协会实施〈中国科学技术协会章程〉细则》，选举产生了校科协第一届委员会领导机构。会议选举李佼瑞为科协主席，李国武、李萍、吴旺延、任保平为副主席。西安财经大学100多位教学科研人员参加了会议。

7月5日，省科协赴安康参加省级定点帮扶单位助力安康发展恳谈会并开展工作调研

7月5日，安康市召开省级定点帮扶单位助力安康乡村振兴和高质量发展恳谈会。安康市委书记武文罡出席会议并讲话，市长王浩致辞，31家省级定点帮扶单位有关同志出席会议，省科协党组成员、副主席李延潮做题为《发挥科协优势、强化科技赋能，助力安康乡村振兴高质量发展》的交流发言。

7月7日，吕建军专题党课宣讲省第十四次党代会精神和陕西省科协第九次代表大会会议精神

7月7日，省科协党组成员、副主席吕建军围绕学习贯彻省第十四次党代会和陕西省科协第九次代表大会会议精神，为所在支部、联系支部和分管部门的党员干部讲专题党课。吕建军介绍了省第十四次党代会、陕西省科协第九次代表大会基本情况，重点传达了刘国中在省第十四次党代会上的工作报告和讲话精神，重点传达了刘国中、赵一德、张玉卓、王晓、方光华在陕西省科协第九次代表大会上的讲话和报告精神，解读了陕西省科协第九次代表大会工作报告和"十四五"规划的主要内容。

7月8日，省科协党组会议传达学习习近平总书记重要指示精神，研究贯彻落实举措

7月8日，省科协党组书记李豫琦主持召开党组会议，传达学习中央全面深化改革委员会第二十六次会议精神，传达学习习近平总书记在湖北武汉和香港科技园考察、在庆祝香港回归祖国25周年大会暨香港特别行政区第六届政府就职典礼上的重要讲话精神，传达学习习近平总书记在金砖国家领导人第十四次会晤、全球发展高层对话会上的重要讲话精神，研究贯彻落实举措。

7月12日，《陕西工作交流》刊发李豫琦署名文章《紧盯高质量发展主题勇担创新驱动使命推动省第十四次党代会精神在科协系统落地见效》

7月12日，省委办公厅主办的《陕西工作交流》第53期刊发省科协党组书记李豫琦署名文章《紧盯高质量发展主题勇担创新驱动使命推动省第十四次党代会精神在科协系统落地见效》并转载。

7月14日，李豫琦到铜川市宣讲陕西省科协第九次代表大会会议精神

7月14日，省科协党组书记李豫琦到铜川市宣讲陕西省科协第九次代表大会会议精神并开展工作调研。铜川市委书记樊维斌会见李豫琦一行。铜川市副市长雷颖主持宣讲报告会并陪同调研。

7月14日，陕西科技馆赴安坪社区开展实地调研工作

7月14日，省科协党组成员、陕西科技馆馆长王晓东赴所联系白河县城关镇安坪社区党支部作专题党课，辅导宣讲省第十四次党代会精神，开展驻村帮扶点乡村振兴工作调研。王晓东在专题党课中指出，省第十四次党代会是在全面建成小康社会、开启全面建设社会主义现代化国家新征程的关键时期，召开的一次十分重要的会议。王晓东表示，虽然经历了帮扶对象调整，但陕西科技馆将一如既往地履行责任，帮扶工作不减力度、不降目标，服务白河县发展大局和乡村振兴任务。白河县副县长李海潮，县乡村振兴局、县科协、城关镇负责人以及陕西科技馆相关人员参加了上述活动。

7月15日，省科协新一届领导班子开展科学家精神主题学习教育活动

7月15日，省科协第九届委员会主席、中国工程院院士蒋庄德，省科协党组书记李豫琦，省科协常务副主席李肇娥带领新一届领导班子参观全国首批"科学家精神教育基地"——西安交通大学西迁博物馆、112大院和秦创原创新平台等，实地接受科学家精神主题学习教育。在省科协主席、中国工程院院士蒋庄德的带领下，新一届领导班子沿着时间轴线，走进西迁精神发源地和航天精神重要发源地，学习体悟科学家精神，在秦创原科技创新驱动的前沿阵地，展望科协事业发展前景。

7月17日，省科协开展2022年陕西省中学生生物学联赛监督工作

7月17日，省科协党组成员、副主席吕建军赴西安中学、西安市第六十六中学开展2022年陕西省中学生生物学联赛监督检查工作。西安中学副校长薛党鹏、西安市第六十六中学校长孙建国陪同检查。吕建军在检查中详细了解了各考点情况，对严格的考试组织程序和周密的考试安排给予了肯定。

7月18日，省第十四次党代会精神和陕西省科协第九次代表大会会议精神专题党课走进陕西科技报社

7月18日上午，按照省科协工作安排，省第十四次党代会精神和陕西省科协第九次代表大会会议精神专题党课走进陕西科技报社。省科协党组成员、副主席张俊华，省科协二级巡视员蔡伟，以及省科协学会学术部、宣传调研部，省科普宣教中心，陕西科技报社主要负责同志和全体党员干部，齐聚陕西科技报社会议室内，掀起了学习省第十四次党代会精神和陕西省科协第九次代表大会会议精神专题党课的热潮。

7月20日，省科协赴陕西师范大学开展学科竞赛工作调研座谈

7月20日上午，省科协党组成员、副主席吕建军赴陕西师范大学开展化学竞赛筹备工作调研座谈。陕西师范大学副校长党怀兴、陕西师范大学校工会主席高玲香、陕西师范大学化学化工学院院长薛东参加座谈。

7月21日，省科协领导赴中联西北工程设计研究院有限公司调研

7月21日上午，省科协党组成员、副主席吕建军一行赴中联西北工程设计研究院有限公司，调研企业科技创新、人才培养和科协组织筹建等工作。中联西北院党委委员、常务副总经理唐振宇，党委委员、总经理助理赵兴汉参加调研并座谈。吕建军一行参观了中联西北院科技展厅，重点了解企业业务板块和创新成果。

7月22日，陕西省科协召开全省科普示范体系建设能力提升培训会

7月22日，陕西省科普示范体系建设能力提升培训会在西安召开。省科协党组成员、副主席李延潮出席培训会并讲话，省科协二级巡视员曹文举在会上介绍陕西省科普示范县创建检查工作情况，各设区（市）科协科普部、各示范县创建单位科协负责同志近50人参加培训会。

7月25日，省科协召开党组理论学习中心组（扩大）会议，认真学习《中国共产党章程》和习近平总书记重要讲话重要文章

7月25日，省科协党组书记李豫琦主持召开党组理论学习中心组（扩大）会议，学习《中国共产党章程》和习近平同志《论"三农"工作》《更好把握和运用党的百年奋斗历史经验》，重温习近平总书记在中央和国家机关党的建设工作会议上的重要讲话，学习《纪检监察机关派驻机构工作规则》，4位同志联系工作职能职责开展交流研讨。

7月25日，省科协党组会议传达学习习近平总书记重要指示精神，研究贯彻落实举措

7月25日，省科协党组书记李豫琦主持召开党组会议，传达学习习近平总书记在新疆考察时的重要讲话精神、在《求是》杂志发表的《把中国文明历史研究引向深入，增强历史自觉坚定文化自信》重要文章以及给中国国家博物馆老专家、参加海峡青年论坛的中国台湾青年、种粮大户的回信和向世界互联网大会国际组织、全球重要农业文化遗产大会、世界青年发展论坛的重要贺信精神，研究贯彻落实举措。

7月27—30日，吕建军深入榆林宣讲陕西省科协第九次代表大会会议精神并调研基层科协工作

7月27—30日，省科协党组成员、副主席吕建军到榆林市吴堡县、榆阳区、神木市、靖边县宣讲陕西省科协第九次代表大会会议精神并开展工作调研。榆林市人大常委会副主任、市委秘书长冯光宏会见吕建军一行，并就相关工作进行了深入交流。

7月下旬至8月上旬，第五次全国科技工作者状况调查（陕西）专项调研组开展广泛调研

7月下旬至8月上旬，第五次全国科技工作者状况调查（陕西）专项调研组前往西北工业大学、陕西电子信息集团、中陕核工业集团有限公司、陕西地质调查院、陕西省人民医院、西安航天基地先进制造业企业联合科协等科技工作者集中的高校、大中型企业、科研院所、卫生机构开展调研工作。

7月28日，智慧物联科技服务团进企开展技术需求对接服务工作

7月28日，省科协牵头，省自动化学会、省科普宣教中心邀请西安科技大学、西安建筑科技大学、西安交通大学等高校智慧物联方面的专家、教授一行5人到陕西金锐鸿盛电子科技有限公司开展技术需求对接服务工作。

7月29日，陕西科技报社召开2022年下半年工作推进会

7月29日，陕西科技报社2022年下半年工作推进会召开，报社领导班子、各部室、各记者站全体人员60余人参加会议。会议听取各记者站的工作汇报，总结通报上半年整体工作及成效，安排部署报社下半年重点工作。

8月，陕西3家单位入选中国科协首批"科创中国"创新基地

8月，中国科协发布2022年"科创中国"创新基地认定结果的公告，有陕西省科协推荐的轨道交通与能源装备创新基地（西安中车永电电气有限公司）、西部云谷创新基地（陕西省西咸新区信息产业园投资发展有限公司）、西安大普科技产业园创新基地（西安大普激光科技有限公司）等3家单位入选首批"科创中国"创新基地。

8月1日，省科协党组会议传达学习习近平总书记重要指示精神，研究贯彻落实举措

8月1日，省科协党组书记李豫琦主持召开党组会议，认真学习习近平总书记在省部级主要领导干部"学习习近平总书记重要讲话精神，迎接党的二十大"专题研讨会上的重要讲话精神，传达学习7月28日中央政治局会议、7月25日党外人士座谈会精神和习近平总书记致中国共产党与世界马克思主义政党论坛、第二届中非和平安全论坛的重要贺信精神，研究省科协系统贯彻落实的具体举措。

8月2日，中国科协党校青年科技领军人才国情研修活动在西安举行

8月2日，中国科协党校青年科技领军人才国情研修活动在西安举行。陕西省科协常务副主席李肇娥、中国科协培训和人才服务中心副主任张斌、中国电子学会党委书记张宏图出席开班式并致辞。陕西省科协党组成员、副主席李延潮，来自全国学会、高校科协、企业科协推选的50多位优秀青年科技人才代表参加了研修活动。

8月3日，朱爱斌、徐海波、景蔚萱、张琴等专家赴西安缔造者机器人有限责任公司开展科技服务团对接企业技术需求活动

8月3日，由省科协牵头，陕西省科普宣传教育中心邀请西安交通大学博士生导师朱爱斌教授、机械设计研究所所长徐海波教授，陕西省机械工程学会副理事长兼秘书长景蔚萱、副秘书长张琴等专家一行赴西安缔造者机器人有限责任公司开展科技服务团对接企业技术需求活动。

8月4日，省科协赴省计算机学会开展学科竞赛工作调研座谈

8月4日上午，省科协党组成员、副主席吕建军赴省计算机学会开展信息学竞赛工作调研座谈。省计算机学会副理事长兼秘书长陈锐参加座谈。

8月4日，材料专家科技服务团一行来到西咸新区秦汉新城，围绕陕西科谷新材料科技有限公司提出的技术难题开展对接服务工作

8月4日，由省科协牵头，陕西省科普宣传教育中心组织的材料专家科技服务团一行来到西咸新区秦汉新城，围绕陕西科谷新材料科技有限公司提出的技术难题开展对接服务工作。作为先进陶瓷材料与制备工艺方面的专家，西安交通大学的杨建锋教授，王波、夏鸿雁副教授，对此次对接服务工作非常重视。他们耐心倾听企业情况介绍，详细询问企业技术痛点，围绕无压烧结碳化硅技术、加工技术及装备、碳化硅陶瓷材料的应用及推广等问题展开多角度讨论。会后，专家们更是冒着酷暑，在公司总经理李静钰及技术人员的引导下一同参观了工厂车间、加工设备等，对企业情况进行全面了解并现场给予指导，帮助企业提升发展空间。

8月4日，省科协召开党组理论学习中心组（扩大）会议，认真开展纪律教育学习

8月4日，省科协党组书记李豫琦主持召开党组理论学习中心组（扩大）会议，学习习近平总书记关于全面从严治党、党风廉政建设、纪律建设、廉洁文化建设的重要论述，学习《中国共产党纪律处分条例》《党委（党组）落实全面从严治党主体责任规定》《中共中央办公厅关于进一步激励广大干部新时代新担当新作为的意见》和省委办公厅《关于在全省开展纪律教育学习宣传月活动的通知》，4位同志围绕"严守纪律规矩，加强作风建设"主题进行了交流发言。

8月4日，省科协召开党组（扩大）会议专题传达学习省委十四届二次全会精神

8月4日，省科协党组书记李豫琦主持召开党组（扩大）会议，专题传达学习省委十四届二次全会精神，研究部署省科协系统贯彻落实工作。

8月6日，"科创中国"西咸新区新能源及智能网联汽车产学融合会议成功召开

8月6日，由中国科学技术协会主办，中国高等教育学会、中国汽车工程学会、陕西省西咸新区开发建设管理委员会承办，陕西省科学技术协会等单位支持的"科创中国"西咸新区新能源及智能网联汽车产学融合会议在西咸会议中心成功召开。中国高等教育学会副会长、科技服务专家指导委员会主任委员、中国工程院院士周玉，中国工程院院士、西安交通大学教授、陕西省科协主席蒋庄德，中国高等教育学会副会长、秘书长姜恩来，陕西省科协党组书记李豫琦，中国汽车工程学会副秘书长闫建来，上海技术交易所董事长谢吉华，西咸新区党工委委员、管委会副主任陈辉等出席大会。

8月6日，陕西省汽车工程学会第八次会员代表大会召开

8月6日下午，陕西省汽车工程学会第八次会员代表大会在西安召开，省科协党组书记李豫琦、省汽车工程学会七届理事会理事长马建、省科协副主席、西安工业大学校长赵祥模等出席会议。

8月10日，省科协所属省级学会秘书长工作会议在西安召开

8月10日，省科协召开所属省级学会秘书长工作会议暨学会专、兼职干部培训班。省科协党组书记李豫琦出席会议并讲话，省科协常务副主席李肇娥传达陕西省科协第九次代表大会会议精神，中国科协科技创新部副部长杨书宣作主旨报告。省科协党组成员、副主席张俊华主持会议。会上，李豫琦对省科协所属省级学会近段时间所取得的成绩和亮点

表示充分肯定，并指出存在的问题和不足。

8月11日，省科协召开党组理论学习中心组（扩大）会议，认真学习《习近平谈治国理政》第四卷

8月11日，省科协党组书记李豫琦主持召开党组理论学习中心组（扩大）会议，认真学习《习近平谈治国理政》第四卷1～4篇章。省科协党组书记李豫琦以《加强理论武装、把握历史主动，为谱写陕西高质量发展新篇章贡献科协力量》为题，常务副主席李肇娥以《坚持以人民为中心的发展思想，努力提高科协组织公共服务能力》为题带头交流研讨，2名部门负责同志结合工作实际进行交流发言。

8月11日，省科协党组会议传达学习习近平总书记重要指示精神，研究贯彻落实举措

8月11日，省科协党组书记李豫琦主持召开党组会议，认真传达学习习近平总书记在中央统战工作会议上的重要讲话、在《求是》杂志发表的《在庆祝中国人民解放军建军90周年大会上的讲话》重要文章和给马耳他中学"中国角"师生的复信精神，研究科协系统贯彻落实举措。

8月18日，科普中国创作大会暨2022年中国科普作协年会特色分论坛线上举办

8月18日，以"繁荣科普文化，提升创新能力"为主题的文化与科普创作论坛以线上直播的方式举行。本次论坛由中国科普作协、科普中国发展服务中心主办，陕西省科协、陕西省科普作协承办，小哥白尼杂志社协办，作为科普中国创作大会暨2022年中国科普作家协会年会的特色分论坛，邀请了长期从事一线科普工作的专家、学者、创作者，介绍目前国内外科普文化现状、发展趋势，并就如何提升科普文化创新能力进行了深入探讨。

8月19日，省科协党组会议传达学习习近平总书记重要指示精神，研究贯彻落实举措

8月19日，省科协党组书记李豫琦主持召开党组会议，认真传达学习习近平总书记在《求是》杂志发表的重要文章《全党必须完整、准确、全面贯彻新发展理念》、给"中国好人"李培生胡晓春的回信、致国际民间社会共同落实全球发展倡议交流大会贺信精神，传达全省巡视巡察工作会议精神，学习省委《关于推进清廉陕西建设的意见》《关于强化激励约束推动作风建设的若干措施》《关于开展作风建设专项行动的实施方案》，研究科协系统贯彻落实举措。

8月19日，省科协召开干部会议，部署推进科协机关深化改革工作

8月19日，省科协召开干部会议，部署推进科协机关深化改革工作。省科协党组书记李豫琦主持会议并讲话，常务副主席李肇娥出席会议并讲话，党组成员、副主席吕建军、张俊华出席会议，党组成员、副主席李延潮通报省科协党组关于机关深化改革工作安排。

8月31日，李豫琦参加办公室党支部组织生活会

8月31日上午，省科协党组书记李豫琦以党员身份参加所在的办公室党支部"严守纪律规矩、加强作风建设"专题组织生活会，与支部党员一起交流思想，听取大家的意见建议，并对办公室工作提出要求。

9月，省科协薛琳同志家庭荣获2022年度"三秦最美家庭"荣誉称号

9月，由省妇联、省委宣传部、省委网信办、省委文明办、陕西广电融媒体集团开展的2022年寻找"三秦最美家庭"揭晓，省科协机关干部薛琳同志家庭荣获"三秦最美家庭"荣誉称号。

9月1日，李豫琦、李肇娥赴中国航天科技集团第六研究院调研

9月1日，陕西省科协党组书记李豫琦、常务副主席李肇娥一行赴中国航天科技集团第六研究院调研学术和科普工作。航天六院院长王万军、航天六院科技委主任谭永华等陪同调研。李豫琦、李肇娥一行先后前往西安航天动力试验技术研究所抱龙峪试验区、西安航天发动机有限公司新区、航天液体动力展示中心调研参观，深入了解航天六院的基本情况和发展历程，以及在科技研发投入、创新人才培养、学术交流、科学普及、科技成果转化等方面的情况。

9月2日，李豫琦、李肇娥会见韩城市委书记亢振峰一行

9月2日，省科协党组书记李豫琦、常务副主席李肇娥会见韩城市委书记亢振峰一行，双方就推进科学素质纲要实施、加强科普示范市创建和科技场馆建设等工作进行了座谈交流。李豫琦对韩城市经济社会发展和科普工作所取得的成绩表示肯定，对韩城市党委政府对科协工作的高度重视表示感谢。

9月2日，省科协与省司法厅座谈交流科技工作者法律服务工作

9月2日，省科协党组书记李豫琦、常务副主席李肇娥会见省司法厅副厅长李艾平一行，双方围绕深入学习贯彻习近平法治思想，贯彻落实国家关于科技工作和人才工作的法律法规，推进秦创原法律服务中心建设，共同维护科技工作者权益，建立院士专家法律服务机制等进行深入交流。省科协党组成员、副主席吕建军参加座谈交流。李豫琦对李艾平

一行来省科协交流科技工作者法律服务工作表示热烈欢迎。

9月2日，省科协召开党组理论学习中心组（扩大）会议专题学习习近平经济思想

9月2日，省科协党组书记李豫琦主持召开党组理论学习中心组（扩大）会议，集中学习《习近平经济思想学习纲要》部分篇章，4位同志结合实际开展研讨交流。

9月2日，省科协召开党组会议传达学习习近平总书记重要指示精神，研究贯彻落实举措

9月2日，省科协党组书记李豫琦主持召开党组会议，认真学习中共中央政治局8月30日会议精神，习近平总书记在辽宁考察时重要讲话精神，给外文出版社外国专家的回信、向第五届中非媒体合作论坛致贺信及向世界职业技术教育发展大会致贺信精神，研究贯彻落实举措。

9月7日，省科协赴西安市航天城第一中学调研

9月7日，省科协党组成员、副主席吕建军赴西安市航天城第一中学调研。航天城第一中学校长徐雄、高中部执行校长石宝珠陪同调研。

9月8日，陕西铁路老科学技术工作者协会第三次会员代表大会在西安召开

9月8日上午，陕西铁路老科学技术工作者协会第三次会员代表大会在西安召开，原省委常委、省政协原副主席陈强，省科协党组书记李豫琦，中国铁路西安局集团有限公司党委书记、董事长张海涛，省委原副秘书长、省老科协副理事长兼秘书长杨志刚等出席会议，省铁路老科协会长杨志国代表协会第二届理事会作工作报告。全省60余名铁路系统老科技工作者代表参加了会议。

9月11日，省科协开展2022年全国中学生数学奥林匹克竞赛（预赛）监督工作

9月11日，省科协党组成员、副主席吕建军赴西安交通大学开展2022年全国中学生数学奥林匹克竞赛（预赛）监督工作并组织召开座谈会。西安交通大学常务副校长郑庆华，陕西省数学会理事长赵彬，省数学会常务副理事长、数学竞委会主任、西安交通大学数学与统计学院院长孙建永等参加座谈会。

9月13日，省科协召开党组会议传达学习习近平总书记近期重要指示精神，研究贯彻落实举措

9月13日，省科协党组书记李豫琦主持召开党组会议，认真传达学习9月9日中央政治局会议、中央全面深化改革委员会第二十七次会议精神，习近平总书记9月1日在《求是》杂志发表的《新发展阶段贯彻新发展理念必然要求构建新发展格局》重要文章和致 2022 全国专精特新中小企业发展大会贺信、给北京师范大学"优师计划"师范生回信精神，传达学习中央办公厅、国务院办公厅《关于新时代进一步加强科学技术普及工作的意见》和省委人才工作会议精神，研究贯彻落实举措。

9 月 15 日，省科协领导赴科学家精神教育基地走访调研

9 月 15 日，省科协党组成员、副主席张俊华带队，赴西安电子科技大学宽禁带半导体国家工程研究中心和中国航天科技集团九院 771 所航天精神教育基地进行走访调研。西安工程大学副校长王进富、西安电子科技大学副校长林松涛等出席相关活动。

9 月 15 日，隆基绿能启动航天技术与新能源融合发展新模式

9 月 15 日，隆基绿能未来能源太空实验室在西安九号宇宙互动式深空科普研学基地正式宣告成立。中国航天基金会理事长吴志坚，陕西省科协党组成员、副主席张俊华，隆基绿能党委书记、副总裁李文学出席揭幕仪式。

9 月 15—16 日，测井科技高端论坛隆重召开

9 月 15—16 日，由陕西省科学技术协会、中国石油学会和陕西省石油学会联合举办，中国石油集团测井有限公司承办的测井科技高端论坛在西安和北京隆重召开。网络连两地，中国工程院院士李宁，陕西省科协部门相关同志以及 150 名来自高校院所、石油石化企业、互联网企业等 45 家单位的领导、专家、教授，聚焦我国测井科技高水平自立自强，群策群力、献计献策。陕西省石油学会理事长、测井公司党委书记、执行董事金明权和陕西省石油学会副理事长、中油测井总经理胡启月分别致辞和发表讲话。

9 月 16 日，2022 年企事业科协秘书长工作会议暨能力提升培训班在西安召开

9 月 16 日，省科协召开 2022 年企事业科协秘书长工作会议暨能力提升培训班，深入学习贯彻习近平总书记在省部级主要领导干部专题研讨会上的重要讲话精神，贯彻省第十四次党代会和省委十四届二次全会部署，落实陕西省科协第九次代表大会工作安排。

9 月 17 日，省科协开展 2022 年第 39 届全国中学生物理竞赛和信息学全国 CSP–J/S 认证监督工作

9 月 17 日，省科协党组成员、副主席吕建军赴西北大学开展 2022 年陕西省中学生物理竞赛监督检查工作并组织召开座谈会。西北大学党委常委、副校长吴振磊，陕西省物理学会副理事长兼秘书长白晋涛等参加座谈会。

9 月 19—20 日，李豫琦、李肇娥赴广东考察调研科普基础设施建设

9 月 19—20 日，省科协党组书记李豫琦、常务副主席李肇娥带队赴广东省调研科普

基础设施建设及运营管理工作的先进经验和做法成效。考察期间分别与广东省科协党组书记、专职副主席郑庆顺，广东科学中心主任卢金贵，广州市科协副主席张勇等进行了深入交流。西咸新区管委会总规划师梁东，西咸新区能源金融贸易区党组书记、园办主任张建军等一同考察调研。

9月19日，"'经'彩西安·数智未来"秦创原数字经济生态论坛召开——西安经开区首批海智工作站授牌

9月19日，西安经开区秦创原数字经济生态论坛在西安隆重召开。活动由省科协、省科技厅、西安市政府指导，西安市科技局、西安经开区管委会联合主办。西安市委常委、经开区党工委书记康军，西安市副市长孟浩，省科协党组成员、副主席张俊华，省科技厅二级巡视员杨世宏，西安市科技局局长李志军，西安经开区管委会主任贾强，西安市科协党组书记、常务副主席耿占军以及相关部门负责人等参加活动。

9月21日，西安市高新区创业园召开"科创中国"陕西智能制造区域科技服务团专家问诊企业问题交流会

9月21日，"科创中国"陕西智能制造区域科技服务团专家问诊企业问题交流会在西安高新区创业园召开，多学科专家齐聚一堂与医疗企业对话交流，就医用产品制造及发展进行"问诊"活动。与会专家分为医疗专家组、工程专家组、产业服务组、园区孵化组、标准规范组，分别有唐都医院放射科王玮教授、空军九八六医院放疗中心党亚正主任、全国护理装备创新大赛评委胡元凯、信息化领域研究级高工韩静教授，以及西安交通大学、西北工业大学等教授10余人。

9月21日，省科协青年人才托举计划科技沙龙在西安举办

9月21日，由省科协主办，陕西燃气集团有限公司、陕西燃气集团富平能源科技有限公司、陕西燃气集团新能源发展股份有限公司、西安新港分布式能源有限公司承办的省科协青年人才托举计划科技沙龙在西安举办。

9月22日，秦创原·第六届国际丝路新能源与智能网联汽车大会开幕

9月22日，秦创原·第六届国际丝路新能源与智能网联汽车大会（2022SNEICV）在西安成功举办。活动由中国汽车工程学会、省科协、省工信厅、省科技厅指导，省汽车工程学会、省智能网联汽车创新中心、西安市工信局、西咸新区开发建设管理委员会等主办。陕西省委常委、西安市委书记方红卫向大会致贺信，中国汽车工程学会常务副理事长兼秘书长张进华，省工信厅党组成员、副厅长、一级巡视员赵东，省科协党组成员、副主席吕建军分别致辞，省科技厅副厅长韩开兴，西咸新区党工委委员、管委会副主任艾晨以

及相关部门负责人等参加活动。

9月22日，陕西省老科学技术教育工作者协会第九次会员代表大会在西安召开

9月22日上午，陕西省老科学技术教育工作者协会第九次会员代表大会在西安召开。开幕式上，省委常委、副省长王琳出席并讲话，原省委常委、省政协副主席陈强宣读中国老科协贺信，西北农林科技大学原党委书记、杨凌示范区陕西省建设领导小组原专职副组长、省老科协第八届会长张光强主持。中国工程院院士段宝岩、康振生，省政府办公厅副主任徐刚，省科协党组书记李豫琦，省委老干部局副局长段宗辉，省科技厅、民政厅、人社厅、教育厅、卫健委等单位相关领导出席开幕式。

9月23日，省科协召开党组会议传达学习习近平总书记重要文章重要讲话精神，研究贯彻落实举措

9月23日，省科协党组书记李豫琦主持召开党组会议，传达学习习近平总书记9月16日在《求是》杂志发表的《坚持和发展中国特色社会主义要一以贯之》重要文章、在上海合作组织成员国元首理事会第二十二次会议重要讲话、向全国广大农民和工作在"三农"战线上的同志们致以节日祝贺和诚挚慰问、向产业链供应链韧性与稳定国际论坛和亚欧博览会致贺信精神，传达全省文物工作会议精神，研究贯彻落实举措。

9月23日，省科协与新华社陕西分社座谈交流科技新闻报道工作

9月23日，省科协党组书记李豫琦会见新华社陕西分社副社长、总编辑储国强一行，双方围绕深入学习贯彻习近平总书记关于科技创新、科学普及的重要指示精神，在挖掘好、利用好、滋养好陕西科教资源，促进科技与经济紧密结合，加速推动秦创原创新驱动平台建设等方面进行深入交流。

9月24日，陕西省农技协积极开展全国科普日农技协联合行动

9月24日，陕西省暨西安市2022年全国科普日主场示范活动启动仪式在西安举行。活动以"喜迎党的二十大，科普向未来"为主题，由省科协、省委宣传部、省委网信办及西安市科协等29个部门联合主办。在本次活动中，陕西省农技协工作人员为市民发放省农技协宣传资料200余份，并为市民讲解科普日主旨和活动内容，服务约200余人次。

9月24日，陕西省暨西安市2022年全国科普日主场示范活动启动

9月24日，陕西省暨西安市2022年全国科普日主场示范活动启动仪式在西安举行。活动以"喜迎党的二十大，科普向未来"为主题，由省科协、省委宣传部、省委网信办及西安市科协等29个部门联合主办。省委常委、副省长王琳出席启动仪式。

9 月 24 日，陕西省土壤学会第十三次会员代表大会在杨凌召开

9 月 24 日上午，陕西省土壤学会第十三次会员代表大会在杨凌召开。省科协党组成员、副主席张俊华，西北农林科技大学副校长房玉林出席会议。全省 100 余名从事土壤研究的科技工作者参加了会议。张俊华在讲话中充分肯定了省土壤学会的工作。

9 月 26 日，全省现代科技馆体系工作会议在西安召开

9 月 26 日，全省现代科技馆体系工作会议在西安召开，省科协党组书记李豫琦出席会议并讲话，省科协常务副主席李肇娥做全省现代科技馆体系建设发展工作报告。省科协党组成员、副主席张俊华出席会议。会议由省科协党组成员、副主席李延潮主持。

9 月 28 日，省科协组织离退休同志赴蓝田县葛牌镇红色教育基地参观学习

9 月 28 日（农历九月初三），在重阳节来临之际，省科协组织离退休同志赴蓝田县葛牌镇红色教育基地开展"喜迎党的二十大、永远跟党走"主题党日活动，省科协党组成员、副主席吕建军参加活动。

9 月 30 日，省科协与团省委座谈交流提升青少年科学素质和青年人才工作

9 月 30 日，省科协党组书记李豫琦、常务副主席李肇娥会见团省委书记徐永胜一行，双方围绕提升青少年科学素质、服务青年科技工作者、加强青少年科普基础设施共建共享等方面的内容进行深入座谈交流。李豫琦对徐永胜一行来省科协交流对接工作表示热烈欢迎。

10 月 24 日，第一届储能与节能国际研讨会成功举办

10 月 24 日，第一届储能与节能国际研讨会成功举办。储能与节能国际研讨会为西安交通大学主办的学术期刊《储能与节能（英文）》同名会议，该会议由西安交通大学、国际传热传质中心、中国工程热物理学会、热能动力技术重点实验室及陕西省科学技术协会联合举办。大会荣誉主席为西安交通大学陶文铨院士，国际科学与咨询委员会主席为西安交通大学何雅玲院士，英国伯明翰大学丁玉龙院士、韩国成均馆大学 Ho Seok Park 教授、西安交通大学王秋旺教授担任会议主席。会议包含 100 多个报告，其中包含 7 个大会特邀报告，开展了 90 个分会场口头交流报告，内容涵盖相变储能、热化学储能、电化学储能、传热性能、热能储存、热管理、节能系统、太阳能、可再生能源等方面的最新进展及成果。通过丰富的主题与形式，加强了储能与节能领域学者的交流，推动了学科交叉融合发展。本次会议增进了广大学者对《储能与节能（期刊）》的了解，对提升期刊国际影响力具有重要意义。

12 月 2 日，秦创原离散装备工业互联网创新应用学术论坛在渭南市举办

12 月 2 日，秦创原离散装备工业互联网创新应用学术论坛在陕西渭南成功举办。本次论坛以"加快工业互联网创新应用　推动实施制造强国战略"为主题，旨在共同探讨如何以工业互联网为抓手，夯实离散装备制造产业数字化基础、激活数据要素价值、加快传统产业的转型升级，探索面向区域的工业互联网创新发展的新路径、新模式。本次论坛是在陕西省科学技术协会、中国计算机学会计算机应用专委会的支持下，由渭南市师范学院主办，陕西省"四主体一联合"离散压延设备工业互联网校企联合研究中心、"科创渭南"科协联合体、陕西德创进实科技有限公司、渭南师范学院技术转移中心等工业互联网领域政、产、学、研、用数十家单位承办协办，共有 300 余人参加会议。

12 月 2 日，机器学习助力数字经济协同发展国际论坛成功举办

12 月 2 日，由省科协指导，美国新墨西哥州立大学与西安工业大学联合主办，西安工业大学承办的"机器学习助力数字经济协同发展国际论坛"成功举办。西安工业大学基础学院院长张建生教授代表校长赵祥模教授在论坛开幕式上致辞。美国新墨西哥州立大学王通会教授主持开幕式。来自美国、澳大利亚及我国高校和研究所的 19 位专家作了专题报告，内容涉及当前机器学习与数字经济协同发展等方向研究的前沿热点，涵盖了机器学习、大数据分析、数字经济等领域的理论、方法、应用等。本次研讨会有效地加强了国内外学者的交流与合作，促进了青年学者的成长，推动了机器学习与数字经济协同发展等方向高层次学术问题的研究，有力推进了陕西省数理学科建设工作。

2. 市域科学素质发展

习近平总书记强调指出，中国科协各级组织要坚持为科技工作者服务、为创新驱动发展服务、为提高全民科学素质服务、为党和政府科学决策服务的职能定位，推动开放型、枢纽型、平台型科协组织建设，接长手臂，扎根基层，团结引领广大科技工作者积极进军科技创新，组织开展创新争先行动，促进科技繁荣发展，促进科学普及和推广，真正成为党领导下团结联系广大科技工作者的人民团体，成为科技创新的重要力量。

在中国科协整体组织体系中，市域科协组织是扎根基层，是党和政府联系基层一线科技工作者的桥梁和纽带。基层科协组织肩负着团结和动员广大科技工作者，振兴科技事业，为实现社会主义现代化建设宏伟目标而奋斗的使命。加强基层科协组织创新，是加强基层科协组织建设、加强与科技工作者联系、促进科技创新与科学普及、促进公众科学素质发展的重要举措。

陕西省各市域科协围绕各县、市经济社会发展任务，在科普宣传、科普教育、科普示范基地建设等方面通过多种形式，组织科技工作者、调动各种科普资源，开展学术交流，推广先进技术，普及科学思想，弘扬科学精神，推进科技场馆建设，举办青少年科学技术教育活动，表彰奖励优秀科技工作者，大力促进了公众科学文化素质的提升。

"市域科学素质发展"栏目按照时间顺序记录了陕西省各市、县层面社会各界开展科普宣传、促进公民素质提升的各项活动。

按照这些活动在其市、县范围内能否对提高公民科学素质水平提升产生促进作用的原则，"市域科学素质发展"部分记录了 272 项活动。

市域科学素质发展一览表

1月12日	安康市科协组织召开中省科普示范县创建工作推进会
1月13日	商洛学院在线举办陕西省高校科协联合会科学讲坛——秦岭营养健康科技创新论坛
1月中旬	宝鸡市科协邀您寒假看电视——宝鸡市2022年青少年科普影视作品观后征文活动
1月18日	旬阳市召开全国科普示范市创建工作推进会
2月14日	商洛市老年科技大学成立
2月14日	渭南市大荔县科协创新模式——把春训培训开到田间地头
2月15日	宝鸡市凤县科技宣传暨农业产业大培训活动拉开序幕
2月16日	渭南市2022年"科技之春"宣传月乡村振兴"云课堂"首场在澄城开讲
2月16—17日	旬阳市组织开展"筑梦冬奥，一起向未来"科普大篷车联合行动宣传

2月21日	宝鸡市陇县：冬奥科普宣传进社区
2月21日	宝鸡市太白县开展"筑梦冬奥，一起向未来"全国科普宣传活动
2月中下旬	宝鸡市千阳科协开展"筑梦冬奥，一起向未来"科技志愿服务活动
2月22日	渭南市科协为帮扶大寨村果农举办果园管理实用技术培训
2月下旬	宝鸡市渭滨区启动"筑梦冬奥，一起向未来——全国流动科普设施联合行动"
2月23日	渭南科技"云课堂"第二讲惠及果农8万余
2月24日	渭南市富平县全国科普示范县创建工作全面启动
2月24日	宝鸡市太白县第三十届"科技之春"宣传月活动暨农民科技培训活动拉开帷幕
2月25日	宝鸡市陇县科协抓早动快开展农民实用技术培训
2月25日	宝鸡市陇县科协积极开展"科技之春"宣传月活动
2月25日	渭南科协：猕猴桃技术培训到田间
2月26日	韩城市科协开展"筑梦冬奥，一起向未来"冬奥主题文化展教活动
2月下旬	宝鸡市千阳县开展农业科技培训
2月28日	宝鸡市陇县"科技之春"宣传活动走进河北镇东坡村
3月1日	咸阳市秦都区开展"科技之春——果园春季管理技术培训会"活动
3月2日	宝鸡市金台区：科技传播文明，创新成就精彩
3月初	汉中市"科技之春"宣传月拉开帷幕
3月3日	渭南市"科技之春"宣传月乡村振兴"云课堂"走进大荔许庄
3月3日	韩城市科协开展"学雷锋"科技科普志愿服务活动
3月3日	咸阳市第三十届"科技之春"宣传月活动拉开帷幕——市科协"科普大篷车进校园"活动走进中华路小学
3月3日	宝鸡市陇县2022年第三十届"科技之春"宣传月暨"学雷锋"志愿服务活动启动
3月3日	延安市甘泉县组织开展果树春季管理技术培训
3月3日	宝鸡市凤县第三十届"科技之春"宣传月暨特色产业培训在唐藏镇拉开序幕
3月4日	安康市蚕桑志愿服务分队积极投身安康第三十届"科技之春"活动
3月4日	安康市科协积极参加安康市2022年"学雷锋"志愿服务月活动
3月4日	榆林市科协开展第三十届"科技之春"宣传月"学雷锋"科技志愿服务活动
3月4日	延安市甘泉县科协开展"汇聚力量传递爱心捐赠仪式暨科普大篷车进校园""学雷锋"志愿服务活动
3月4日	咸阳市乾县举办"科技之春"宣传月苹果管理技术培训会
3月4日	宝鸡市金台区：送科技下乡，助力乡村振兴
3月4日至4月底	咸阳市乾县举办"科技之春"宣传月科技志愿服务活动
3月7日	宝鸡市千阳县文化科技卫生"三下乡"暨第三十届"科技之春"宣传月和新时代文明实践活动隆重启动

3月中上旬	安康市汉滨区第三十届"科技之春"宣传月产业技术培训现场会召开
3月10日	安康市紫阳县第三十届"科技之春"宣传月活动启动
3月10日	铜川市举办第三十届"科技之春"宣传月暨宜君县科普示范县创建启动仪式
3月10日	宝鸡市陇县科协：农技科普送田间
3月11日	安康市汉阴县2022年文化科技卫生"三下乡"暨"科技之春"宣传月活动举行启动仪式
3月25日	咸阳市渭城区党建主题公园渭柳湿地科普广场建成并向市民开放
3月25日	咸阳市渭城区积极开展"科技之春"宣传月疫情防控科普宣传
3月31日	安康市宁陕县召开院士专家工作站建设推进会
3月下旬	榆林市"科技之春"30年：以科技志愿"热度"提升科普服务"温度"
3月下旬至4月下旬	榆林市第三十届"科技之春"宣传月活动
4月1日	宝鸡市科协领导走访市机械工程协会
4月2日	铜川市科协传达学习铜川市第十三次党代会精神
4月3日	咸阳市秦都区老科协开展"传承红色基因不忘初心使命"清明祭英烈活动
4月6日	宝鸡市印发贯彻《全民科学素质行动规划纲要（2021—2035年）》实施方案
4月6日	以"党建红"描绘科普"新画卷"——安康市科协开展"红色百年路·科普万里行"主题活动侧记
4月6日	榆林市科协开展义务植树活动
4月6日	宝鸡市第三十届"科技之春"宣传月活动启动
4月7日	商洛市山阳县开展第三十届"科技之春"宣传月疫情防控宣传活动
4月7日	商洛市科协闻令而动，全员参与疫情防控阻击战
4月9日	"峥嵘百年·科技兴国——我国科技百年发展史全国巡展宝鸡展览"点亮"科技之春"
4月11日	咸阳市秦都区科协召开专题会议传达学习全国"两会"精神
4月12日	延安市3个单位被认定为全国科普教育基地
4月12日	咸阳市科协党组传达学习市八届纪委二次全会精神
4月13日	咸阳市新成立20家科技服务站助力高质量发展
4月13日	宝鸡市科协机关党支部组织开展参观"中国科技百年发展史"主题党日活动
4月14日	从百年科技发展史中汲取奋进力量——市科技信息中心党支部开展主题党日活动
4月15日	宝鸡市第三十届"科技之春"宣传月170余项重点活动扎实推进
4月15日	榆林市科协召开专项会议安排部署创文工作
4月15日	宝鸡市科协传达学习市第十三次党代会、市"两会"精神
4月15日	安康市第三十届"科技之春"宣传月主场活动在旬阳举行
4月16—17日	榆林市科协组织选手参加第36届陕西省青少年科技创新大赛

续表

4月18日	宝鸡市科协领导来市环境科学学会调研指导
4月19日	宝鸡市科技信息中心专题传达学习市第十三次党代会和市"两会"精神
4月20日	主动党建联建,助力"三百四千"
4月25日	咸阳市渭城区党建主题公园科普广场举行揭牌仪式
4月26日	咸阳市科协深入市心理健康教育研究会开展全国"两会"、市第八次党代会精神宣讲
4月26日	安康市科协主要领导到汉滨区调研科普示范区创建工作
4月27日	宝鸡市召开全民科学素质工作领导小组第一次会议
4月27日	咸阳市科协党组召开全面从严治党暨党风廉政建设工作会
4月28日	宝鸡市科技信息中心召开市第十三次党代会精神专题研讨会
4月28日	宝鸡市科协主席王若鹏在眉县调研指导工作
4月29日	咸阳市科协召开2022年度工作会议
5月6日	汉中市科协到市老科协开展"进知解"走访调研活动
5月8日	2022年全国青少年模拟飞行挑战赛(陕西站)成功举办
5月9日	榆林市获评全国"'科创筑梦'助力'双减'科普行动"试点城市
5月9日	安康市召开全市实施全民科学素质行动工作推进视频会议
5月9日	宝鸡市凤县科协:探索"党建+科普"助力乡村振兴
5月10日	安康市汉阴县:依托专家工作站发挥人才引领作用
5月10日	普及消防知识、建设平安社区——安康市科协在行动
5月11日	汉中市科协召开全市县区科协主席工作座谈会
5月11日	汉中市科协召开三届五次全委(扩大)会议
5月11日	"科创中国"创新创业投资大会西北分会场协调会顺利召开
5月13日	宝鸡市科技馆党支部传达市科协2022年党建、党风廉政建设、意识形态工作会议精神
5月13日	宝鸡市科协举办"信息安全意识与防范"专题讲座
5月16日	商洛市山阳中学雷建设老师科创团队自制教具荣获陕西省2021年基础教育优秀教学成果特等奖和一等奖
5月17日	商洛市山阳县开展网络新型违法犯罪集中宣传活动
5月18日	宝鸡市科协召开2022年度决策咨询调研课题培训会
5月19日	渭南市科协开展全国防灾减灾日系列科普宣传
5月20日	宝鸡市科技信息中心"三个坚持"贯彻落实市科协2022年度党建、党风廉政建设、意识形态工作会议精神
5月24日	开展新任职干部廉政谈话,拧紧廉洁从业"发条"
5月25日	宝鸡市眉县召开创建陕西省科普示范县工作动员大会
5月25日	宝鸡市举行领导干部和公务员科学素质报告会

5月26日	榆林市科协传达市委、市政府疫情防控会议工作要求
5月27日	2022年渭南"最美科技工作者"学习宣传活动拉开序幕
5月27日	榆林市科协召开2022年党建工作会暨模范机关创建工作动员会
5月30日	宝鸡市：亲子心理健康讲座
5月31日	安康市紫阳县科协和平利县科协联合开展"牢记嘱托感党恩，志愿服务践初心"主题党日活动
5月31日	铜川市科协组织开展市级院士专家工作站实地检查考核工作
6月1日	安康市科协：迎端午佳节、强爱国信念、话健康膳食
6月1日	科普实验走进铜川市新区锦绣园幼儿园
6月1日	宝鸡市科技信息中心组织观看党的十九届六中全会精神解读视频暨召开专题研讨会
6月1日	铜川市科协召开全体干部会议传达学习省第十四次党代会精神
6月1日	安康市科协：防汛"三到户"，护民保安全
6月2日	榆林市科协系统开展"传承科学精神，凝聚科技力量"主题党日活动
6月2日	榆林市科协开展"过端午佳节，品美味香粽"端午节活动
6月5日	宝鸡市科技馆举办青少年科技营优秀营员颁奖仪式
6月5日	商洛市老科协、商州区科协、商州区老科协及商洛国际医学中心联合开展2022年"全国第六个科技工作者日"暨"第27个全国爱眼日"义演义诊送健康活动
6月6日	汉中市镇巴县科协召开一届三次全委（扩大）会暨"全国科技工作者日"座谈会议
6月7日	"科创中国"创新创业投资大会（2022年）西北分会场发布会活动成功举办
6月8日	安康市宁陕县召开"全国科技工作者日"座谈会
6月8日	铜川市科协开展鼠害防控培训活动
6月8日	商洛市科协认真传达学习省第十四次党代会精神
6月8日	商洛市科协召开"以案促改"警示教育大会
6月8日	商洛市科协、市文联联合开展消防安全知识培训
6月8—11日	罗璇带队赴西安、河北省保定市考察学习无人机科普工作
6月8日	宝鸡市科协党组成员、副主席张碧燕深入太白县科普示范点调研指导工作
6月9日	宝鸡市千阳县召开创建全国科普示范县工作推进会
6月9日	商洛市科协组织科技工作者参观"众心向党自立自强——党领导下的科学家"主题展
6月12日	安康市召开推荐省级自然科学优秀学术论文评审会
6月13日	安康市科协积极参加市政府集中管理办公区低碳健步行活动
6月14日	学习贯彻陕西省第十四次党代会精神市委宣讲团到市科协开展宣讲
6月15日	商洛市商州区科协学习传达陕西省第十四次党代会精神
6月16日	宝鸡市举行第十九届自然科学优秀学术成果评审会

续表

6月16—17日	安康市科协邀请西农专家调研指导紫阳食用菌专家工作站建设
6月17日	铜川市科协六届五次全委（扩大）会议召开
6月17日	咸阳市科协深入市特种设备协会开展陕西省第十四次党代会精神宣讲
6月17日	安康市科协主要领导深入包联企业调研
6月18日	榆林市首届创意编程挑战赛成功举办
6月20日	汉中市印发贯彻《全民科学素质行动规划纲要（2021—2035年）》实施方案
6月21日	安康市科协赴矿石社区调研乡村振兴
6月21日	安康市科协组织召开科技志愿服务业务培训会
6月21日	宝鸡市陇县科协开展"科普知识进社区服务群众零距离"活动
6月21日	2022年"乡村振兴科技赋能"科技教育乡村行活动走进山阳
6月22日	铜川市科协深入包抓刘家垰村开展省第十四次党代会和市第十三次党代会精神宣讲
6月23日	铜川市科协党支部开展"追寻先烈足迹，传承照金精神，勇担时代使命"主题党日活动
6月23日	韩城市科协"三个一"开展迎"七一"活动
6月24日	宝鸡市科技信息中心党支部开展"一封给党组织的公开信"主题党日活动
6月24日	宝鸡市科技馆召开科普专家聘任座谈会
6月25日	榆林市科协组织开展医疗科技下乡大型义诊志愿服务活动
6月27日	汉中市科协举办"喜迎党的二十大、建功新时代"暨庆祝建党101周年诗歌朗诵比赛
6月28日	商洛学院作全国大学生科技志愿服务经验交流
7月	榆林市科协机关党支部被评为先进"双报到"单位党组织
7月	渭南市将科学素质建设工作纳入年度目标责任考核
7月	宝鸡市机械工程协会、宝鸡市工程机械应急救援大队开展红色之旅党建活动
7月	《渭南科技工作者建议》为全市"工业倍增计划"增添新动能
7月	咸阳市科协在全市推广建立学会科技服务站、组建科技服务团
7月2日	咸阳市无人机协会成立大会暨第一届会员代表大会召开
7月4日	咸阳市科协传达学习陕西省科协第九次代表大会会议精神
7月4日	商洛市科协迅速传达陕西省科协第九次代表大会会议精神
7月5日	商洛科协党组书记、主席黄恒林一行深入洛南开展结对帮扶调研活动
7月7日	宝鸡市科技信息中心党支部开展以"赓续党史红色基因砥砺奋进时代征程"为主题的支部书记讲党课活动
7月8日	宝鸡市科协七届九次全体（扩大）会议召开
7月8日	榆林市科协传达学习陕西省科协第九次代表大会会议精神
7月8—9日	榆林市科协开展"增强生态科普意识，践行生态文明理念"主题党日活动
7月11日	咸阳市秦都区科协传达学习陕西省科协第九次代表大会会议精神

7月11日	咸阳市渭城区科协传达学习陕西省科协第九次代表大会会议精神
7月12日	安康市、汉滨区科协开展创建全国文明城市大动员大走访大宣传活动
7月12日	宝鸡市科协召开换届代表和委员推选工作讨论会，全面启动第八次代表大会筹备工作
7月12—14日	商洛市科协主席黄恒林一行深入县（市、区）开展千名创新创业团队调研活动
7月13日	宝鸡市眉县科协狠抓科普基地建设
7月13日	商洛市科协领导来山阳调研千名人才创新创业首批创新团队工作
7月14日	市考核督查组到渭南市科协督查"十项重点工作"配合单位季度工作
7月15日	榆林市政协副主席李和平一行到市科技馆开展调研
7月19日	榆林市科协深入创文包抓银沙华庭小区推进文明城市创建工作
7月19日	安康市石泉县召开全国科普示范县创建工作推进会
7月26日	榆林市科协深入包抓小区落实文明城市创建工作
8月17日	安康市科协志愿服务队开展人居环境美化行动
8月下旬	安康科协系统6单位获评陕西省第三十届"科技之春"宣传月活动先进单位
8月31日	安康市科协举办"反诈"科普进社区志愿服务活动
9月初	安康市石泉县科协2021年度目标责任考核多项工作受表彰
9月	铜川市科协"四个下功夫"推动作风建设专项行动落地见效
9月3日	西安市科协在西安航天基地实地考察指导科普教育基地建设纪实
9月7日	西安市科协召开2022年警示教育暨开展作风建设专项行动动员大会
9月28日	安康市科协领导到包联企业调研指导
9月28日	商洛市山阳县科协迅速传达贯彻省市科协有关会议精神
9月29日	安康市科协联合兴安社区举办重阳节活动暨道德讲堂
9月30日	商洛市老科协开展国庆、重阳双节看望慰问老科技工作者活动
9月30日	商洛市科协专题召开作风建设专项行动工作推进会
10月	宝鸡市妇幼保健学会开展基层帮扶，满足县（市、区）个性化就医需求
10月9日	宝鸡市：领略科普魅力乐享国庆假期
10月11日	榆林市委第七督导检查组督查市科协作风建设专项行动开展情况
10月11日	西安市科协与中国银行陕西分行召开深化交流合作座谈会
10月11日	宝鸡市科协：作风建设专项行动再深入
10月11日	宝鸡市陇县：文化、科技、卫生"三下乡"活动暖民心
10月12日	喜迎党的二十大聚焦城市新变化——商洛市老科协调研两河口城市运动公园建设情况
10月12日	榆林市科协许锐一行带队到市老科协考察调研
10月14日	安康市科协到定点帮扶村开展入户走访活动
10月14日	安康市科协举办科学知识科普志愿服务活动

续表

10月16日	安康市各条战线科技工作者代表热议党的二十大报告（一）
10月16日	安康市各条战线科技工作者代表热议党的二十大报告（二）
10月16日	安康市各条战线科技工作者代表热议党的二十大报告（三）
10月16日	安康市科协系统组织收看党的二十大开幕会直播
10月16日	宝鸡市科技信息中心组织观看中国共产党第二十次全国代表大会开幕会
10月16日	西安市科协组织党员和干部职工认真收听收看党的二十大开幕会
10月16日	宝鸡市科协组织全体干部集中收看党的二十大开幕会
10月17日	西安市科协召开作风建设专项行动推进会暨九大筹备工作例会
10月19日	咸阳市各级老科协积极组织会员收看党的二十大开幕大会
10月19日	安康市科协调研院士专家工作站建设情况
10月19日	西安市科协党组理论学习中心组围绕党的二十大精神开展学习交流活动
10月20日	让科普硕果结满金州大地——2022年安康市全国科普日活动纪实
10月21日	五届商洛市委第二轮第一巡察组巡察商洛市科协党组工作动员会召开
10月21日	安康在省"三新三小"创新竞赛中斩获佳绩
10月21日	安康市科协机关党支部开展"庆祝党的二十大，建功新时代"主题党日活动
10月21日	榆林市科协深入学习党的二十大报告
10月23日	西安市科协召开新时代推进科普工作高质量发展调研座谈会
10月25日	共克时艰努力前行——宝鸡市机械工程协会"新市场新理念行业发展推进会"纪实
10月25日	咸阳市科协党组召开落实全面从严治党主体责任工作会
10月25日	宝鸡市乡村人才振兴学术金秋论文评审会顺利举行
10月25—26日	孙举恒在商南县调研时要求营造一流科技创新环境开创高质量发展新局面
10月26日	咸阳市科协传达学习党的二十大精神，安排部署贯彻落实工作
10月26日	宝鸡市科协召开党组（扩大）会议，传达学习党的二十大精神
10月27日	西安市科协召开党组（扩大）会议，传达学习党的二十大精神
10月27日	宝鸡市科技信息中心专题学习党的二十大精神
10月27日	宝鸡市凤翔区科协召开五届五次委员会会议
10月28日	商洛市科协及市直学（协）会学习党的二十大精神感言
10月28日	商洛市科协领导来市老科协调研指导工作
10月28日	榆林市科协召开专题会议学习党的二十大精神
10月28日	安康市科协专题学习党的二十大精神
10月29日	咸阳市委主要领导批示肯定市科协报送的《科技工作者建议》
10月29日	宝鸡市各医疗机构"世界卒中日"宣传活动
10月31日	榆林市委常委、副市长赵勇宣讲党的二十大精神

11月1日	宝鸡市科协党组召开理论学习中心组学习（扩大）会议
11月2日	榆林市科协召开科技工作者代表学习贯彻党的二十大精神座谈会
11月2日	商洛市科协领导到市核桃产业协会调研
11月3日	宝鸡市太白县科协开展"科普挂图送基层"活动
11月5日	商洛市家教心理咨询服务站成立
11月10日	榆林市科协组织党员干部深入包抓街道开展创文志愿服务暨健康义诊活动
11月10日	榆林市科协：志愿服务助力创文工作
11月10日	商洛市科协主席黄恒林到洛南县调研科协工作
11月10日	西安市科协与西安市文旅局签署战略合作框架协议
11月15日	咸阳市举办中国西部人才发展战略高端智库论坛
11月16日	渭南市举办秦创原离散装备工业互联网创新应用学术论坛
11月17日	安康市科协："四个结合"推动作风建设走深走实
11月17日	宝鸡市科协组织收看2022年陕西省弘扬科学家精神暨科学道德和学风建设宣讲报告会
11月18日	《商洛市贯彻〈全民科学素质行动规划纲要（2021—2035年）〉实施方案》正式印发
11月16—18日	宝鸡市凤翔区科协结合党的二十大精神宣传开展科技进校园活动
11月19日	咸阳市临床肿瘤学会成立大会顺利召开
11月22日	2022年度宝鸡市科协决策咨询调研成果评审活动圆满结束
11月22日	宝鸡市乡村人才振兴"学术金秋"研讨会顺利召开
11月23日	宝鸡市科技馆开展消防安全知识培训
11月23日	宝鸡市科协党组深入学习市委人才工作会议精神
11月23日	宝鸡市科技信息中心党支部开展党的二十大报告诵读活动
11月24日	2022年度宝鸡市科协决策咨询调研成果评审活动圆满结束
11月27日	商洛市家庭教育学会召开线上"党的二十大集体学习研讨会"
12月3日	云端战"疫"！榆林市科协公益网络直播活动圆满结束
12月5日	安康市科协："疫"不容辞担使命——党员干部迅速下沉包联社区筑牢疫情防控堡垒
12月6日	宝鸡市科协党组理论学习中心组开展宪法专题学习活动
12月6日	安康市召开《全民科学素质行动规划纲要（2021—2035年）》方案实施协调机制联席会
12月7日	商洛市药学会开展安全用药知识宣传活动
12月8日	"科创中国"创新创业投资大会（2022年）西北分会场喜获多项殊荣
12月9日	汉中市科协："五大提升"赋能乡村振兴
12月9日	2022年陕西省青少年机器人竞赛（汉中赛区）暨汉中市第四届青少年机器人竞赛成功举办
12月9日	认真学习贯彻党的二十大精神，扎实推进科技馆工作迈上新台阶——宝鸡市科协党组成员、副主席张碧燕宣讲党的二十大精神

续表

12月9日	安康市科协机关党支部开展"学习宣传宪法·坚定法治信仰"主题党日活动
12月9日	安康市科协举办垃圾分类培训暨知识竞答活动
12月12日	商洛市两县被命名为省级科普示范县
12月16日	宝鸡市科协组织收看2022年陕西省青年科学家大会
12月16日	商洛市召开第37届青少年科技创新大赛评审会

市域科学素质发展主要事项

1月12日，安康市科协组织召开中省科普示范县创建工作推进会

1月12日，安康市科协组织旬阳市、平利县科协到汉滨区学习交流科普示范县创建工作。市科协组织与会人员进行探讨学习，全体参会人员先后到汉滨区忠诚现代农业园区、汉滨区铁路小学和新城办育才社区实地参观科普示范基地、科普示范学校和科普示范社区参观学习。

1月13日，商洛学院在线举办陕西省高校科协联合会科学讲坛——秦岭营养健康科技创新论坛

1月13日，商洛学院通过在线方式举办陕西省高校科协联合会科学讲坛——秦岭营养健康科技创新论坛，来自省内外高校、科研院所和企业的60余位专家学者相聚云端开展学术交流。商洛学院校长范新会、商洛市科协主席董红梅、商洛市科技局局长赵绪春出席开幕式并致辞，副校长王新军主持开幕式，市科协主席董红梅代表商洛市科协对本次论坛的召开表示祝贺并讲话，相关领域专家学者从多个角度作了精彩的报告。

1月中旬，宝鸡市科协邀您寒假看电视——宝鸡市2022年青少年科普影视作品观后征文活动

1月中旬，宝鸡市科协和宝鸡市教育局联合举办以"我们都是科学追梦人"为主题的宝鸡市第三十届"科技之春"宣传月青少年科普影视作品观后征文活动，面向全市中小学生征文。以中国科协提供的11个大类88条科普视频为基础，征集心得体会、感悟思考、对未来的畅想、对科学的理想等。

1月18日，旬阳市召开全国科普示范市创建工作推进会

1月18日，旬阳市召开全国科普示范市创建工作推进会。代市长罗本军，市委常委、组织部部长常彬，副市长宋宗卉出席会议。会上宣读《旬阳市2021—2025年度全国科普示范市创建工作实施方案》，对旬阳市创建全国科普示范市作了安排部署。

2月14日，商洛市老年科技大学成立

2月14日，商洛市老年科技大学在商洛市养生保健协会挂牌成立，商洛市科协党组书记、主席董红梅、市老科学技术教育工作者协会会长王武雄共同为商洛市老年科技大学揭牌。揭牌仪式结束后，还召开了老科技工作者座谈会。会上，商洛市老科协副会长王根宪同志宣读了老年科技大学组成人员《通知》文件，商洛市科协党组书记、主席董红梅同志致辞，商洛市老科协会长王武雄同志讲话，商洛市老年科技大学校长冯晋武进行了表态发言。董红梅在致辞中指出，近年来商洛市老科协积极开展活动，助推了商洛市全民科学素质的提升。

2月14日，渭南市大荔县科协创新模式——把春训培训开到田间地头

2月14日上午，渭南市大荔县科协联合大荔县果业发展中心，在赵渡镇鲁安村开展农技专家下基层培训活动。赵渡镇有关负责人、鲁安村有关贫困户、果农、村负责人及科协全体干部等参加。果业发展中心县高级农艺师宋民斗进行专题培训并进行现场指导，会后科技志愿者发放科普资料，让科普知识全方位渗透到群众的生产生活中。

2月15日，宝鸡市凤县科技宣传暨农业产业大培训活动拉开序幕

2月15日，为期9天的凤县科技宣传暨农业产业大培训活动在唐藏镇庞家河村拉开序幕，本次活动由凤县科协、凤县农业农村局联合举办。凤县乡土人才、职业农民褚军鹏和刘永红在庞家河村和辛家庄村现场进行示范讲解，本次活动还将在全县其他8个镇陆续开展实用技术培训。

2月16日，渭南市2022年"科技之春"宣传月乡村振兴"云课堂"首场在澄城开讲

2月16日，由渭南市科协、澄城县科协联合举办的渭南市2022年"科技之春"宣传月乡村振兴"云课堂"首场在澄城县庄头镇郭家庄陕西润强现代农业园区樱桃种植基地温室大棚内正式开讲。渭南广播电视台华山网、"渭水之南"APP及今日头条等网络平台对培训活动进行全程直播。国家肥料配方师、中国农科院测土配方师、陕西省农业科技110土肥专家师德元老师向广大果农做了全面系统的培训与讲解。

2月16—17日，旬阳市组织开展"筑梦冬奥，一起向未来"科普大篷车联合行动宣传

2月16—17日，旬阳市科协、市教体科技局联合开展了"筑梦冬奥，一起向未来"主题科普活动，助力冬奥盛会。旬阳科协办公区、城关二小等学校举行参观展示，市科协、教体科技局干部、学校师生300多人参加。

2月21日,宝鸡市陇县:冬奥科普宣传进社区

2月21日,宝鸡市陇县科协"筑梦冬奥,一起向未来——全国流动科普设施联合行动"走进曹家湾镇三里营社区,传播冬奥知识、普及科学知识、提供科技服务。陇县科普大篷车披上冬奥宣传横幅,现场播放冬奥科普宣传视频,进行机器人表演,科技志愿者面向群众分发宣传物资。

2月21日,宝鸡市太白县开展"筑梦冬奥,一起向未来"全国科普宣传活动

2月21日,宝鸡市太白县科协举办的"筑梦冬奥,一起向未来"全国科普宣传活动走进太白县鳌山滑雪场。以科普大篷车和LED大屏为载体围绕冬奥主题开展形式多样的科普宣传活动。下一步,太白县科协还将走进学校、社区,走进公共场所,让更多人了解冰雪运动。

2月中下旬,宝鸡市千阳科协开展"筑梦冬奥,一起向未来"科技志愿服务活动

2月中下旬,宝鸡市千阳县科协以第30届"科技之春"宣传月活动为契机,开展了"筑梦冬奥,一起向未来——全国流动科普设施联合行动"科技志愿服务活动。2月15日,千阳县科协抓住有利时机,开展了科普大篷车上街巡回宣传。2月21—22日,科普大篷车驶入千阳县新兴小学、张家塬镇中心小学给师生们送去了集科学性、知识性、趣味性于一体的"科普套餐"。

2月22日,渭南市科协为帮扶大寨村果农举办果园管理实用技术培训

2月22日上午,渭南市科协特邀市科协常委、高级农艺师、渭南向阳红果蔬专业技术协会会长宝小平到高新区大寨村为果农举办春季果园管理实用技术培训。宝小平向果农进行讲解示范,下一步市科协将继续发挥部门优势助力大寨村乡村振兴。

2月下旬,宝鸡市渭滨区启动"筑梦冬奥,一起向未来——全国流动科普设施联合行动"

2月下旬,宝鸡市渭滨区科协深入各镇街、村、社区开展"筑梦冬奥,一起向未来——全国流动科普设施联合行动"。2月22日,渭滨区科协在神农镇开展为期10天的培训,标志着联合行动正式启动。2月23日,渭滨区科协在姜谭路街道谭家社区开展科普宣传活动。渭滨区将结合"科技之春"宣传月,持续进行科普进基层活动,为科技助力区域经济社会高质量发展贡献科协力量。

2月23日,渭南科技"云课堂"第二讲惠及果农8万余

2月23日上午,在渭南市2022年"科技之春"宣传月乡村振兴云课堂直播培训现场,

华州区林业工作站站长、林业高级工程师王纲给参训果农进行了全面系统的培训和现场示范，并耐心解答果农提出的实际问题，受到广泛好评。据统计，截至发稿时，本次"云课堂"网络点击量即达到了8.02万之多。

2月24日，渭南市富平县全国科普示范县创建工作全面启动

富平县召开常委会会议，专题研究全国科普示范县创建工作，富平县全国科普示范县创建工作正式启动。富平聚焦中国北方最美县城建设，以5大类25子项科普创建为重点任务，分4个步骤，建立健全科普创建工作机制，增强增进科普条件和能力，持续提升全县公民科学素质，全力推动科普工作富有成效，营造科普工作的良好社会氛围，举全县之力集中实施创建。

2月24日，宝鸡市太白县第三十届"科技之春"宣传月活动暨农民科技培训活动拉开帷幕

2月24日，宝鸡市太白县第三十届"科技之春"宣传月活动暨农民科技培训活动在靖口镇拉开帷幕。培训以"农业生产实用技术知识"为主题，内容涵盖广泛，以"固定课堂"与"现场观摩"相结合的形式开展。太白县科协将积极邀请省内外农业农技专家在各镇开展多种形式的培训。

2月25日，宝鸡市陇县科协抓早动快开展农民实用技术培训

2月25日，陇县科协邀请市林业科技中心党支部书记、高级工程师韩昭侠教授，在固关镇固关街村开展花椒实用技术培训，专家深入花椒种植基地，向种植户进行讲解答疑。

2月25日，宝鸡市陇县科协积极开展"科技之春"宣传月活动

2月25日，宝鸡市陇县科协以"我为群众办实事"新时代文明实践进村镇科技志愿服务宣传活动为契机，在固关镇固关街广场，拉开了第三十届"科技之春"宣传月活动帷幕。活动现场，科技宣传志愿队、县科协的科普大篷车、农牧业专家团队、医务人员义诊团队深受群众青睐。丰富多彩的科普活动让群众学习了科学知识、感受了科技魅力，提升了公众科学素质。

2月25日，渭南科协：猕猴桃技术培训到田间

2月25日，由渭南市科协、临渭区科协联合举办的"科技之春"宣传月乡村振兴云课堂猕猴桃春季管理技术培训在临渭区向阳办田家村开讲，通过现场示范指导和"云直播"的方式，及时解决种植户们在产业发展中遇到的疑难问题。活动现场，高级农艺师宝小平详细向广大猕猴桃种植大户进行培训讲解。

2月26日，韩城市科协开展"筑梦冬奥，一起向未来"冬奥主题文化展教活动

2月26日，韩城市科协联合陕西科技馆和韩城市司马迁图书馆开展"筑梦冬奥，一起向未来"冬奥主题文化展教活动。此次活动推进了冰雪运动推广普及工作，激发了公众享受冰雪运动乐趣，营造冬奥氛围，助力"带动三亿人参与冰雪运动"的梦想。韩城市科协在"科技之春"宣传月活动期间，将结合职能、创新思路，多形式、多层次开展好各类推广普及活动。

2月下旬，宝鸡市千阳县开展农业科技培训

2月下旬，宝鸡市千阳县科协在全县各镇、村全面展开千阳县第三十届"科技之春"宣传月活动暨农村实用技术培训。2月25日、27日，千阳县科协邀请宝鸡市蚕桑园艺站高级农艺师权学利和千阳县果业中心高级农艺师李志东分别在草碧镇罗家店村、坡头村举办了春季苹果果园管理田间培训。下一步，千阳科协将围绕群众需求，邀请省、市农业专家陆续开展各类产业实用技术培训，持续推进农业增效、农民增收，以实际行动助推乡村振兴。

2月28日，宝鸡市陇县"科技之春"宣传活动走进河北镇东坡村

2月28日，宝鸡市陇县"科技之春"宣传活动走进河北镇东坡村。活动现场，县科协组织科技宣传志愿队摆放8面科普宣传展板，向群众发放4种科普图书，医务科技志愿者还开展了现场义诊活动。

3月1日，咸阳市秦都区开展"科技之春——果园春季管理技术培训会"活动

3月1日，咸阳秦都区科协联合区农机中心到马庄街道南吴村开展果业产业机械化技术培训。培训会上，科普志愿者多形式宣传果园生产机械化先进理念，农机专家、高级工程师张晔、高级农艺师徐会善进行现场讲解演示。此次培训会为南吴村果园生产机械化发展提供了先进的理念和技术支撑，推动南吴村果园机械化、标准化、信息化、智能化发展。

3月2日，宝鸡市金台区：科技传播文明，创新成就精彩

3月2日，宝鸡市金台区科协联合市级科普示范点卧龙寺龙腾路社区科普学校组织辖区单位、居民、大学生开展了金台区第三十届"科技之春"宣传月暨参观科技馆活动。此次活动以"科技传播文明，创新成就精彩"为主题，市科技馆讲解员朱静进行活动讲解。

3月初，汉中市"科技之春"宣传月拉开帷幕

3月初，汉中市"科技之春"宣传月活动拉开帷幕。3月3日，汉台区科协党支部、三二〇一医院影像党支部、汉台区将坛社区党总支联合举办"科技之春"宣传月党员科技

志愿服务进社区关爱行动。城固县科协联合城固县兽医站、城固县农机中心、城固县果业站的科技工作者深入镇村，进行农业技术、养殖技术培训。宁强县科协联合部分中小学开展科普大篷车进校园活动。略阳县着眼于推动老年人群体科学素质提升，在略阳县兴州街道办开展防电信诈骗科普宣传进社区活动。

3月3日，渭南市"科技之春"宣传月乡村振兴"云课堂"走进大荔许庄

3月3日上午，由渭南市科协、大荔县科协、大荔县许庄镇政府联合举办的渭南市2022年"科技之春"宣传月乡村振兴"云课堂"第四讲在大荔县许庄镇周家村冬枣种植基地温室大棚内开讲。渭南广播电视台华山网、"渭水之南"APP、今日头条等网络平台对培训课进行了全程直播。陕西省现代农业产业技术体系栽培技术岗位专家、渭南市科普讲师团成员、高级农艺师、大荔县果业发展中心生产股股长宋民斗给果农做全面系统的培训。

3月3日，韩城市科协开展"学雷锋"科技科普志愿服务活动

3月3日下午，韩城市科协在太史园广场开展"学雷锋"科技科普志愿服务活动。活动现场，市科协志愿者向现场群众宣传科普知识，发放自制宣传品，引导全社会特别是青少年发扬雷锋精神和志愿者精神。市科协科技科普志愿服务队将组织开展丰富多样、具有特色的科技科普志愿服务项目。

3月3日，咸阳市第三十届"科技之春"宣传月活动拉开帷幕——市科协"科普大篷车进校园"活动走进中华路小学

3月3日，咸阳市科协"科普大篷车进校园"活动走进秦都区中华路小学，拉开了咸阳市第三十届"科技之春"宣传月活动的序幕，市科协党组成员、副主席陈娥出席活动。活动现场科普大篷车展示了20余件科普展品、VR体验，机器人表演等，工作人员通过冬奥科普视频介绍了冰雪运动相关内容。"科普大篷车进校园"活动旨在充分发挥科普大篷车"流动科技馆"独特的科普功能，有效提高青少年的科学素养。

3月3日，宝鸡市陇县2022年第三十届"科技之春"宣传月暨"学雷锋"志愿服务活动启动

3月3日，宝鸡陇县第三十届"科技之春"宣传月暨"学雷锋"志愿服务活动启动仪式在西门口广场举行，宝鸡市科协副主席张碧燕，陇县县委常委、宣传部部长吴小龙，副县长吴茂华，县政协副主席赵元科出席了启动仪式。全县志愿者、科技服务平台志愿者、"科技之春"成员单位等共550余人参加了活动。陇县县委常委、宣传部部长吴小龙在启动仪式上讲话，科普志愿者代表杨怀斌和青年志愿者代表郑飞伟分别进行了发言。县文旅

局、县公安局、县司法局、县交通局、县卫健局等30家"科技之春"成员单位集中开展了科普知识宣传，县科协组织科普大篷车在现场进行视频科普宣传及教具展示。

3月3日，延安市甘泉县组织开展果树春季管理技术培训

3月3日，县科协、县果业技术服务中心在劳山乡芦庄村联合开展了2022年春季果树管理技术指导培训，40余名果农参加了培训。市果业技术服务中心专家刘根全采用知识讲座和现场操作相结合的方式进行系统培训，培训进一步提高了果农的果园管理水平，激发了果农依靠科技致富的热情和信心，为全县果业发展、果农增收打下了坚实的基础。

3月3日，宝鸡市凤县第三十届"科技之春"宣传月暨特色产业培训在唐藏镇拉开序幕

3月3日，宝鸡凤县第三十届"科技之春"宣传月暨特色产业培训在唐藏镇拉开序幕。高级畜牧师范正红，凤县乡土人才褚军鹏、刘永红等，分别在唐藏镇倒回沟村开展了中蜂养殖培训、李家庄村开展苹果春季管理培训、曹家庄村开展花椒春季管理培训，本次培训以室内讲解、互动交流和现场教学相结合的方式进行。唐藏镇主管农业的副镇长表示，这次培训不仅促进了管理技术的提升，也为大家提供了相互交流的平台，将有效促进全镇特色产业的健康发展。

3月4日，安康市蚕桑志愿服务分队积极投身安康第三十届"科技之春"活动

3月4日，蚕桑产业专题现场教学在石泉县城关镇堡子村果桑园举办。西北农林科技大学高级农艺师薛忠明作专题教学培训，进行现场讲解示范。市蚕学会理事长张京国、市农技协会长陈正余分别进行强调发言。2022年，蚕桑志愿服务分队通过到石泉县池河镇明星村、岚皋县磨石岭镇桃源村、镇坪县、紫阳县黄金村、汉滨区盛裕祥生态产业园等开展培训指导，开展云上智农线上直播理论培训和果桑种植技术现场教学直播，发放相关物资。

3月4日，安康市科协积极参加安康市2022年"学雷锋"志愿服务月活动

3月4日，安康市2022年"学雷锋"志愿服务月活动在安康市金州广场举行，市科协积极组织6名科技志愿者参加活动。启动仪式结束后，市科协志愿服务队进行科普宣传、科普咨询志愿服务活动。本次志愿服务活动为安康市创建全国文明城市和推动新时代文明实践志愿服务提质增效作出了贡献。

3月4日，榆林市科协开展第三十届"科技之春"宣传月"学雷锋"科技志愿服务活动

3月4日，榆林市2022年"学雷锋"志愿服务启动仪式在世纪广场举行，市科协党

组书记、主席许锐出席启动仪式并参加志愿服务活动。市科协开展了"学雷锋"志愿服务便民宣传活动，利用多种形式向广大群众弘扬科学精神、普及科学知识、传播科学思想、倡导科学方法，进一步增强了市科协干部职工为民服务意识，树立了科技工作者亲民、爱民的形象，提升了群众对科协工作的满意度。

3月4日，延安市甘泉县科协开展"汇聚力量传递爱心捐赠仪式暨科普大篷车进校园""学雷锋"志愿服务活动

3月4日上午，县科协和团县委、县教科体局、县实践办、陕西果业集团甘泉有限公司在桥镇乡中心小学联合开展"汇聚力量传递爱心捐赠仪式暨科普大篷车进校园""学雷锋"志愿服务活动。捐赠仪式上，团县委书记致辞后，县科协和各参与单位把物资捐赠给了桥镇乡中心小学，县科协向学生们展示了科技项目和部分科技展品，此次活动的开展激发了同学们"学雷锋"、学科学、爱科学的兴趣和热情。

3月4日，咸阳市乾县举办"科技之春"宣传月苹果管理技术培训会

3月4日，乾县科协邀请县果业中心主任、农艺师刘养锋在梁山镇官地村举办管理技术培训会，当地果农聆听了专家讲座。培训会上，刘养锋就近年来乾县"双矮苹果"的产业发展做回顾分析，并进行现场解惑指导，同时乾县科协和果业中心志愿者在现场发放科普物资。

3月4日，宝鸡市金台区：送科技下乡，助力乡村振兴

3月4日，宝鸡市金台区科协联合区农业农村局，在金河镇宝丰村开展"送科技下乡，助力乡村振兴"新时代文明实践农村科技知识培训宣传活动。区农技人员在田间地头进行讲解答疑，大大提升了科技培训的实用效果，为小麦稳产、增产提供了坚实的科技支撑。

3月4日至4月底，咸阳市乾县举办"科技之春"宣传月科技志愿服务活动

3月4日上午，乾县科协联合相关部门在县城第一广场和梁山镇官地村等6个宣传点举办了"科技之春"科技志愿服务活动，20多个企事业单位科技志愿队和100多名科技志愿者参加了形式多样的科普宣传活动。乾县第三十届"科技之春"宣传月活动，从3月4日开始至4月底结束。活动期间，各成员单位根据各自职能特点开展宣传活动，使广大公民科学素质得到不断提升，为乾县高质量发展提供有力支撑。

3月7日，宝鸡市千阳县文化科技卫生"三下乡"暨第三十届"科技之春"宣传月和新时代文明实践活动隆重启动

3月7日，宝鸡千阳县在文化广场举行文化科技卫生"三下乡"暨第三十届"科技之

春"宣传月和新时代文明实践活动启动仪式,县委常委、宣传部部长屈文刚致辞,副县长张静主持启动仪式。宝鸡市科协副主席张碧燕出席启动仪式并宣布活动启动,县级四大班子领导出席启动仪式并检查指导集中示范活动,县科协主席朱林生宣读致全县科技工作者的倡议书。千阳县"三下乡"活动领导小组、"科技之春"组委会40多家成员单位、县司法局、县农业农村局和县卫健局组织主题宣传、志愿服务活动。在城关镇东城社区、南寨镇千塬村、草碧镇龙槐原村,分别举办了志愿服务和春季果园管理田间培训。

3月中上旬,安康市汉滨区第三十届"科技之春"宣传月产业技术培训现场会召开

3月中上旬,汉滨区林业局联合区科协,邀请省、市相关农技专家深入农村、企业、园区,开展系列产业技术培训会。3月8日,汉滨区第三十届"科技之春"宣传月活动暨全区核桃产业提质增效现场培训走进茨沟镇。省林学会理事长、全省首席核桃专家原双进教授为汉滨区各镇办农技站站长和相关核桃种植大户进行了详细讲解和现场指导。3月10日,全区花椒管理技术培训在关庙镇桥河村开展,市林学会理事长、高级工程师陈余朝进行讲解培训。

3月10日,安康市紫阳县第三十届"科技之春"宣传月活动启动

3月10日,紫阳县第三十届"科技之春"宣传月活动启动仪式在向阳镇中心广场举行。安康市科协党组成员、秘书长叶荣斌,县委常委、组织部部长袁明雕出席活动并讲话,副县长朱宏康主持活动,县人大常委会副主任储成斌、县政协副主席张宣铭出席活动,县科技之春组委会各成员单位负责同志参加活动。袁明雕和叶荣斌对活动开展提出要求和期望,县农业农村局、向阳镇及县科协进行活动交流发言,围绕活动主题,力求为紫阳县高质量发展提供科技支撑、贡献科协力量。

3月10日,铜川市举办第三十届"科技之春"宣传月暨宜君县科普示范县创建启动仪式

3月10日,铜川市第三十届"科技之春"宣传月暨宜君县科普示范县创建启动仪式在宜君县休闲广场举办。铜川市宜君县委书记刘军出席活动并宣布科普示范县创建工作启动,铜川市科协党组书记、主席党莉讲话,副县长张海忠宣读全民科学素质先进集体表彰奖励决定,与会领导为获奖单位颁奖,县委副书记陈会理主持并安排创建工作。各区县科协负责人、宜君县创建全国科普示范县工作领导小组各成员单位、科技工作者代表、科普志愿者代表以及部分群众代表参加活动。此次活动的开展,标志着铜川市第三十届"科技之春"宣传月活动正式启动,全市上下将面向五大重点人群开展系列科普活动,为铜川高

质量全面转型发展贡献智慧和力量。

3月10日，宝鸡市陇县科协：农技科普送田间

3月10日，宝鸡市陇县科协组织科技服务平台的蔬菜专家志愿者团队，深入东风镇众鑫粮食种植协会和城关镇农村科普带头人凌军的罡星合作社，对春耕春种进行技术指导。东风镇众鑫粮食种植协会的百亩辣椒示范区内，蔬菜专家志愿者团队对种植人员进行现场指导。城关镇罡星合作社的负责人凌军，宝鸡市农村科普带头人，在蔬菜专家志愿者团队鼓励指导下种植的羊肚菌收获成功。陇县科技服务平台持续将农技科普知识送入田间地头，促进乡村振兴和脱贫攻坚有效衔接，为陇州大地带来无限生机与希望。

3月11日，安康市汉阴县2022年文化科技卫生"三下乡"暨"科技之春"宣传月活动举行启动仪式

3月11日，汉阴县2022年文化科技卫生"三下乡"暨"科技之春"宣传月集中示范活动启动仪式在平梁镇兴隆佳苑社区广场举行。县委常委、宣传部部长周星出席启动仪式，各成员单位及社区群众参加了启动仪式，启动仪式上，平梁镇党委书记吴路平致欢迎词，县委常委、宣传部部长周星讲话并宣布活动启动。活动现场的节目以及科普咨询，政策知识宣传收获广大群众好评，营造了热爱科学、相信科学、崇尚科学的浓厚社会氛围。

3月25日，咸阳市渭城区党建主题公园渭柳湿地科普广场建成并向市民开放

在渭城区第三十届"科技之春"宣传月来临之际，渭城区党建主题公园第一个科普广场——渭城区党建主题公园渭柳湿地科普广场建成并投入使用，为提高全民科学素质，推进科普公共服务打下坚实基础。

3月25日，咸阳市渭城区积极开展"科技之春"宣传月疫情防控科普宣传

3月，咸阳渭城区第三十届"科技之春"宣传月活动如期开展，面对疫情防控的严峻形势，渭城区灵活运用"线上＋线下"宣传模式，线上利用新媒体媒介、网络社群等，线下宣传利用流动宣传车队、张贴公告等，服务基层，助力抗"疫"。

3月31日，安康市宁陕县召开院士专家工作站建设推进会

3月31日，安康市宁陕县召开院士专家工作站建设推进会，县委常委、组织部部长陈珂熠出席会议并讲话，县院士专家工作站协调小组成员单位、首批县级专家工作站负责人、2022年拟建站单位负责人及所在乡镇分管领导参加会议。会上通报了全县院士专家工作站建设情况，为首批县级专家工作站授牌并发放奖补资金。宁陕荣庚生物科技有限公

司进行经验分享，宁陕县土壤健康管理专家工作站、江口回族镇做表态发言。

3月下旬，榆林市"科技之春"30年：以科技志愿"热度"提升科普服务"温度"

2022年是第三十年举办"科技之春"宣传月活动，榆林市将紧紧围绕全市中心任务，在全力做好疫情防控的前提下，采取线上集中示范与线下分散活动相结合的方式，面向五大重点人群，组织动员社会各界力量开展科技志愿服务活动，大力推广新技术、新成果，大力倡导简约适度、绿色低碳的生产生活方式，促进科学普及与科技创新协同发展，为榆林高质量发展提供坚强的科技支撑。

3月下旬至4月下旬，榆林市第三十届"科技之春"宣传月活动

榆林市第三十届"科技之春"宣传月活动将于3月下旬至4月下旬举行，采取线上集中示范与线下分散活动相结合的方式，积极有序组织动员社会各界力量。第三十届"科技之春"宣传月活动的内容包括农民、青少年、产业工人、社区居民、领导干部和公务员科学素质提升以及融媒体科普宣传提升六大行动。

4月1日，宝鸡市科协领导走访市机械工程协会

4月1日下午，宝鸡市科学技术协会副主席张艳丽、学会部部长张鸿等人到市机械工程协会进行走访调研，了解协会工作情况及会员单位复工复产情况，并对需要市科协协调解决的问题进行了沟通、座谈。座谈中，市机械工程协会秘书长王福利就协会建设、近年来的工作情况以及近期会员单位复工复产情况进行了汇报，希望市科协对基层协会各项工作给予更大的指导、支持和帮助。市科协张艳丽副主席对市机械工程协会近年来的工作给予肯定，同时对2022年市科协相关重点工作和学协会工作进行安排。

4月2日，铜川市科协传达学习铜川市第十三次党代会精神

4月2日，铜川市科协召开机关干部专题学习会议，传达学习铜川市第十三次党代会和市委十三届一次全会精神、市纪委十三届一次全会精神，研究贯彻落实措施。铜川市科协党组书记、主席党莉主持并就贯彻会议精神提出具体要求。

4月3日，咸阳市秦都区老科协开展"传承红色基因不忘初心使命"清明祭英烈活动

4月3日，咸阳市秦都区老科协组织干部和老科技工作者来到沣西街道办河南街革命烈士陵园，开展"传承红色基因不忘初心使命"清明祭英烈活动。老科技工作者为英雄先烈敬献花篮，区老科协会员刘志军为大家讲述了咸阳阻击战中五台战役革命烈士的故事，最后全体人员依次绕行瞻仰革命烈士纪念碑，并向英烈献上鲜花。

4月6日，宝鸡市印发贯彻《全民科学素质行动规划纲要（2021—2035年）》实施方案

4月6日，宝鸡市人民政府正式印发了《宝鸡市贯彻〈全民科学素质行动规划纲要（2021—2035年）〉实施方案》，对宝鸡市中长期全民科学素质建设目标和"十四五"时期的重点任务、保障措施等作出了系统谋划，全面开启了宝鸡市公民科学素质建设新征程。

4月6日，以"党建红"描绘科普"新画卷"——安康市科协开展"红色百年路·科普万里行"主题活动侧记

4月6日，安康市科协开展"科普大篷车"走基层活动，有效提升全市公民科学素质。活动日内，科协组织进入学校、社区开展"红色百年路·科普万里行"主题活动，展示中华人民共和国成立以来我国在科技方面取得的辉煌成就，现场讲解中国科学家风采和感人事迹，宣传报国情怀，激发了青少年的爱国热情。

4月6日，榆林市科协开展义务植树活动

4月6日，榆林市科协响应"绿染沙漠榆林行动"号召，组织干部职工在横山区白界镇开展了义务植树活动。植树现场，职工分工合作，配合默契。

4月6日，宝鸡市第三十届"科技之春"宣传月活动启动

4月6日，宝鸡市第三十届"科技之春"宣传月活动线上启动。宝鸡围绕青少年、农民、产业工人、老年人、领导干部和公务员五大重点人群，采用线上线下相结合的形式，组织开展疫情防控科普宣传等重点活动160余场次。

4月7日，商洛市山阳县开展第三十届"科技之春"宣传月疫情防控宣传活动

4月7日，商洛市山阳县卫健局、市监局、城管局、民政局、科协、城关街办等单位组成社区（农村）防控宣传队，开展第三十届"科技之春"宣传月疫情防控宣传活动。通过流动宣传车、乡村大喇叭开展线下宣传，坚持与线上宣传相结合的策略。同时坚持边宣传边执法边整改的工作方式。

4月7日，商洛市科协闻令而动，全员参与疫情防控阻击战

4月7日，商洛市科协在接到疫情防控工作通知后，立即通过线上形式召开专题党组会议，按照市委统一要求安排疫情防控工作。市科协党组及时研判疫情防控动态形势，快速、高效地将市区关于疫情防控工作的决策和部署传达到每名党员干部。党组书记、主席董红梅赴商州区城关街道办和平社区、丹江一品小区等防疫一线督战疫情防控工作，了解掌握疫情防控工作情况，现场与工作人员共同研究制定切实可行的防控措施。

4月9日，"峥嵘百年·科技兴国——我国科技百年发展史全国巡展宝鸡展览"点亮"科技之春"

4月9日，由中国科协科普部指导，中国科技馆、合肥市科技馆组织，陕西省科技馆、宝鸡市科协主办，宝鸡市科技馆承办的"峥嵘百年·科技兴国——我国科技百年发展史全国巡展宝鸡展览"，线上线下同步举行。展览设有6个章节，展品数量38件，图文展板81面，运用3D、VR等技术实现了科技史学习与教育、新技术的融合，进一步提高科技史学习和教育的积极性和趣味性。

4月11日，咸阳市秦都区科协召开专题会议传达学习全国"两会"精神

4月11日，咸阳市秦都区科协召开党组扩大会议，传达学习全国"两会"精神，研究部署贯彻落实举措。秦都区科协党组书记、主席吴敏鸽主持会议。

4月12日，延安市3个单位被认定为全国科普教育基地

延安市科学技术馆、延安劳山国家森林公园、延安树顶漫步自然教育营地3家单位被认定为全国科普教育基地。中国科协将对已命名的全国科普教育基地进行年度科普绩效评估和终期考核，设立科普专项支持其开展特色科普活动，鼓励进一步开发开放优质科普资源，持续发挥科普教育功能，面向公众提供更多更好的科普公共服务。

4月12日，咸阳市科协党组传达学习市八届纪委二次全会精神

4月12日，咸阳市科协召开党组（扩大）会议，传达学习中国共产党咸阳市第八届纪律检查委员会第二次全体会议精神，安排部署贯彻落实措施。咸阳市科协领导班子成员、各部室及下属单位人员参加会议。

4月13日，咸阳市新成立20家科技服务站助力高质量发展

咸阳市科协2022年新成立了20家市级学会科技服务站，239名专家组建20个科技服务团助力咸阳高质量发展。市科协将加大力度鼓励推动建立市级学会科技服务站，针对不同合作性质的服务站给予相应的经费支持，并对于已设立的市级学会科技服务站进行年度检查评估，进行择优表彰。

4月13日，宝鸡市科协机关党支部组织开展参观"中国科技百年发展史"主题党日活动

4月13日，宝鸡市科协机关党支部组织全体党员干部开展了参观"中国科技百年发展史"主题党日活动。市科协党组成员、副主席张艳丽、张碧燕参加活动。本次展览活动以"峥嵘百年·科技兴国"为主题，由中国科技馆、陕西省科协、合肥市科技馆组织，陕西省科技馆、宝鸡市科协主办，市科技馆承办。

4月14日，从百年科技发展史中汲取奋进力量——市科技信息中心党支部开展主题党日活动

4月14日下午，宝鸡市科技信息中心党支部所有党员干部前往宝鸡市科技馆，参观了"峥嵘百年·科技兴国——我国科技百年发展史全国巡展宝鸡展览"，参观者们在展览中收获颇丰。

4月15日，宝鸡市第三十届"科技之春"宣传月170余项重点活动扎实推进

2022年的"科技之春"宣传月活动，各县区、市级成员单位结合全市疫情防控工作要求，将采取线上线下相结合的方式，在社区、农村、学校、机关、企业等广泛开展"科技之春"宣传月活动，推出了一系列群众性、社会性科普活动。各级相继开展了青少年科普影视作品观后征文活动、云上科普知识有奖竞赛、"我们的节日"微信平台科普专题猜谜语等重点活动。

4月15日，榆林市科协召开专项会议安排部署创文工作

4月15日，榆林市科协召开专项会议安排部署创文工作，市科协党组书记、主席许锐主持会议，市科协全体干部职工参加会议。会议传达了市委书记李春临关于创建全国文明城市工作的指示要求和榆林市创建全国文明城市推进大会的会议精神。

4月15日，宝鸡市科协传达学习市第十三次党代会和市"两会"精神

4月15日，宝鸡市科协党组召开党组理论学习中心组（扩大）会议，传达学习中国共产党宝鸡市第十三次代表大会、宝鸡市第十六届人民代表大会第一次会议、政协宝鸡市第十三届委员会第一次会议和市委政法工作会议精神，安排部署贯彻落实工作。党组书记、主席王若鹏主持会议并讲话。会议强调深入学习贯彻习近平总书记来陕考察重要讲话重要指示精神，并进行了政府工作报告，系统总结了过去5年的工作，最后对当前的重点工作进行了安排。

4月15日，安康市第三十届"科技之春"宣传月主场活动在旬阳举行

4月15日，安康市第三十届"科技之春"宣传月主场活动在旬阳市高新产业开发区举行，现场为14个安康市科普教育基地授牌和安康市农业科普志愿者服务支队、专业分队授旗。副市长周康成出席活动并讲话。

4月16—17日，榆林市科协组织选手参加第36届陕西省青少年科技创新大赛

第36届陕西省青少年科技创新大赛终评活动于4月16—17日在线上举办，大赛包括

青少年科技创新成果竞赛和科技辅导员创新成果竞赛。在市科协的组织下，经过层层选拔，榆林市共有 29 个项目，师生 32 人参与线上问辩活动，其中，中小学生 24 人、教师 8 人。

4 月 18 日，宝鸡市科协领导来市环境科学学会调研指导

4 月 18 日下午，宝鸡市科学技术协会副主席张艳丽、学会部部长张鸿、刘渊一行 3 人到市环境科学学会调研指导工作，了解学会工作开展情况，对学会今后工作进行了交流和指导。

4 月 19 日，宝鸡市科技信息中心专题传达学习市第十三次党代会和市"两会"精神

4 月 19 日上午，宝鸡市科技信息中心迅速组织全体人员召开了专题会议，认真传达学习了市第十三次党代会和市"两会"精神及市科协党组理论学习中心组（扩大）会议精神，安排部署近期工作重点。

4 月 20 日，主动党建联建，助力"三百四千"

4 月 20 日，商洛市科协党组书记、主席董红梅带领商洛市洛南县科协主席杨虎峰、副主席刘卫军和商洛市科协秘书长都晓莉一行 4 人，深入陕西邦友硅业有限公司，调研"百名局长行长联企业纾难解困"和非公企业党建工作。实地查看企业生产情况，梳理企业需要解决的困难和问题，并提出了初步解决方案。经协商，确定商洛市科协党支部与陕西邦友硅业有限公司党支部结对联建。

4 月 25 日，咸阳市渭城区党建主题公园科普广场举行揭牌仪式

4 月 25 日上午，渭城区党建主题公园科普广场揭牌仪式在区党建主题公园内举行。咸阳市科协主席丁震霞，渭城区委常委、组织部部长李婉妮共同为科普广场揭牌。咸阳市科协副主席陈娥、渭城区政府副区长翟宁出席揭牌仪式，渭城区全民科学素质部分成员单位分管领导参加揭牌仪式。渭城区委常委、组织部部长李婉妮为科普广场致辞，渭城区科协主席张旬平介绍了广场建设情况。

4 月 26 日，咸阳市科协深入市心理健康教育研究会开展全国"两会"、市第八次党代会精神宣讲

4 月 26 日，咸阳市科协党组书记毛欣深入市心理健康教育研究会宣讲全国"两会"、市第八次党代会精神，市科协机关党支部委员、市心理健康教育研究会理事会、监事会成员及党员代表参加了宣讲会议。

4月26日，安康市科协主要领导到汉滨区调研科普示范区创建工作

4月26日，安康市科协党组书记、主席谢康一行到汉滨区调研创建全国科普示范区工作情况。市科协党组成员、秘书长叶荣斌，汉滨区政府副区长文动、汉滨区科协及教体局有关负责人陪同调研。

4月27日，宝鸡市召开全民科学素质工作领导小组第一次会议

4月27日下午，宝鸡市召开全民科学素质工作领导小组第一次会议，安排部署全市《全民科学素质行动计划纲要（2021—2035年）》实施工作。副市长、市全民科学素质工作领导小组组长畲俊臣参加会议并讲话。

4月27日，咸阳市科协党组召开全面从严治党暨党风廉政建设工作会

4月27日上午，咸阳市科协党组召开全面从严治党暨党风廉政建设工作会议，安排市科协2022年度全面从严治党暨党风廉政建设工作。咸阳市纪委监委驻市教育局纪检监察组组长赵侃同志出席会议，咸阳市科协领导班子成员、机关科级及以下干部、下属单位全体人员参加会议。会议由市科协党组成员、副主席罗文斌同志主持。

4月28日，宝鸡市科技信息中心召开市第十三次党代会精神专题研讨会

4月28日，宝鸡市科技信息中心召开学习贯彻市第十三次党代会精神专题研讨会，全体人员参加了会议。会议强调，全体人员要学习宣传贯彻落实市第十三次党代会精神，在科协党组的正确领导下，发挥好科协组织"四服务"工作职能，以实际行动推动党代会精神落地生根。

4月28日，宝鸡市科协主席王若鹏在眉县调研指导工作

4月28日，宝鸡市科协主席王若鹏一行在眉县调研指导工作。在听取了县科协关于眉县创建省级科普示范县工作进展情况的汇报后，王若鹏就尽快启动并开展创建工作提出了具体意见和要求。

4月29日，咸阳市科协召开2022年度工作会议

4月29日，咸阳市科协召开2022年度工作会议，总结全市科协系统2021年工作，安排部署2022年重点工作任务。咸阳市科协主席丁震霞作工作报告，党组成员、副主席陈娥、罗文斌分别总结通报2021年度科普、学会工作完成情况，市纪委监委派驻市教育局纪检监察组组长赵侃出席会议。市科协党组书记毛欣主持会议。市级各学会（协会、研究会）、各县市区科协负责人、市科协机关、下属事业单位人员参加会议。

5月6日，汉中市科协到市老科协开展"进知解"走访调研活动

5月6日上午，九三学社汉中市委主委、市科协主席张汉文带队到市老科协开展"进知解"走访调研活动，看望、慰问老科技工作者，座谈老科协工作。汉中市老科协副会长兼秘书长翟国强主持并介绍了市老科协的工作性质、工作职责等基本情况和近期重点工作的安排，以及存在的问题。

5月8日，2022年全国青少年模拟飞行挑战赛（陕西站）成功举办

5月8日，2022年全国青少年模拟飞行挑战赛（陕西站）暨2021—2022年全国青少年模拟飞行锦标赛陕西省选拔赛在西安阎良（航空基地）成功举办。此次比赛由国家体育总局航空无线电模型运动管理中心、中国航空运动协会主办，西安市科技局、市教育局、市科协、阎良区人民政府、航空基地管委会支持，陕西雏鹰展翅航空文化科普研学基地等单位承办。来自省内的29支参赛队伍、350余名选手展开激烈角逐。

5月9日，榆林市获评全国"'科创筑梦'助力'双减'科普行动"试点城市

5月9日，经省级推荐、专家评审，榆林市被评选为全国试点城市，榆林高新区第七小学、榆林高新区第二中学、榆林高新第五小学、靖边县第九小学、靖边县第十五小学、佳县青少年校外活动中心、定边县西关小学、定边县东关小学、定边县白泥井郑国洲中学、定边县安边镇兴义光彩小学、榆林市定边县贺圈小学、府谷县科技馆、府谷县明德小学、府谷县前石畔九年制学校、府谷县府谷中学、子洲县第四小学16家单位被评为全国试点单位。

5月9日，安康市召开全市实施全民科学素质行动工作推进视频会议

5月9日，安康市召开全市实施全民科学素质行动工作推进视频会议，深入学习贯彻习近平总书记关于科学普及与科技创新同等重要的指示精神，落实中省《全民科学素质行动规划纲要（2021—2035年）》决策部署，推进全市实施全民科学素质行动工作。副市长周康成出席会议并讲话，市政府副秘书长王志洲主持会议。

5月9日，宝鸡市凤县科协：探索"党建＋科普"助力乡村振兴

5月9日，宝鸡市凤县科学技术协会机关党支部联合县直属机关工委党支部、县民政局机关党支部、河口镇岩湾村党支部开展了一次"学理论、悟思想、强能力、助力乡村振兴"主题党日活动，共同探讨"党建＋科普"助力乡村振兴的结合点，激活"党建＋"引擎，促进党建与乡村振兴同频共振，实现互动双赢。活动由座谈交流和参观学习两部分组成。

5月10日，安康市汉阴县：依托专家工作站发挥人才引领作用

汉阴县在企事业单位搭建高层次人才柔性流动平台——专家工作站，让更多高端人才、科技资源集聚汉阴，为汉阴高质量发展全面赋能。

5月10日，普及消防知识、建设平安社区——安康市科协在行动

5月10日，安康市科协党支部联合兴安社区党支部组织举办了"普及消防知识、建设平安社区"主题党日活动，邀请安康鑫社安消防服务中心教员徐鹏为大家作消防安全知识科普讲座。安康市科协党组成员、秘书长叶荣斌参加活动。

5月11日，汉中市科协召开全市县区科协主席工作座谈会

5月11日上午，汉中市科协召开县区科协主席工作座谈会，总结交流2021年工作亮点和2022年工作思路，细化安排2022年工作推进要点，研究讨论各项任务落实具体举措。九三学社汉中市委主委、市科协主席人选张汉文主持会议并讲话。

5月11日，汉中市科协召开三届五次全委（扩大）会议

5月11日，汉中市科协召开三届五次全委（扩大）会议，市委常委、组织部部长王利出席会议并讲话。市人大常委会副主任杨守奎、市政协副主席刘伟、市政府副秘书长周巍参加会议。会议由市科协党组成员、副主席贺凯主持。

5月11日，"科创中国"创新创业投资大会西北分会场协调会顺利召开

5月11日上午，西安市科协牵头组织召开了"科创中国"创新创业投资大会（2022年）西北分会场协调会线上会议。西安市科协、兰州市科协、西宁市科协、银川市科协、银川市委人才工作局、银川市科技局、银川市工信局等相关单位参加了会议，共商共议"科创中国"创新创业投资大会西北分会场工作，部署相关事宜。

5月13日，宝鸡市科技馆党支部传达市科协2022年党建、党风廉政建设、意识形态工作会议精神

5月13日下午，宝鸡市科技馆党支部召开党建、党风廉政建设、意识形态工作专题会议，传达市科协2022年党建、党风廉政建设、意识形态工作会议精神。会议全文领学了市科协党组书记、主席王若鹏同志所作讲话，要求全体干部职工要认真学习领会会议精神，全面把握工作要求，高标准完成各项工作任务。

5月13日，宝鸡市科协举办"信息安全意识与防范"专题讲座

5月13日，宝鸡市科协邀请宝鸡职业技术学院三级教授佘爱云为市科协机关和直属

事业单位干部职工作"信息安全意识与防范"专题知识讲座。余爱云教授深入分析了当前信息安全的现状和发展态势。市科协党组成员、副主席张艳丽就如何做好科协系统网络安全和网络意识形态工作提出三点要求。

5月16日，商洛市山阳中学雷建设老师科创团队自制教具荣获陕西省2021年基础教育优秀教学成果特等奖和一等奖

5月16日，商洛市山阳中学雷建设老师科创团队的"光伏太阳能全自动跟踪控制器"和"适用多种场所防疫语音警示器"分别荣获陕西省2021年基础教育优秀教学成果特等奖和一等奖。

5月17日，商洛市山阳县开展网络新型违法犯罪集中宣传活动

5月17日，商洛市山阳县公安局、县武装部、县科协组织各金融单位在政府广场集中开展打击治理电信诈骗犯罪集中宣传活动。活动通过悬挂横幅、设立咨询点和发放宣传资料等形式，为过往群众讲解常见电信诈骗防范等相关知识。

5月18日，宝鸡市科协召开2022年度决策咨询调研课题培训会

5月18日，宝鸡市科协邀请市委政研室四级调研员、市政协文史员、市党史专家库专家蔡广林为2022年度决策咨询调研立项课题负责人及主要成员70余人做怎样搞好决策咨询研究专题培训。蔡广林调研员从宝鸡市情及发展形势、发展战略入手，从决策咨询调研的选题、准备、方法、写作、应用五个方面为大家指导了怎样搞好决策咨询调研。市科协三级调研员王录常就2022年度决策咨询调研课题的开展讲了几点意见。

5月19日，渭南市科协开展全国防灾减灾日系列科普宣传

5月19日，渭南市科协紧紧围绕"减轻灾害风险守护美好家园"主题，在全市科协系统开展全国防灾减灾日系列科普宣传。通过防灾减灾视频展播、防灾减灾宣传周科普专题以及组织科普基地开放活动等项目进行宣传。

5月20日，宝鸡市科技信息中心"三个坚持"贯彻落实市科协2022年度党建、党风廉政建设、意识形态工作会议精神

5月20日，为深入贯彻落实市科协2022年度党建、党风廉政建设、意识形态工作会议精神，宝鸡市科技信息中心用"三个坚持"把会议精神落到实处。一是坚持把党的政治建设放在首位，努力开创党建工作新局面。二是坚持把党风廉政建设摆在突出位置，持续深入推进中心廉政建设。三是坚持把意识形态工作摆在重要位置，坚决守牢意识形态阵地。

5月24日，开展新任职干部廉政谈话，拧紧廉洁从业"发条"

5月24日，安康市科协党组、市纪委监委派驻市教体局纪检监察组对市科协直属事业单位安康科技馆新任馆长分别进行廉政谈话。会上，市科协党组成员、秘书长叶荣斌对新任职干部提出四点要求，市纪委监委派驻市教体局纪检监察组组长郑翔太也在廉政谈话时强调了三项要求。新任安康科技馆馆长表示将进一步增强廉洁意识，提升履职能力。

5月25日，宝鸡市眉县召开创建陕西省科普示范县工作动员大会

5月25日上午，在宝鸡市眉县县委党校一楼会议室召开了创建陕西省科普示范县工作动员大会。县委常委、宣传部部长麻承志，县人大常委会副主任黄军怀出席会议，县创建工作领导小组成员单位负责人参加会议。会议由县委常委、副县长王富强主持。

5月25日，宝鸡市举行领导干部和公务员科学素质报告会

5月25日，宝鸡市领导干部和公务员科学素质报告会在市委党校举行。报告会邀请省科协党组书记李豫琦作专题辅导，市委副书记、渭滨区委书记段小龙主持报告会。报告会以"主会场＋分会场视频会议"的形式召开。李豫琦对《陕西省贯彻〈全民科学素质行动规划纲要（2021—2035年）〉实施方案》进行了系统解读。

5月26日，榆林市科协传达市委、市政府疫情防控会议工作要求

5月26日上午，榆林市科协党组成员、副主席罗璇主持召开会议，传达市委、市政府疫情防控会议精神及相关要求，安排部署市科协疫情防控各项工作任务。市科协、市科技馆干部职工参加会议。

5月27日，2022年渭南"最美科技工作者"学习宣传活动拉开序幕

5月27日，渭南市委组织部、宣传部，市科技局、市科协联合开展2022年渭南"最美科技工作者"学习宣传活动。经过层层推荐、专家遴选和社会公示，来自全市科技工作一线的20名科技工作者获得了殊荣。

5月27日，榆林市科协召开2022年党建工作会暨模范机关创建工作动员会

5月27日，榆林市科协召开2022年党建工作会暨模范机关创建工作动员会。市科协党组书记、主席许锐主持会议并讲话，市科协党组成员、副主席罗璇、谢昌轩，市科技馆馆长高强出席会议，市科协全体干部职工参加会议。会议深入学习了习近平总书记在中央和国家机关党的建设工作会议上的讲话，传达了市直机关党的建设暨创建模范机关工作会议精神，并对全市科协系统党建工作和模范机关创建工作作了具体部署。

5月30日，宝鸡市：亲子心理健康讲座

宝鸡营养学会副理事长、高级健康管理师王海鸿于5月27日下午受陕西旬凤韩黄高速公路有限公司邀请，为该公司未成年人家庭做了一场生动活泼的讲座。王海鸿老师的讲座吸引了30余个家庭前来参加。王老师围绕亲子关系、亲子教育等内容对在座家长进行了解读。

5月31日，安康市紫阳县科协和平利县科协联合开展"牢记嘱托感党恩，志愿服务践初心"主题党日活动

5月31日，紫阳县科协组织科技工作者代表前往平利联合开展"牢记嘱托感党恩，志愿服务践初心"主题党日活动。平利县科协班子成员及全体干部一同参加此次活动。代表团参观了老县镇蒋家坪村，了解到了"因茶致富，因茶兴业"的脱贫故事。随后参观了平利县神草园茶业有限公司绞股蓝特色科技馆和田珍茶业有限公司农业专家服务站。

5月31日，铜川市科协组织开展市级院士专家工作站实地检查考核工作

5月31日、6月2日，由铜川市科协二级调研员张国庆及市委人才办、市财政局行政科、市科协学会部相关负责同志组成的检查考核组，逐个走访了19家铜川市级院士专家工作站，开展实地检查指导和年度考核工作。检查考核组一行听取了各建站企业（单位）负责人就工作站的管理运行情况等方面进行的汇报，现场检查了各工作站执行落实《铜川市院士专家工作站建设"六有"标准》情况。检查中，张国庆现场为第三批认定的9家铜川市级院士专家工作站进行了授牌。

6月1日，安康市科协：迎端午佳节、强爱国信念、话健康膳食

6月1日，安康市科协联合城市创建帮扶的汉滨区老城街道兴安社区开展了"党建引领促共建、端午粽情聚民心"主题党日活动。安康市科协党组成员、秘书长叶荣斌出席活动并讲话。兴安社区有关负责人汇报了上半年工作情况及下一步工作打算。安康市营养学会副理事长张鑫以《让营养健康家庭》为题，进行了营养健康讲座。城市创建帮扶单位、共驻共建单位共同慰问了社区困难群众、公益岗位工作人员，为他们送上米、面、油等慰问品及节日祝福。

6月1日，科普实验走进铜川市新区锦绣园幼儿园

6月1日，铜川市科协带领科普老师走进新区锦绣园幼儿园开展科学科普实验活动。活动中，小朋友们体验了"手上火焰""干冰泡泡"，动手制作"大象牙膏"，亲身参与"水果钢琴"和"水火箭"等科学实验，带领孩子们感受科学的魅力。

6月1日，宝鸡市科技信息中心组织观看党的十九届六中全会精神解读视频暨召开专题研讨会

6月1日下午，宝鸡市科技信息中心组织全体党员干部观看党的十九届六中全会精神解读视频，并进行了专题研讨。会议组织集体观看了《中共中央关于党的百年奋斗重大成就和历史经验的决议》的逻辑、精髓及其深意，《"两个确立"的依据和决定性意义》专家讲解视频。与会人员结合学习和工作实际，把全会精神与中心工作联系在一起，交流了学习的心得和收获。

6月1日，铜川市科协召开全体干部会议传达学习省第十四次党代会精神

6月1日，铜川市科协召开全体干部会议，传达学习省第十四次党代会、省委十四届一次全会及铜川市委常委会（扩大）会议精神，安排部署学习宣传贯彻落实工作。会议全面回顾过去5年的工作，对持续深入落实习近平总书记重要讲话重要指示和党中央决策部署、谱写陕西高质量发展新篇章做了全面安排。

6月1日，安康市科协：防汛"三到户"，护民保安全

近日，安康城区连续降雨，安康市科协认真贯彻落实《安康城区防汛抗洪预案》及防汛包联的老城街道鼓楼社区防汛工作安排，认真开展了防汛"三到户"工作。市科协全体干部齐上阵，分为三组，由业务骨干带队，对兴安东路2号至蒙娜丽莎、静宁北路区间住户进行上门服务，了解重点人群情况，签订填写防洪相关责任书，并告知大汛期撤离的具体条件、路线、接待地等内容。同时，市科协整合相关人力资源成立了防汛工作领导小组、防洪抢险突击队、后勤保障工作队。

6月2日，榆林市科协系统开展"传承科学精神，凝聚科技力量"主题党日活动

6月2日，榆林市科协机关党支部联合市科技馆党支部开展了"传承科学精神，凝聚科技力量"主题党日活动，组织全市科协系统党员干部集中参观了"众心向党　自立自强——党领导下的科学家精神"主题展。本次展览以中国共产党的坚强领导和伟大指引为主线，以科学家精神内涵为框架，将"两弹一星"精神、西迁精神、载人航天精神、探月精神、抗疫精神等贯穿其中。

6月2日，榆林市科协开展"过端午佳节，品美味香粽"端午节活动

6月2日，榆林市科协联合市科技馆共同举办"过端午佳节，品美味香粽"端午节活动。活动中进行了端午知识竞答，大家纷纷踊跃抢答，随后开展了"端午'踏青'"和"托球快跑"竞赛。

6月5日，宝鸡市科技馆举办青少年科技营优秀营员颁奖仪式

6月5日，宝鸡市科技馆举办了青少年科技营优秀营员颁奖仪式，为在5月1日至6月3日举办的10期"科学引领助力'双减'"青少年科技营活动中表现优秀的20名营员颁发了获奖证书及奖品，优秀营员代表史浩然进行了发言。

6月5日，商洛市老科协、商州区科协、商州区老科协及商洛国际医学中心联合开展2022年"全国第六个科技工作者日"暨"第27个全国爱眼日"义演义诊送健康活动

6月5日，由商洛市老科协、商州区科协和商洛国际医学中心主办，商州区老科协沙河子镇工作站协办的2022年"全国第六个科技工作者日"暨"第27个全国爱眼日"义演义诊送健康活动在商洛市商州区沙河子镇沙河子村党群活动中心广场隆重举行。商洛市老科协会长王武雄出席活动并讲话。商洛市、区老科协各位副会长和部分常务理事，商洛国际医学中心医务工作者，沙河子老年志愿者服务队队员及沙河子村老年朋友共300多人参加活动。本次活动以"科技服务为民，助推乡村振兴；关注普遍眼健康，共筑'睛'彩大健康"为主题，组织开展的一次有意义的基层科普活动。

6月6日，汉中市镇巴县科协召开一届三次全委（扩大）会暨"全国科技工作者日"座谈会议

6月6日，镇巴县科协召开了一届三次全委（扩大）会暨"全国科技工作者日"座谈会议，县委常委、宣传部部长黄伟，副县长邵永宏出席会议并讲话。来自县科协第一届委员会委员，全县20个镇（街道）科协主席，县全民科学素质领导小组各成员单位分管领导，优秀科技工作者代表、科技志愿服务队负责人，农技协、科普示范基地代表等共计70余人参加了会议。

6月7日，"科创中国"创新创业投资大会（2022年）西北分会场发布会活动成功举办

6月7日，"科创中国"创新创业投资大会（2022年）西北分会场发布会活动，在科创中国·西安学会智创园举办。

6月8日，安康市宁陕县召开"全国科技工作者日"座谈会

6月8日，安康市宁陕县"全国科技工作者日"座谈会在农业农村水利局召开。县委常委、宣传部部长蔡军，副县长鲁晓旭出席会议并讲话。座谈会上，来自农业、水利、气象等一线科技工作者围绕干部素质提升、科普服务平台搭建、科技人才培养等方面进行了交流发言。

6月8日，铜川市科协开展鼠害防控培训活动

6月8日，铜川市科协邀请市植保站惠隽雄站长在铜川市陈炉镇永兴村举办了鼠害防控培训班。培训中，惠站长对鼠类基本知识及对农作物的危害情况、鼠害防控技术进行深入细致的讲解，向群众传授了鼠药购买、鼠药的使用方法和安全注意事项，并走入田间地头，就捕鼠、鼠药的投放做了现场讲解和演示。

6月8日，商洛市科协认真传达学习省第十四次党代会精神

6月8日，商洛市科协召开全体干部职工会，传达学习省第十四次党代会精神，安排部署贯彻落实工作。省第十四次党代会代表、商洛市科协党组书记、主席董红梅传达会议精神并讲话。商洛市科协党组成员、副主席李文强主持会议。

6月8日，商洛市科协召开"以案促改"警示教育大会

6月8日，商洛市科协按组织全体党员干部召开了党员干部"以案促改"警示教育大会，会议由党组书记、主席董红梅主持。全体人员观看了背离初心的国企《蛀虫》警示教育专题片，学习了十九届中央纪委和省纪委六次全会会议精神及省纪委监委《以案促改工作的函》。

6月8日，商洛市科协、市文联联合开展消防安全知识培训

6月8日，商洛市科协、市文联联合组织开展了消防安全知识培训会。会议由商洛市科协党组成员、副主席李文强主持，邀请了商洛市消防宣传中心张春光教官对日常消防安全知识进行了讲解，商洛市科协、市文联近20人参加了培训。张春光教官对消防器材的分类及使用等知识进行了讲解，并用典型案例为大家讲解火灾致人伤亡的原因及如何避免，与会人员受益匪浅。

6月8—11日，罗璇带队赴西安、河北省保定市考察学习无人机科普工作

6月8—11日，市科协副主席罗璇带领考察组一行3人赴西安、河北省保定市涿州市考察学习无人机科普工作，为榆林市发展无人系统产业吸取经验。考察组通过听取介绍、座谈交流、实地观摩等方式，详细了解无人机培训、驾证考核、无人机生产组装维修及校企合作运营模式中好的经验和做法。此次参观交流活动对于助推无人机产业高质量发展具有重要意义。

6月8日，宝鸡市科协党组成员、副主席张碧燕深入太白县科普示范点调研指导工作

6月8日，宝鸡市科协党组成员、副主席张碧燕，科普部部长张钰一行深入太白县新

命名的科普教育基地、科普示范基地进行检查指导。县科协领导陪同调研。张碧燕等人到太白高山植物园、太白高山产业园以及青峰峡国家森林公园进行调研指导。

6月9日，宝鸡市千阳县召开创建全国科普示范县工作推进会

6月9日，宝鸡市千阳县创建全国科普示范县工作推进会在千阳县事业大楼 B 座一楼会议室召开，标志着千阳县创建全国科普示范县工作已进入关键期。县级四大班子领导出席会议，县创建工作领导小组成员单位的主要负责人、各镇镇长共 50 余人参加会议。会议由副县长梁永明主持。会上印发了《千阳县创建全国科普示范县实施方案》。

6月9日，商洛市科协组织科技工作者参观"众心向党自立自强——党领导下的科学家"主题展

6月9日上午，商洛市科协组织市直学（协）会和部分科技工作者代表参观"众心向党自立自强——党领导下的科学家"主题展。商洛市科协党组书记、主席董红梅参加活动。活动由商洛市科协副主席李文强主持。此次展览以科学家精神为主线，以严谨的史实为依据，彰显了中国科学家爱国奉献、求实创新、协同育人的崇高精神。

6月12日，安康市召开推荐省级自然科学优秀学术论文评审会

6月12日，安康市推荐陕西省第十五届自然科学优秀学术论文评审会在市科协会议室召开。市科协副主席杨高主持会议并讲话，市人社局、市科技局、市科协相关负责同志以及相关行业 5 位专家评委参加会议。会议通报了第十五届论文评选推荐工作开展以来的相关情况，并对申报的 14 篇涉及农、医等领域的论文进行了评审。经评审，共向省上推荐一等奖论文 1 篇、二等奖论文 3 篇、三等奖论文 7 篇。

6月13日，安康市科协积极参加市政府集中管理办公区低碳健步行活动

6月13日，安康市科协组织机关干部积极参加市政府集中管理办公区低碳健步行活动。在市科协党组成员、秘书长叶荣斌的带领下，大家积极参与步行比赛。比赛结束，参赛 4 名同志全部拿到完赛证书。此次活动不仅锻炼了大家的身体，还增进了彼此间的沟通交流。

6月14日，学习贯彻陕西省第十四次党代会精神市委宣讲团到市科协开展宣讲

6月14日，学习贯彻陕西省第十四次党代会精神市委宣讲团到市科协进行宣讲，省第十四次党代会代表、团市委书记、市青联主席刘洋进行宣讲，市科协党组书记姚建洲主持会议，机关全体党员干部参加。宣讲紧紧围绕省第十四次党代会主题和今后 5 年的奋斗目标，对省党代会精神进行解读理解。

6月15日，商洛市商州区科协学习传达陕西省第十四次党代会精神

6月15日，商洛市商州区科协召开专题会议，学习传达陕西省第十四次党代会精神，并开展了专题研讨。科协主席陈征民主持会议并讲话，机关全体党员干部参加会议。会议组织学习了省委书记刘国中在第十四次党代会上作的题为《牢记嘱托感恩奋进解放思想改革创新再接再厉谱写陕西高质量发展新篇章》的报告，传达学习了陕西省第十四届委员会第一次全体会议精神。

6月16日，宝鸡市举行第十九届自然科学优秀学术成果评审会

6月16日，宝鸡市第十九届自然科学优秀学术成果评审工作圆满结束。市科协党组书记、主席王若鹏，市科协党组成员、副主席张艳丽，市人力资源和社会保障局党组成员何丹芳，市科协三级调研员王录常，市人力资源和社会保障局专业技术人员管理科科长杨君，市纪委监委派驻市教育局纪检监察组干部王文博参加了评审会。

6月16—17日，安康市科协邀请西农专家调研指导紫阳食用菌专家工作站建设

6月16—17日，应安康市科协邀请，陕西省食用菌产业技术体系首席专家、西北农林科技大学食用菌中心主任李鸣雷教授，西北农林科技大学食用菌中心博士、副研究员常小峰一行到紫阳县调研指导食用菌产业科技创新和专家工作站建设工作。市科协党组成员、秘书长叶荣斌，紫阳县副县长蔡英宏陪同调研。

6月17日，铜川市科协六届五次全委（扩大）会议召开

6月17日，铜川市科协六届五次全委（扩大）会议召开。会议传达学习了2022年全省科协系统工作会议精神，宜君县科协、王益区科协等4家科协组织作了大会交流发言，表彰了2021年度铜川市科协系统先进集体、先进个人，选举郭宏杰为铜川市科学技术协会第六届委员会委员、常委、主席。郭宏杰代表市科协六届常委会作了题为《聚焦政治引领准确把握使命为加快建设现代产业新城幸福美丽铜川贡献科协智慧和力量》的工作报告。

6月17日，咸阳市科协深入市特种设备协会开展陕西省第十四次党代会精神宣讲

6月17日，咸阳市科协党组书记、市科技社团党委书记毛欣深入咸阳市特种设备协会宣讲省第十四次党代会精神。咸阳市科技社团党委委员、市特种设备协会理事会、监事会成员及党员代表参加了宣讲报告会。

6月17日，安康市科协主要领导深入包联企业调研

6月17日，安康市科协党组书记、主席谢康先后深入帮扶的重点科技型企业陕西安康天瑞塬生态农业有限公司和重点工业企业陕西轩意光电科技有限公司调研指导工作。汉滨区科协、高新区科协负责人陪同调研。

6月18日，榆林市首届创意编程挑战赛成功举办

6月18日，榆林市首届创意编程挑战赛在线上竞赛平台成功举办。本次创意编程挑战赛由榆林市科协主办，经过前期报名预审，线上初赛等环节，全市范围内共有190名参赛选手入围决赛，挑战赛以"智能时代科学战疫"为主题。

6月20日，汉中市印发贯彻《全民科学素质行动规划纲要（2021—2035年）》实施方案

汉中市人民政府正式印发《汉中市贯彻〈全民科学素质行动规划纲要（2021—2035年）〉实施方案》，对全市中长期全民科学素质建设的主要目标、主要任务和保障措施等作出系统谋划，全面开启了全市公民科学素质建设新征程。

6月21日，安康市科协赴矿石社区调研乡村振兴

6月21日，安康市科协党组书记、主席谢康深入帮扶的汉滨区吉河镇矿石社区调研指导乡村振兴工作。吉河镇有关负责人陪同调研。谢康先后到社区工厂、社区卫生室、稻田养鱼产业园开展调研。

6月21日，安康市科协组织召开科技志愿服务业务培训会

6月21日，安康市科协组织举办全市科技志愿服务业务培训会，市科协副主席杨高出席培训会并讲话，各县（市、区）科协分管领导和科技志愿服务业务工作人员，市级有关学（协）会、科普教育基地负责科技志愿服务工作的业务人员参加培训会。

6月21日，宝鸡市陇县科协开展"科普知识进社区服务群众零距离"活动

6月21日，宝鸡市陇县科协联合宝鸡市社科联、市展览馆在陇县东风镇东风社区开展家庭邻里关系和谐相处科普教育宣讲暨科普知识进社区活动。活动邀请宝鸡市心理学会理事、国家二级心理咨询师齐建平，进行了专题讲座，社区群众共160人参加活动。

6月21日，2022年"乡村振兴科技赋能"科技教育乡村行活动走进山阳

6月21日，由省科协、省乡村振兴局共同主办，省青少年科技中心支持，商洛市科协、商洛市山阳县科协、商洛市山阳县科教局共同承办的2022年商洛市山阳县"乡村振兴科技赋能"乡村行活动分别在高坝店镇九年制学校、城区第三小学隆重举行。省青少中心干部孙国华、商洛市科协干部姚博、商洛市山阳县科协主席王武林、商洛市县科教局科技资源统筹中心主任马璐等出席活动，两校师生300余人参加活动。

6月22日，铜川市科协深入包抓刘家坮村开展省第十四次党代会和市第十三次党代会精神宣讲

6月22日上午，铜川市科协党组书记、主席郭宏杰到市科协包抓的宜君县刘家坮村，与驻村工作队、党员干部、村民代表等围坐一起，宣讲省第十四次党代会和市第十三次党代会精神，引导广大党员干部群众把思想和行动统一到省、市党代会精神上来，推动刘家坮村各项发展取得新成效。

6月23日，铜川市科协党支部开展"追寻先烈足迹，传承照金精神，勇担时代使命"主题党日活动

6月23日，铜川市科协党支部在陈家坡会议旧址开展"追寻先烈足迹，传承照金精神，勇担时代使命"主题党日活动。中央和国家机关青年支教帮扶队部分党员一同参加。全体党员干部在陈家坡会议旧址进行参观了解。

6月23日，韩城市科协"三个一"开展迎"七一"活动

6月23日，韩城市科协党支部赴薛峰水库开展"庆七一，学先进"主题党日活动。支部成员在薛峰水库建设事迹陈列馆、水库进行参观，并听取了支部书记王少军以传承父辈水库移民和建设亲身经历者的感受。

6月24日，宝鸡市科技信息中心党支部开展"一封给党组织的公开信"主题党日活动

6月24日上午，宝鸡市科技信息中心党支部组织全体党员开展"一封给党组织的公开信"主题党日活动。党员们在党支部书记张冀军同志的带领下重温入党誓词。

6月24日，宝鸡市科技馆召开科普专家聘任座谈会

6月24日，宝鸡市科技馆召开科普专家聘任座谈会，国核宝钛锆业股份公司、陕西宝成航空仪表有限责任公司等12名专家和市科技馆有关人员参加座谈会。会前，受聘专家参观了市科技馆常设展厅、临时展厅，并对市科技馆科普活动开展情况进行了解。座谈会上，各位专家与市科技馆干部就馆企合作进行了交流探讨。

6月25日，榆林市科协组织开展医疗科技下乡大型义诊志愿服务活动

市科协在6月25日组织榆林市健康教育协会、榆林市中医药学会、榆林市脑病学会在米脂县中医院开展"爱心送温暖，科技送健康"义诊志愿服务活动。榆林市第一医院神经内科专家黄永峰、榆林市第二医院神经外科专家马小红等10余名专家根据群众的身体状况，就疾病防治、合理用药、日常保健等方面进行了详细的指导，并进行了多项免费健康体检、发放药品和发放科普资料等活动。

6月27日，汉中市科协举办"喜迎党的二十大、建功新时代"暨庆祝建党101周年诗歌朗诵比赛

6月27日，汉中市科协举办庆祝建党101周年诗歌朗诵比赛。比赛有序进行，各组织带来精彩演出。汉中市科协、市直机关工委、市农业技术推广与培训中心等部门单位有关领导，市科协第三届委员会兼职副主席、市级学协会负责人及工作人员，各行业科技工作者代表，共计100余人参加了庆祝活动。

6月28日，商洛学院作全国大学生科技志愿服务经验交流

6月28日，中国科学技术协会通过线上视频交流方式举办了"全国大学生科技志愿服务系列云沙龙第一期"，国内7所高校参与经验交流。商洛学院科技处同志代表陕西省高校进行主题报告，并分享了学校"流动科技馆"公益科普工作经验。

7月，榆林市科协机关党支部被评为先进"双报到"单位党组织

7月，榆林市科协被榆阳区崇文路街道办事处评为先进"双报到"单位党组织。"双报到"工作开展以来，市科协主动与崇文路社区建立常态化联系，认领"关爱青少年成长志愿服务"项目、"家美驿站"项目和"守望健康服务"项目，为"185小区"建设资助资金33570元。根据社区居民的需求，建立了"我为群众办实事"清单，先后组织党员干部开展了多次志愿服务活动，为社区老旧小区进行维修改造、清理社区巷道积雪、慰问困难居民、健康义诊服务、健康科普讲座、忆苦思甜助农忙、门窗公益粉刷等系列活动，切实为社区居民办实事、做好事、解难题，真正把为人民服务落到实处。

7月，渭南市将科学素质建设工作纳入年度目标责任考核

7月，渭南市考核委员会印发《关于印发〈各县（市、区）和市级部门2022年度目标责任考核指标〉的通知》（渭考发〔2022〕1号），对全市2022年目标责任考核工作进行了安排，科学素质建设工作列入对各县（市、区）和市级成员单位的目标责任考核指标。

7月，宝鸡市机械工程协会、宝鸡市工程机械应急救援大队开展红色之旅党建活动

7月，为庆祝中国共产党成立101周年，宝鸡市机械工程协会、宝鸡市工程机械应急救援大队联合开展了历时两天的"传承红色精神，践行宗旨使命"红色之旅党建活动。宝鸡市机械工程协会会长、副会长、秘书长及党员代表，宝鸡市工程机械应急救援大队党员参加了本次活动。

7月，《渭南科技工作者建议》为全市"工业倍增计划"增添新动能

7月，"高升控股"计划追加投资3亿元，在渭南高新区征地50亩（亩为非法定单位，1亩≈666.67平方米，全书特此说明），建设"秦创原印包装备工业互联网创新中心"，打造面向印包特定技术领域的专业型工业互联网平台，切实把渭南建设成为国家级印包工业互联网行业策源地、产业聚集地、科创新高地。目前，该项目已进入深度洽谈阶段，建成投产后，将为全市"工业倍增计划"增添新动能。

7月，咸阳市科协在全市推广建立学会科技服务站、组建科技服务团

7月，咸阳市科协在全市推广建立学会科技服务站、组建科技服务团。目前，咸阳市共有5个类别（工科类、农科类、理科类、医科类和交叉类）34个市级学（协）会，本次经各单位申报、市科协考评，认定了永寿县乐宁精神心理康复医院共建科技服务站等首批20个市级学（协）会科技服务站，宋馨等239名专家组建20个科技服务团助力咸阳高质量发展。

7月2日，咸阳市无人机协会成立大会暨第一届会员代表大会召开

7月2日，咸阳市无人机协会成立大会暨第一届第一次会员代表大会在咸阳市国贸酒店隆重召开。咸阳市科学技术协会党组成员、副主席罗文斌出席会议并讲话。刘宏宽当选咸阳市无人机协会第一届会长。会议审议并表决通过了《咸阳市无人机协会章程》，选举产生了第一届协会会长、副会长、秘书长、监事长、监事及理事会成员等。

7月4日，咸阳市科协传达学习陕西省科协第九次代表大会会议精神

7月4日下午，咸阳市科协召开党组（扩大）会议，传达学习陕西省科协第九次代表大会会议精神。市科协领导班子、机关各部室、下属事业单位全体人员参会。会议要求，全市科协系统各级组织要按照陕西省科协第九次代表大会提出的总体要求、工作目标和重点工作，深入贯彻落实市第八次党代会精神，以增强科协组织政治性、先进性、群众性为着力点，以建设开放型、枢纽型、平台型组织为抓手，坚持"四服务"职责定位，聚焦政治引领主责，坚持围绕中心、服务大局主线，立足学术、科普、智库主业，坚守服务科技工作者的生命线，解放思想，改革创新，再接再厉，积极投身推进高水平科技自立自强的生动实践，助力建设现代化"西部名市丝路名都"。

7月4日，商洛市科协迅速传达陕西省科协第九次代表大会会议精神

7月4日，商洛市科协召开全体干部职工会，党组书记、主席、代表团团长黄恒林传达了陕西省科协第九次代表大会会议精神。黄恒林从大会概况、省委书记刘国中的讲话、中国科协党委书记张玉卓视频讲话、省长赵一德的讲话及省科协主席蒋庄德的工作报告主

要精神进行了传达学习，让大家对陕西省科协第九次代表大会会议精神的思想精髓、核心要义有了更为清晰、更加深刻的认识。会上，黄恒林主席就贯彻落实陕西省科协第九次代表大会会议精神提出了三条意见：一是认真学习，传达好这次九大会议精神；二是做好汇报，争取商洛市委、市政府领导对科协工作的支持；三是积极协调，筹备召开商洛市科协第三次代表大会。同时，对商洛市科协当前工作进行了安排部署。

7月5日，商洛科协党组书记、主席黄恒林一行深入洛南开展结对帮扶调研活动

7月5日上午，黄恒林带领商洛市科协领导班子及部室负责人、洛南县科协到洛南县城关街道王滩村开展入户帮扶活动，并召开座谈会，与驻村工作队、村两委共同理思路、话发展、谋振兴。会后，黄恒林一行实地调研了王滩村国家级烟区产业田园综合体建设情况、防洪渠修建情况、连翘基地建设情况等，并深入帮扶对象家中，全面了解群众收支变化、产业发展、创业就业情况和住房、饮水、教育、医疗等各类政策保障落实情况，认真倾听群众意见，了解群众需求，认真排查群众生产生活中存在的问题。下午，按照商洛市委、市政府"三百四千"工程安排部署，黄恒林一行来到结对帮扶企业——陕西邦友硅业有限公司开展调研。黄恒林一行与企业管理人员深入座谈，详细了解企业上半年生产经营状况。针对企业提出的采矿证到期延续难的问题，黄恒林表示，会后会进行综合分析研判，加强沟通协调，为企业和相关政府部门牵线搭桥，打造市、县联动帮扶平台，帮助企业在寻找优质矿源、续办开采证、营造良好营商环境等方面采取有力举措。

7月7日，宝鸡市科技信息中心党支部开展以"赓续党史红色基因砥砺奋进时代征程"为主题的支部书记讲党课活动

7月7日下午，宝鸡市科技信息中心党支部开展了以"赓续党史红色基因砥砺奋进时代征程"为主题的支部书记讲党课活动。本次活动由支部书记张冀军主讲，全体党员积极参加。学习党史、践行初心使命是持续深化的过程，是加强党的建设的永恒课题和全体党员干部的终身课题，张冀军同志通过讲解中国共产党的百年发展历史以及在中国革命中涌现出的部分英雄人物感人事迹，进一步阐明了对马克思主义的信仰、对社会主义和共产主义的信念，是共产党人的政治灵魂，是共产党人经受住任何考验的精神支柱。课后，市科技信息中心党支部还举行了"党在我心中"读书活动。

7月8日，宝鸡市科协七届九次全体（扩大）会议召开

7月8日下午，宝鸡市科协七届九次全体（扩大）会议召开。会议传达学习了陕西省科协第九次代表大会会议精神，动员全市各级科协组织和广大科技工作者，争当创新发展排头兵，为奋力谱写宝鸡高质量发展新篇章贡献科技力量。

7月8日，榆林市科协传达学习陕西省科协第九次代表大会会议精神

7月8日上午，榆林市科协召开机关干部职工大会，传达学习陕西省科协第九次代表大会会议精神。会议由市科协党组书记、主席许锐主持。市科协、市科技馆全体干部职工参加。

7月8—9日，榆林市科协开展"增强生态科普意识，践行生态文明理念"主题党日活动

7月8—9日，榆林市科协机关党支部联合榆林市科技馆、榆林市3院党支部开展了"增强生态科普意识，践行生态文明理念"主题党日活动。同时，市科协邀请"全国劳模""治沙英雄"张应龙以"榆林治沙精神与共产党员的初心使命"为主题，为大家讲了一堂内容丰富、意义深远的专题讲座。市科协党组书记、主席许锐在讲座中做总结讲话。

7月11日，咸阳市秦都区科协传达学习陕西省科协第九次代表大会会议精神

7月11日，咸阳市秦都区科协召开全体干部大会，认真传达学习贯彻陕西省科协第九次代表大会会议精神。

7月11日，咸阳市渭城区科协传达学习陕西省科协第九次代表大会会议精神

7月11日上午，咸阳市渭城区科协召开全体党员干部会议，传达学习陕西省科协第九次代表大会会议精神，会上传达学习了陕西省科协第九次代表大会会议简报、省委书记刘国中在陕西省科协第九次代表大会讲话和中国科协党委书记张玉卓视频讲话精神。

7月12日，安康市、汉滨区科协开展创建全国文明城市大动员、大走访、大宣传活动

7月12日，安康市科协、汉滨区科协组织机关干部，深入城市创建帮扶的汉滨区老城街道兴安社区，开展创建全国文明城市大动员、大走访、大宣传活动。安康市科协党组成员、秘书长叶荣斌，汉滨区科协党组书记、主席汪红星参加活动。

7月12日，宝鸡市科协召开换届代表和委员推选工作讨论会，全面启动第八次代表大会筹备工作

7月12日，宝鸡市科协召开第八次代表大会代表和委员推选工作讨论会。市科协党组书记、主席王若鹏主持会议。

7月12—14日，商洛市科协主席黄恒林一行深入县（市、区）开展千名创业创新团队调研活动

7月12—14日，商洛市科协党组书记、主席黄恒林一行，深入6县（市、区）开展千名创新创业团队调研活动。听取了各创新团队单位在基础设施建设、引进人才、资金投入、研发方向等方面的情况汇报。

7月13日，宝鸡市眉县科协狠抓科普基地建设

7月13日，近期，由县科协主要领导带队的工作组，先后深入国家级猕猴桃产业园区、太白酒业、农夫山泉、太白山国家森林公园、西北农林科技大学猕猴桃试验站、秦旺果业等企业园区，现场指导科普教育基地、农村科普示范基地创建工作。

7月13日，商洛市科协领导来山阳调研千名人才创新创业首批创新团队工作

7月13日，商洛市科协党组书记、主席黄恒林，副主席李文强等一行深入商洛市山阳县开展实地调研千名人才创新创业首批创新团队工作，商洛市山阳县委常委、组织部部长杨春华陪同。调研组分别前往奥科粉体公司、智源食品公司、金川封幸化工公司3家企业，实地查看团队建设和工作开展情况，查阅相关档案资料，召开座谈会，听取意见建议。

7月14日，市考核督查组到渭南市科协督查"十项重点工作"配合单位季度工作

7月14日下午，市第二考核督查组到市科协督查"十项重点工作"配合单位季度工作，并听取了工作汇报，市委组织部四级调研员马旭东、市考核办三级主任科员刘斌、市科协相关领导干部及业务科室负责人参加了会议，会议由市科协主席杨翠红主持。马旭东对督查情况进行了点评，对市科协在推进省考指标、"十项重点工作"及市党代会和市政府工作报告重点工作任务等方面给予了充分肯定。

7月15日，榆林市政协副主席李和平一行到市科技馆开展调研

7月15日，市政协副主席李和平一行到市科技馆开展调研，市科协党组书记、主席许锐，党组成员、副主席罗璇，市科技馆馆长高强陪同调研。

7月19日，榆林市科协深入创文包抓银沙华庭小区推进文明城市创建工作

7月19日上午，榆林市科协在驼峰路街道办银沙华庭小区开展"创建全国文明城市"志愿者服务及创文宣传进社区活动。

7月19日，安康市石泉县召开全国科普示范县创建工作推进会

7月19日，安康市石泉县全国科普示范县创建工作推进会在县委党校召开。安康市科协副主席杨高，县委常委、组织部部长向成城，县政府党组成员耿国泉等领导出席会议并讲话。会议组织学习了省科协《关于开展陕西省2021—2025年度科普示范县（市、区）检查验收相关工作的通知》文件，县政府党组成员耿国泉宣读了《督查通报》，并对下阶段创建工作任务和做好迎检工作进行了安排部署，县卫健局、人社局、中池镇、饶峰镇做了交流发言。

7月26日，榆林市科协深入包抓小区落实文明城市创建工作

7月26日，榆林市科协在驼峰路街道办银沙福苑小区开展"创建全国文明城市"志愿者服务及创文宣传进社区活动。活动中，志愿者们积极行动，以身作则，帮助社区居民进行环境卫生整治，对小区内的野广告、垃圾等进行了清理，同时发放文明行为宣传单和《创文知识应知必会》等创文宣传手册，并向社区居民宣传创建全国文明城市的意义及重要性。通过此次活动的开展，带动居民从点滴做起，从身边小事做起，做文明有礼的榆林人，为全国文明城市创建工作贡献力量。

8月17日，安康市科协志愿服务队开展人居环境美化行动

8月17日，安康市科协志愿服务队到"创文"包联的汉滨区老城街道兴安社区，敲门入户开展人居环境美化行动，着力解决住户居住环境脏、乱、差问题，提升社区居民生活品质。

8月下旬，安康科协系统6单位获评陕西省第三十届"科技之春"宣传月活动先进单位

8月下旬，在陕西省科学技术协会《关于陕西省第三十届"科技之春"宣传月活动情况的通报》中，安康市科协和旬阳市、汉滨区、石泉县、平利县、汉阴县5个县（市、区）科协获评陕西省第三十届"科技之春"宣传月活动先进单位。

8月31日，安康市科协举办"反诈"科普进社区志愿服务活动

8月31日，安康市科协邀请市公安局反诈中心三级警长康洋到创文帮扶的汉滨区老城街道兴安社区作"反诈"知识科普宣讲。安康市科协党组成员、秘书长叶荣斌主持活动并讲话。汉滨区科协副主席李锦贤，老城街道办副主任李根保，兴安社区支部书记、主任刘静，市区科协志愿者及兴安社区干部、居民代表共计30余人参加活动。

9月初，安康市石泉县科协2021年度目标责任考核多项工作受表彰

9月初，安康市石泉县2021年度目标责任考核总结表彰暨作风建设大会在县委党校召开，会上表彰了全县2021年度目标责任考核优秀单位。石泉县科协成绩突出，多项工作受表彰。一是2021年度目标责任考核获得优秀，在获得优秀的8个党群部门中排名第四；二是获得乡村振兴战略实绩考核优秀单位；三是获得项目资金争取优秀单位；四是县级专家工作站建设被评为2021年度创新和特色亮点工作。

9月，铜川市科协"四个下功夫"推动作风建设专项行动落地见效

9月，铜川市科协"四个下功夫"推动作风建设专项行动落地见效。2022年以来，铜

川市召开党组学习会议、中心组学习研讨会议、党支部学习会议等 12 次，开展"传承照金精神勇担时代使命"等主题党日活动 2 次，党员干部撰写学习体会文章 27 篇次，切实深化干部作风建设的思想自觉、政治自觉和行动自觉。

9 月 3 日，西安市科协在西安航天基地实地考察指导科普教育基地建设纪实

9 月 3 日，西安市科协党组成员、副主席张传时带领科普部调研组前往西安航天基地，分别在中煤航测遥感集团航测遥感局、国家超级计算西安中心等单位实地考察科普教育基地建设情况，面对面征求他们对科普工作的意见建议，了解并帮助他们解决实际工作中的困难和问题。

9 月 7 日，西安市科协召开 2022 年警示教育暨开展作风建设专项行动动员大会

9 月 7 日上午，西安市科协召开 2022 年警示教育暨作风建设专项行动动员大会。会议深入学习贯彻习近平总书记关于全面从严治党有关指示要求，动员部署作风建设专项行动，传达有关违纪违法案件通报，开展以案讲纪、以案说法，扎实推进纪律教育学习宣传月活动。市科协党组书记、常务副主席耿占军同志出席会议并讲廉政党课。市科协党组成员、副主席张传时，党组成员张志斐及机关全体干部在会场参会，事业单位全体人员以视频会议形式在分会场参会。市科协二级巡视员刘发奎同志主持会议。

9 月 28 日，安康市科协领导到包联企业调研指导

9 月 28 日，安康市科协主席马文艳一行到帮扶的重点工业企业陕西轩意光电科技有限公司和重点科技型企业陕西安康天瑞塬生态农业有限公司调研指导。安康市科协二级调研员杨高、汉滨区科协、高新区科协负责人陪同调研。在陕西轩意光电科技有限公司，马文艳一行实地参观了企业产品展示中心和生产车间，询问了企业产品研发和销售情况，了解了企业发展布局、科研现状及存在困难。下一步，市、区科协将共同指导园区提升科普形象，营造浓厚科普氛围，增强科普互动体验功能，协助企业强化与专家团队的有效合作，切实发挥龙头企业优势，争取更多新的农业科技成果在企业落地。

9 月 28 日，商洛市山阳县科协迅速传达贯彻省市科协有关会议精神

9 月 28 日，商洛市山阳县科协召开干部职工会议，及时传达贯彻省科协现代科技馆体系工作会议，商洛市科协工作会议，省、市、县巩固拓展脱贫攻坚成果同乡村振兴有效衔接"百日提升、百日督帮"行动部署会议等有关会议精神，商洛市山阳县科协主席王武林主持会议。会上，分别传达学习省、市、县有关领导讲话精神。

9 月 29 日，安康市科协联合兴安社区举办重阳节活动暨道德讲堂

9 月 29 日，安康市科协联合汉滨区老城街道兴安社区举办以"青年人尊老爱老求奋

进老年人发光发热再出发"为主题的重阳节活动暨道德讲堂。老城办、兴安社区干部及社区老年人代表共计 30 余人参加活动。

9 月 30 日，商洛市老科协开展国庆、重阳双节看望慰问老科技工作者活动

9 月 30 日，商洛市老科协会长王武雄带领副会长龚西安和王根宪对刘生秦、熊英才、闫金祥等 5 位老科技工作者进行了走访慰问。在年过八旬的老科技工作者刘生秦、熊英才家中，王武雄会长详细了解他们的身体状况和日常生活情况，仔细询问他们的生活需求，并为他们送上慰问金，向他们致以节日的问候和祝福，衷心祝愿他们生活幸福、阖家欢乐、健康长寿！同时表示将继续高度重视、关心和照顾好老同志的生活，积极为他们排忧解难，让他们时刻感受到党的关怀和温暖。

9 月 30 日，商洛市科协专题召开作风建设专项行动工作推进会

9 月 30 日，商洛市科协专题召开作风建设专项行动工作推进会，会议学习了市委关于开展作风建设专项行动的工作要求，讨论通过了《市科协开展作风建设专项行动推进清廉机关建设的工作方案》，市科协党组书记、主席黄恒林对科协机关开展作风建设专项行动进行再安排再部署再强调。会议由市科协党组成员、副主席李文强主持，全体干部职工参加会议。

10 月，宝鸡市妇幼保健学会开展基层帮扶，满足县（市、区）个性化就医需求

近期，宝鸡市妇幼保健学会应县（市、区）要求，为克服新冠肺炎疫情带来的不利影响，先后 3 次抽调高危妊娠分会、儿童重症分会、助产分会专家下县（市、区）开展业务帮扶。10 月 10 日，宋文侠、罗玲英、周鹏飞主任前往宝鸡蔡家坡普安医院参加岐山县 2022 年度孕产妇及新生儿死亡评审会。10 月 15 日，宋文侠、罗玲英主任、李小会产长前往渭滨区妇计中心，开展产科质量检查工作综合检查，量化打分。10 月 21 日，罗玲英、郭彦萍主任、张新春护士长前往眉县妇幼保健院，指导其新生儿病区改造及疫情防控相关工作。

10 月 9 日，宝鸡市：领略科普魅力　乐享国庆假期

国庆节期间，宝鸡市科技馆开展了"科普迎华诞献礼党的二十大"青少年科技营系列科普活动，包括科普大赢家、科学表演秀、科学实验课堂、深度讲展品、动感科普电影等 40 场次科普活动，共接待游客 4261 人次。丰富多彩的科普活动，激发了青少年游客讲科学、爱科学、学科学用科学的热情，让他们度过了一个科学味十足的国庆假期。

10 月 11 日，榆林市委第七督导检查组督查市科协作风建设专项行动开展情况

10 月 10 日上午，榆林市委第七督导检查组组长霍慧军一行到市科协督促检查市科协

作风建设专项行动工作。督导组通过实地走访、查阅资料、听取汇报等方式对市科协作风建设专项行动开展情况进行第二轮督导检查。在听取市科协党组书记、主席许锐的汇报后，霍慧军组长对市科协开展作风建设专项行动工作给予了充分肯定。市科协全体党员干部纷纷表示，严格按照市委的部署要求，在常和长、严和实、深和细上下功夫，持续推动作风建设专项行动走实走深，把作风建设成效体现到工作成效上，为谱写新时代榆林科协事业高质量发展提供作风保障。

10月11日，西安市科协与中国银行陕西分行召开深化交流合作座谈会

10月11日，西安市科协与中国银行陕西分行召开座谈会，重点探讨金融服务助力科技企业创新发展相关问题。市科协党组书记、常务副主席耿占军主持座谈会。中行陕西分行资深客户经理康小龙介绍了近年来中国银行在金融支持科技创新方面所做的相关工作。交易银行部副总经理邓钦钦、经开区支行行长杨万勇等人详细讲解了部分面向科技企业和科技工作者的贷款产品和金融服务产品。西安市学会科技服务中心主任张婷婷和西安市院士专家服务中心主任徐小智分别介绍了市科协系统近年来助力秦创原创新驱动平台建设和西安市院士专家工作站建设管理等情况，达成初步合作意向。耿占军就科协组织的发展历程、组织优势、主要工作做了介绍。

10月11日，宝鸡市科协：作风建设专项行动再深入

10月11日，宝鸡市科协党组召开以党组理论学习中心组学习会议。认真组织学习了《习近平谈治国理政》第四卷、《坚持不懈把全面从严治党向纵深推进》、《人民日报》刊发的《咬定青山不放松——党的十九大以来以习近平同志为核心的党中央贯彻执行中央八项规定、推进作风建设综述》以及陕西日报刊发的《让好作风成为陕西干部鲜明标识》，以此推进作风建设专项行动再深入。市科协党组书记、主席王若鹏主持会议并讲话。市科协党组班子成员、副县级领导干部以及科以上领导干部参加会议。

10月11日，宝鸡市陇县：文化、科技、卫生"三下乡"活动暖民心

10月11日下午，在宝鸡市陇县县委宣传部的精心组织下，县科协会同县博物馆、县图书馆、县卫健局在城关镇东关村开展陇县2022年文化、科技、卫生"三下乡"服务活动。活动现场，县科协出动科普大篷车，展出科普展板20面，向广大群众免费发放科普类书籍等500余本、科普书册600余份、科普折页和科普挂图1200张。此次活动还开展了科技咨询、专家义诊、政策及法律法规咨询等丰富多彩的宣传服务活动。文化、科技、卫生"三下乡"服务活动，在不断提高群众思想道德素质、科学文化素质和乡村文明程度的同时，还为广大群众传播了科学、健康、文明的生活方式，营造了学科学、用科学的浓厚氛围。

10月12日，喜迎党的二十大聚焦城市新变化——商洛市老科协调研两河口城市运动公园建设情况

10月11日上午，商洛市老科协会长王武雄带领部分老领导和老科技工作者一行14人，来到商洛中心城区两河口城市运动公园参观调研城市建设情况。高新区管委会领导向老科协同志介绍了公园建设思路、总体规划及建设工程布局，详细讲解了各处景点的创意及景观建设过程。园区内有绿色长廊、智慧健身步道、亲水观景平台，红枫、女贞、桂花、海棠等众多花草树木以及丰富的运动设施。老科技工作者们对两河口城市运动公园建设所取得的新成就赞叹不已。两河口运动公园把绿植景观、休闲娱乐与运动健身等有机结合，既为人们的心灵提供了栖息地，也为打造"中国康养之都"增添了亮丽色彩。

10月12日，榆林市科协许锐一行带队到市老科协考察调研

10月12日，榆林市科协党组书记、主席许锐一行到市老科协进行调研。市老科协副会长朱勇就协会组织建设、业务工作、承接政府和社会职能等工作进行了介绍。许锐对市老科协的工作给予了充分肯定，并代表市科协对老科协作出的贡献表示衷心的感谢。会长张耘对市科协的支持表示感谢。

10月14日，安康市科协到定点帮扶村开展入户走访活动

10月14日，安康市科协党组书记王兆江带队到汉滨区吉河镇矿石社区开展"入户走访听民意，问题排查惠民生，矛盾化解暖民心"活动，并召开了安康市科协帮扶矿石社区"百日提升"工作推进会。安康市科协副主席韩成才、二级调研员杨高及市科协部分干部参加，吉河镇党委书记卜兆芬、纪委书记陈善军陪同调研并参加会议。王兆江和安康市科协干部分别到农户家中面对面交流，详细了解农户家庭成员、产业发展、经济来源、惠民政策享受、存在实际困难和对镇村干部等情况。帮扶干部积极向群众宣传惠农政策，回应群众关切，切实提升满意度。入户走访结束后，在社区党群服务中心召开了工作推进会，王兆江一行认真听取了镇、村关于"百日提升"安排部署和工作进展情况汇报，要求市科协及帮扶干部要贯彻落实好市委巩固衔接工作安排部署，及时发现和解决群众身边各类急难愁盼问题，有效防范化解返贫致贫风险，不断提升群众认可度和满意度，建议镇村抓好四个落实，做到四个加强。

10月14日，安康市科协举办科学知识科普志愿服务活动

10月14日下午，安康市科协联合汉滨区科协在创文帮扶的汉滨区老城街道兴安社区举办科学知识科普志愿服务活动，普及科学知识，强化科学意识，提升科学素养。汉滨区培新小学学生、老师，市、区科协及兴安社区干部共计30余人参加活动。有趣又有味的科普活动，让现场人员深刻感受到了科技的魅力。同学们纷纷表示，将积极树立科学思维，努力学习科学知识，将来做一个对国家、对社会有用的人。

10月16日，安康市各条战线科技工作者代表热议党的二十大报告（一）

10月16日，中国共产党第二十次全国代表大会在北京隆重开幕，习近平同志代表第十九届中央委员会向大会作《高举中国特色社会主义伟大旗帜为全面建设社会主义现代化国家而团结奋斗》的报告。安康全市广大科技工作者认真收听收看，未来更加紧密地团结在以习近平同志为核心的党中央周围，为全面建设社会主义现代化国家、全面推进中华民族伟大复兴而团结奋斗！市科协主席马文艳，市中心医院副院长、市精神病院院长江自成，市儿童医院院长杨关山，安康市有突出贡献专家、平利县茶叶和绞股蓝发展中心研究员刘涛，汉滨高中西校区党支部书记、校长鄢麒麟，安康高新区第三小学党支部书记、校长张彩侠都围绕自己的职业和信仰，做出表态，表示一致跟党走，扎根于自己的职业中，为社会主义事业添砖加瓦。

10月16日，安康市各条战线科技工作者代表热议党的二十大报告（二）

10月16日，中国共产党第二十次全国代表大会隆重开幕。全市科协系统认真收看开幕会盛况，仔细聆听习近平总书记代表第十九届中央委员会向大会所作的报告，倍感振奋、深受鼓舞。大家纷纷表示，要把学习贯彻党的二十大精神作为当前和今后一个时期重要的政治任务，以更加饱满的热情和昂扬的姿态投入工作中，踔厉奋发、笃行不怠，推动新时代科协工作高质量发展。旬阳市科协主席陈守敏、汉阴县科协主席马康平、石泉县科协主席郭永忠、岚皋县科协主席冯芸、平利县科协主席张明香、镇坪县科协主席谭金坤等人发表了自己的学习心得，认真做出表态。

10月16日，安康市各条战线科技工作者代表热议党的二十大报告（三）

中国共产党第二十次全国代表大会于10月16日上午在北京人民大会堂开幕。安康市各学/协会、企事业单位科协通过各类媒体平台收听、收看开幕会盛况，聆听党的二十大报告，掀起学习热潮。大家纷纷结合自身工作说变化、谈感受、述规划，表示要把思想和行动统一到党的二十大精神上来，自信自强、守正创新，为实现全面建成社会主义现代化强国的第二个百年奋斗目标贡献力量。市老科教工作者协会党支部书记、副会长张忠民，市农村专业技术联合会理事长陈正余，市林学会理事长陈余朝，市农业科学研究院科协主席张百忍，市医学会常务副会长周和平，市蚕学会理事长张京国认真学习党的二十大报告，领略报告精神，结合实际，发表感悟。

10月16日，安康市科协系统组织收看党的二十大开幕会直播

10月16日上午10时，中国共产党第二十次全国代表大会开幕，安康市科协组织机

关和安康科技馆全体干部全程集中收看开幕会盛况。市级各学协会和县（市、区）科协分别组织收看。观看后大家表示，要将深入学习贯彻党的二十大精神作为当前和今后一个时期重要的政治任务，为科协系统开展下一阶段工作提供了根本遵循，指明了前进方向。全市科协系统将以《全民科学素质行动规划纲要（2021—2035 年）》为总体行动方略，大力弘扬科学精神，普及科学知识，传播科学思想和科学方法，切实履行好"四服务"职责，团结带领广大科技工作者听党话、跟党走，让创新驱动成为引领安康市高质量发展的不竭动力。

10 月 16 日，宝鸡市科技信息中心组织观看中国共产党第二十次全国代表大会开幕会

10 月 16 日上午 10 时，中国共产党第二十次全国代表大会在北京人民大会堂隆重开幕。宝鸡市科技信息中心第一时间组织全体人员集中观看了中国共产党第二十次全国代表大会开幕会。党员干部佩戴党徽，聚精会神聆听了习近平同志代表第十九届中央委员会所作的报告。大家表示，要认真学习报告的主要内容，深刻领会其丰富内涵，准确把握精神实质，在各项工作中全面深入贯彻落实，努力为科协事业发展贡献力量，为全面建设社会主义现代化国家，全面推进中华民族伟大复兴而团结奋斗！

10 月 16 日，西安市科协组织党员和干部职工认真收听收看党的二十大开幕会

10 月 16 日上午，中国共产党第二十次全国代表大会在北京召开，习近平总书记代表第十九届中央委员会向党的二十大作报告。西安市科协系统干部职工通过多种形式收听、收看大会盛况，认真聆听党的二十大报告，学习习近平总书记重要讲话精神并交流心得体会。大家一致表示，习近平同志代表党的十九届中央委员会所作的报告，旗帜鲜明，内涵丰富，思想深刻，鼓舞人心。西安市科协党组书记、常务副主席耿占军，西安市第二市政工程公司科协杨智谋，西安癌症康复协会秘书长王昱等人观看后，发表了自己的感悟和看法，一致表示，要深刻领悟报告内涵，将其贯彻落实到工作中。

10 月 16 日，宝鸡市科协组织全体干部集中收看党的二十大开幕会

10 月 16 日上午，中国共产党第二十次全国代表大会在北京人民大会堂隆重开幕。宝鸡市科协组织机关和事业单位全体干部职工集中收听、收看开幕会盛况，认真聆听习近平总书记代表第十九届中央委员会向党的二十大所作的报告。大家表示，要全面贯彻习近平新时代中国特色社会主义思想，紧紧围绕党的二十大绘制的宏伟蓝图、确立的奋斗目标和作出的战略部署，踔厉奋发、勇毅前行，为全面建成社会主义现代化强国、实现第二个百年奋斗目标贡献智慧和力量。

10月17日，西安市科协召开作风建设专项行动推进会暨九大筹备工作例会

10月17日，西安市科协召开作风建设专项行动推进会暨九大筹备工作例会。党组成员、副主席张传时，党组成员张志斐，二级巡视员刘发奎以及机关各部室、事业单位主要负责人参加会议。市科协党组书记、常务副主席耿占军主持会议并讲话。会议传达学习了市委书记方红卫同志关于作风建设专项行动的讲话精神以及市委作风建设专项行动工作专班的工作要求，市科协作风建设专项行动工作专班各工作组汇报了前期工作落实情况，九大筹备各工作小组就筹备情况进行了汇报，党组对近期具体工作作了进一步明确和安排。耿占军书记在讲话中指出，各工作专班和筹备小组要按照党组部署要求，持续高质量推进各项工作任务的落实。

10月19日，咸阳市各级老科协积极组织会员收看党的二十大开幕大会

中国共产党第二十次全国代表大会于10月16日在北京人民大会堂隆重开幕。咸阳市老科协高度重视党的二十大开幕会收看工作，在14日就作出专门部署，要求各级老科协针对疫情防控要求，有条件的在办公室集中收看，不能组织的要求会员居家收看。16日上午9时许，大家采取不同形式收看开幕会盛况，认真聆听习近平总书记代表第十九届中央委员会作的报告。咸阳市老科协要求广大会员认真学习和领会习近平总书记报告的精神实质和丰富内涵，以习近平新时代中国特色社会主义思想为指导，紧密结合老科协的工作实际，将党的二十大精神学习领会到位、贯彻落实到位，把全市老科协的工作搞得更好，为全面建设社会主义现代化国家、全面推进中华民族伟大复兴贡献力量！

10月19日，安康市科协调研院士专家工作站建设情况

10月19日，安康市科协主席马文艳带队到汉滨区、平利县调研院士专家工作站建设情况，安康市科协二级调研员杨高参加，汉滨区、平利县科协有关负责人陪同调研。马文艳一行先后深入安康阳晨现代农业集团有限公司专家工作站、安康北医大制药有限公司院士工作站、安康学院院士专家工作站、陕西泸康酒业（集团）股份有限公司专家工作站、平利县一茗茶业有限责任公司专家工作站、平利县神草园茶业有限公司专家工作站，实地查看院士专家工作站建设情况，听取了各建站单位工作汇报，详细了解工作站在科研攻关、成果转化、决策咨询和人才培养等方面工作的开展情况，以及取得的成效。

10月19日，西安市科协党组理论学习中心组围绕党的二十大精神开展学习交流活动

10月19日上午，西安市科协组织2022年第九次党组理论学习中心组学习，集中学习党的二十大精神，领导班子成员带头开展学习交流，并就学习贯彻党的二十大精神作出部署。本次学习由市科协党组书记、常务副主席耿占军主持，机关各部室、各事业单位主要负责人参加。本次学习中，集体学习了10月16日习近平总书记在党的二十大开幕会上的报告《高举中国特色社会主义伟大旗帜为全面建设社会主义现代化国家而团结奋斗》等内容。

10月20日，让科普硕果结满金州大地——2022年安康市全国科普日活动纪实

10月20日，安康市全国科普日活动落下帷幕，据统计，安康市在中国科协全国科普日平台发布重点活动312个，占全省总量的近1/3，居全省第一，与2021年相比增长了近4倍，在地市排名中提升了4个位次。2022年全国科普日活动期间，全市科协系统广泛动员广大科技工作者紧紧围绕"喜迎党的二十大，科普向未来"主题，结合全国文明城市创建和"我为群众办实事"实践活动，突出科普赋能乡村振兴、助力"双减"、卫生健康、食品安全、科学防疫、防灾避险、低碳生活等群众普遍关注的热点问题，广泛开展面向基层、服务发展、惠及群众的系列科普宣传活动，营造讲科学、爱科学、学科学、用科学的浓厚氛围，促进全民科学素质提升。

10月21日，五届商洛市委第二轮第一巡察组巡察商洛市科协党组工作动员会召开

10月20日，商洛市委第一巡察组巡察商洛市科协党组工作动员会召开。商洛市委第一巡察组组长王波进行动员讲话，商洛市委巡察工作领导小组成员、市纪委副书记、市监委副主任贺发涛就配合做好巡察工作提出要求，商洛市科协党组书记、主席黄恒林主持会议并作表态发言。商洛市委第一巡察组副组长于天翔及巡察组全体成员、市纪委监委驻市政协机关纪检监察组工作人员和"两代表一委员"代表应邀出席会议，商洛市科协党组班子成员、机关全体干部职工、退休老干部和服务对象代表共40人参加会议。商洛市委巡察组将在商洛市科协工作50天左右。巡察期间设专门举报电话、专用邮政信箱、电子邮箱、意见箱。根据巡视工作条例规定，商洛市委巡察组主要受理反映商洛市科协党组领导干部及其成员的来信、来电、来访。

10月21日，安康在省"三新三小"创新竞赛中斩获佳绩

陕西省科协发布了2022年陕西省企业"三新三小"创新竞赛评审结果，安康市科协报送的项目取得一等奖2项、二等奖3项、三等奖3项及优胜奖5项的优秀成绩。在本次竞赛中，安康市共计11家企事业单位13个项目获奖。陕西省企业"三新三小"创新竞赛旨在促进两链深度融合发展，激发一线科技人员创新热情，服务秦创原创新驱动平台建设，助力陕西经济高质量发展。安康市科协高度重视、精心组织，充分调动全市相关企事业单位参赛积极性，促进了科技成果转化应用，激发了科技工作者创新创业热情，为企业创新发展提供了有力支持，为安康经济高质量发展贡献了科协力量。

10 月 21 日，安康市科协机关党支部开展"庆祝党的二十大，建功新时代"主题党日活动

正值党的二十大胜利召开之际，安康市科协机关党支部组织退休党员和机关干部赴平利县开展"庆祝党的二十大，建功新时代"主题党日活动，深入乡村看振兴，走进基层看发展。在蒋家坪村科普教育基地，重走习近平总书记走过的路，重温习近平总书记来陕来安考察重要讲话重要指示。在绞股蓝特色科技馆和马盘山生态农业园区科协，了解基层科普体系建设，看专家工作站建设成效，通过参观走访和主题党日活动，加深了机关党员干部对党的二十大报告的理解，为在新时代新征程中做好科协工作进一步提供了重要遵循，把力量凝聚到实现党的二十大确定的目标上来，团结引领广大科技工作者听党话、跟党走，为加快建成西北生态经济强市、聚力建设幸福安康贡献科协力量！

10 月 21 日，榆林市科协深入学习党的二十大报告

10 月 21 日，榆林市科协召开机关全体党员干部会议，深入学习党的二十大精神。市科协党组书记、主席许锐出席会议并讲话，市科协党组成员、副主席谢昌轩主持会议，市科协全体干部参加。会议传达学习了党的二十大报告，重点解读了报告中关于深入实施科教兴国战略、人才强国战略、创新驱动发展战略的有关论述。传达学习和贯彻落实习近平总书记在参加广西代表团讨论时的重要讲话精神，学习了孙春兰参加陕西省代表团讨论时的讲话精神。

10 月 23 日，西安市科协召开新时代推进科普工作高质量发展调研座谈会

10 月 23 日，市科协召开新时代推进科普工作高质量发展调研座谈会。市科协党组成员、副主席张传时主持会议，区县科协、市级科普教育基地代表，市科协机关、事业单位有关人员参加会议。西安市学会科技服务中心主任张婷婷、九号宇宙负责人姚瑶对不同领域发展进行了建议。张传时在座谈中指出，《关于新时代进一步加强科学技术普及工作的意见》充分彰显了党中央对新时代科普工作的高度重视，要把学习领会《关于新时代进一步加强科学技术普及工作的意见》精神和学习党的二十大精神结合起来，深刻领会实施科教兴国战略、人才强国战略、创新驱动发展战略的重大意义，进一步谋深、谋实推进科普工作高质量发展的具体举措。

10 月 25 日，共克时艰努力前行——宝鸡市机械工程协会"新市场新理念行业发展推进会"纪实

10 月 21 日上午，宝鸡市机械工程协会举办了"2022 年新市场新理念行业发展推进会"，旨在面对市场，探索对策，促进行业、企业健康有序发展。宝鸡市科协领导、协会会长、副会长、秘书长及各分会、部分理事单位领导、救援大队及所属中队负责人出席了会议。会议首先由协会副会长曹会生同志组织学习了党的二十大报告。会议中诸多同志进行了发言，并组织参会人员进行探讨。最后，市科协副主席张艳丽讲话，张艳丽对宝鸡市机械工程协会近年来的工作给予了肯定，同时也希望协会再接再厉，各项工作再创佳绩。

10月25日，咸阳市科协党组召开落实全面从严治党主体责任工作会

10月25日，咸阳市科协党组召开落实全面从严治党主体责任工作会，认真学习党的二十大精神和习近平总书记关于全面从严治党重要论述、《中国共产党第二十次全国代表大会关于十九届中央纪律检查委员会工作报告的决议》，总结2022年以来市科协党组落实全面从严治党工作，安排部署下一步工作。驻市教育局纪检监察组副组长赵月利到会指导，市科协领导班子成员、各部室及下属单位负责人参加会议。驻市教育局纪检监察组副组长赵月利充分肯定了市科协党组今年以来落实全面从严治党主体责任工作，对市科协廉政风险点防控，运用"四种形态"开展谈心谈话，夯实"勤快严实精细廉"作风等方面提出了新的要求和意见。

10月25日，宝鸡市乡村人才振兴学术金秋论文评审会顺利举行

10月25日，全市乡村人才振兴学术金秋论文评审会顺利举行。市科协党组成员、副主席张艳丽，市农学会理事长王周录出席指导会议，市农学会副理事长兼秘书长上官金虎主持会议。会议对各会员单位组织学习和自学党的二十大精神进行了安排。本次论文征集以"加快乡村人才振兴步伐，推动现代农业高效发展"为主题，共征集学术论文93篇，评选出一等奖19篇、二等奖29篇、三等奖45篇。本次评审会不仅激发农业科技工作者科技创新的积极性、主动性和创造性，为还为择期召开2022年全市乡村人才振兴学术金秋论文研讨会奠定了基础。

10月25—26日，孙举恒在商南县调研时要求营造一流科技创新环境开创高质量发展新局面

10月25—26日，商洛市委常委、副市长孙举恒带领商洛市科技局、市科协主要负责同志，深入商洛市商南县调研科技创新和科普工作。商洛市商南县委书记徐江博，商洛市商南县委副书记、县长刘华，商洛市商南县委常委、副县长钱锋、栾义峰等陪同。孙举恒强调，要筛选推荐有潜力、有实力、有竞争力的科技型企业，加快融入秦创原创新驱动平台建设，推动形成创新驱动引领商洛高质量发展的新局面。

10月26日，咸阳市科协传达学习党的二十大精神，安排部署贯彻落实工作

10月25日，咸阳市科协召开党组（扩大）会议，传达学习党的二十大精神和市委

常委会（扩大）会议精神，安排部署贯彻落实工作。咸阳市科协领导班子、机关各部室、下属事业单位全体人员参会。会议要求，要把学习宣传贯彻党的二十大精神与贯彻落实习近平总书记来陕考察重要讲话重要指示，把习近平总书记对科技工作、群团工作、科协工作的重要讲话重要指示结合起来，坚持党建带科建，有效发挥科协组织的桥梁纽带作用，团结引领广大科技工作者听党话、跟党走，切实将党的二十大精神学习成效转化为推动科协工作高质量发展的强大动力。

10 月 26 日，宝鸡市科协召开党组（扩大）会议，传达学习党的二十大精神

10 月 26 日，宝鸡市科协党组召开党组（扩大）会议，传达学习党的十九届七中全会精神、党的二十大精神、党的二十届一中全会精神、省委常委会（扩大）会议精神、市委常委会（扩大）会议精神，安排部署市科协学习宣传贯彻落实工作。市科协党组书记、主席王若鹏主持会议并讲话。

10 月 27 日，西安市科协召开党组（扩大）会议，传达学习党的二十大精神

10 月 27 日上午，西安市科协党组召开党组（扩大）会议，传达学习党的十九届七中全会精神、党的二十大精神、党的二十届一中全会精神和省委、市委常委会（扩大）会议精神，安排西安市科协贯彻落实工作。党组书记、常务副主席耿占军主持会议并讲话，机关和事业单位处以上主要领导干部参加会议。未来要抓好党的二十大精神的传达学习、宣传宣讲、学习培训和深化落实，精心组织实施，切实将党的二十大精神学习成效转化为深化科协改革和建设的强大力量，争做推动党的二十大精神落地见效的排头兵。

10 月 27 日，宝鸡市科技信息中心专题学习党的二十大精神

10 月 27 日，宝鸡市科技信息中心召开全体人员会议，专题学习党的十九届七中全会精神、党的二十大精神、党的二十届一中全会精神，传达学习省委常委会（扩大）、市委常委会（扩大）、市科协党组会议精神，安排部署市科技信息中心学习贯彻落实工作。大家一致认为，党的二十大在党和国家发展进程中具有重大的里程碑意义。要精心组织理论学习，反复学、深入学，把学习党的二十大精神作为当前和今后一段时期的首要政治任务，坚决把党的二十大精神新部署、新要求落到实处。

10 月 27 日，宝鸡市凤翔区科协召开五届五次委员会议

10 月 27 日下午，宝鸡市凤翔区科协召开第五届委员会第五次全体会议。会议认真学习了党的二十大精神，特别是党的二十大报告中关于科技、人才和创新的重要讲话精神，传达学习了陕西省科协第九次代表大会的精神。会议补选了 2 名区科协委员，选举产生了

15 名出席宝鸡市科学技术协会第八次代表大会的代表。会议还就全区科协系统深入学习宣传贯彻党的二十大精神做了全面安排。

10 月 28 日，商洛市科协及市直学（协）会学习党的二十大精神感言

10 月 16 日，举世瞩目的中国共产党第二十次全国代表大会在北京人民大会堂隆重召开。商洛市学（协）会科技工作者认真聆听了习近平总书记所作的报告，对照报告部署要求，立足岗位职责，畅谈心得体会。商洛市科协党组书记、主席黄恒林，商洛市科协党组成员、副主席李文强，商洛市核桃产业协会张治有，商洛市气象学会赵小宁，商洛市林业学会党政武，商洛市农学会尹向涛，商洛市老科协副会长王根宪，商洛学院科协负责人王新军，商洛市农产品质量安全中心农业推广研究员董照锋，商洛市教育学会会长白帆，商洛市医学会张军成，陕西香菊药业集团有限公司科协主席周伟，商洛市家庭教育学会会长朱才宝认真学习党的二十大报告并发表自己的感悟。

10 月 28 日，商洛市科协领导来市老科协调研指导工作

10 月 28 日上午，商洛市科协主席黄恒林和副主席李文强，专程来到商洛市老科协办公驻地调研老科协工作。商洛市老科协会长王武雄，副会长龚西安、王根宪、朱安厚参加调研活动。王武雄会长向科协领导简要介绍了商洛市老科协主要职能、组织建设和工作开展情况。黄恒林主席对商洛市老科协的工作给予了高度评价和充分肯定。黄恒林希望老科协要认真学习贯彻落实党的二十大精神，充分发挥商洛市老科技工作者的专业特长与经验优势，量力而行，尽力而为，为科协事业高质量发展贡献力量。

10 月 28 日，榆林市科协召开专题会议学习党的二十大精神

10 月 28 日，榆林市科协召开学习宣传贯彻党的二十大精神专题学习会。市科协党组书记、主席许锐出席会议，党组成员、副主席谢昌轩主持会议。全体党员干部参加会议。会议传达了党的二十大关于第十九届中央委员会报告的决议、关于《中国共产党章程（修正案）》的决议、习近平总书记在党的二十大闭幕会上的重要讲话精神。会议指出，科协上下要牢记"三个务必"，紧紧围绕"五个牢牢把握"，领会"六个必须坚持"，要充分发挥科协宣传阵地作用，广泛宣传党的二十大精神，充分发挥科协组织优势和人才优势，有力服务创新驱动发展，为奋力谱写榆林市高质量发展新篇章贡献科协力量。

10 月 28 日，安康市科协专题学习党的二十大精神

10 月 28 日，安康市科协召开党组理论学习中心组学习（扩大）会议，专题学习党的二十大精神，研究部署学习宣传贯彻工作，机关全体干部参加会议。会议重点学习了党的二十大精神、习近平总书记在党的二十大闭幕会上以及在第二十届中央政治局常委同中外

记者见面时的重要讲话精神。会议要求，要把学习贯彻党的二十大精神作为科协系统当前和今后一个时期的首要政治任务，贯彻落实到日常工作中来，为实现伟大复兴中国梦团结一致奋斗！

10月29日，咸阳市委主要领导批示肯定市科协报送的《科技工作者建议》

近日，咸阳市委书记夏晓中对咸阳市科协编报的《关于推进菊芋开发利用的建议》作出批示。咸阳市副市长李忠平批示要求有关部门研究。咸阳市有盐碱地、石砾地、沙地、荒草地等难以利用的土地68万多亩。《科技工作者建议》是咸阳市科协发挥桥梁纽带作用，重点打造的智库品牌，为广大科技工作者发挥智力优势、服务科学决策搭建了平台。

10月29日，宝鸡市各医疗机构"世界卒中日"宣传活动

10月29日是第17个"世界卒中日"，为贯彻落实《健康中国行动（2019—2030年）》等文件精神，有效减少和控制脑卒中高危因素，提高群众卒中识别能力，减少因脑卒中导致的残疾、死亡发生，宝鸡市卒中学会组织各医疗机构开展了"2022年世界卒中日义诊宣教系列活动"。一是开展大型义诊宣教活动。二是线上普及卒中知识。三是互助交流，精准服务。

10月31日，榆林市委常委、副市长赵勇宣讲党的二十大精神

10月31日，榆林市委常委、副市长赵勇在市科技局四楼会议室专题宣讲党的二十大精神。市科协全体班子成员参加宣讲会。赵勇从"准确把握党的二十大精神内涵、准确把握党的二十大报告关于科技创新工作的新要求、找准榆林科技工作结合点深入贯彻落实党的二十大精神"等方面进行了深入解读，并结合榆林科技创新工作实际，就如何贯彻落实好党的二十大精神进行了安排部署。赵勇要求，全市科技系统要把学习贯彻党的二十大精神作为当前和今后一个时期的首要政治任务，始终牢记推动科技创新的职责使命，坚定不移推动创新驱动发展战略，加快区域创新体系建设，着力打造"秦创原"科技创新高地，为榆林高质量发展贡献科技力量。

11月1日，宝鸡市科协党组召开理论学习中心组学习（扩大）会议

11月1日下午，宝鸡市科协党组召开理论学习中心组学习（扩大）会议，会议由党组书记、主席王若鹏主持，机关全体干部参加。会议先后学习了《中共中央关于认真学习宣传贯彻党的二十大精神的决定》和习近平总书记在第二十届中共中央政治局第一次集体学习时的重要讲话、习近平总书记带领中共中央政治局常委在瞻仰延安革命纪念地时的重要讲话、习近平总书记在陕西延安和河南安阳考察时的重要讲话精神。

11月2日，榆林市科协召开科技工作者代表学习贯彻党的二十大精神座谈会

11月2日，榆林市科协召开科技工作者代表学习贯彻党的二十大精神座谈会。来自全市医疗、教育、农业等各行业各领域的科技工作者代表参加并结合自身实际进行交流发言。市科协党组书记、主席许锐，党组成员、副主席谢昌轩出席座谈会，党组成员、副主席罗璇主持座谈会。科技工作者一致认为，党的二十大是在全党全国各族人民迈上全面建设社会主义现代化国家新征程、向第二个百年奋斗目标进军的关键时刻召开的一次十分重要的大会。党的二十大报告，是指导全面建设社会主义现代化国家，向第二个百年奋斗目标进军的纲领性文献，是马克思主义中国化时代化的最新理论成果，要认真学习领会，贯彻落实。

11月2日，商洛市科协领导到市核桃产业协会调研

11月2日，商洛市科协党组书记、主席黄恒林一行4人深入商洛市核桃产业协会调研协会工作。调研组一行，参观了核桃研究所实验室、大数据中心、核桃陈列馆和核桃产业协会办公场所。随后，召开了座谈会，商洛市林业局副局长余振忠介绍了商洛市核桃产业种植、研究、科管、新品种技术推广等方面情况。商洛市核桃产业协会负责人张治有汇报了核桃产业协会近几年在推动核桃产业发展、学术交流、技术研究、技术培训等所做的工作和取得的成效。黄恒林主席对商洛市核桃产业协会的工作给予了高度评价和充分肯定。

11月3日，宝鸡市太白县科协开展"科普挂图送基层"活动

为深入解读《陕西省〈全民科学素质行动规划纲要（2021—2035年）〉实施方案》。近日，宝鸡市太白县科协深入咀头镇、鹦鸽镇、桃川镇、靖口镇、王家堎镇等镇及东大街社区和南大街社区2个社区开展"科普挂图送基层"活动。本次科普挂图种类多样，包括科普基础设施强化工程如何实施、科普信息化提升工程如何提升、基层科普能力提升工程如何实施、陕西省实施全民科学素质行动如何落实等10多种，共发放科普挂图40套400张。

11月5日，商洛市家教心理咨询服务站成立

11月5日下午，商洛市家庭教育学会在"商洛市商州区和美阳光心理咨询工作室"成立了"商洛市家庭教育学会家教心理咨询服务站"。成立仪式上，商洛市家庭教育学会副会长刘建红宣读了《商洛市家庭教育学会关于成立家教心理咨询服务站的通知》，会长朱才宝为"家教心理咨询服务站"授牌，新任站长孙景山做了表态发言。商洛市家庭教育学会家教心理咨询服务站由3名教育专家和3名心理专家组成。商洛市家庭教育学会会长朱才宝致辞。希望各学校和家长把商洛市家庭教育学会当作连接家庭和学校的桥梁，当作提

升家庭教育、家校共育效能的帮手，当作互动交流、展示成果风采的舞台。

11月10日，榆林市科协组织党员干部深入包抓街道开展创文志愿服务暨健康义诊活动

11月8—9日上午，榆林市科协组织党员干部、榆林市中医医院医疗专家团队走进银沙福苑小区、银沙华庭小区，开展"科普进社区共创文明城"创文志愿服务暨健康义诊活动，把优质、便捷、有效的服务送到群众身边。活动现场，志愿者们为居民群众讲解创文知识和科普知识，传播文明城市理念；医疗专家免费为居民进行现场诊疗、把脉、测量血压、检测血糖等检查，讲解健康生活理念和预防疾病的常识；理发师为居民提供免费理发服务等。通过此次活动，有效提升了包抓小区的人居环境。下一步，市科协将持续加强与包抓小区的对接，继续积极参与"创文"行动，为榆林创建文明城市贡献科协力量。

11月10日，榆林市科协：志愿服务助力创文工作

榆林市科协组织党员干部开展创文志愿服务活动。在创文包抓街道（高新区沙苑路），志愿者们身穿红马甲，分组分工，清理垃圾、铲除野广告、劝导违停车辆等，大家热情高涨，积极参与，干劲十足。经过一番清理，整个街道得到了全面打扫，绿化带、角落里没有了隐藏的垃圾，路面变得更加干净。此次志愿活动的开展，让街道环境面貌得到显著提升。

11月10日，商洛市科协主席黄恒林到洛南县调研科协工作

11月10日，商洛市科协党组书记、主席黄恒林深入商洛市洛南县调研科技创新和科普工作。黄恒林主席一行先后深入商洛市科技馆分馆核桃分馆、盛大公司专家工作站、市科协包扶村开展调研。在核桃馆详细了解了该馆运行和科普作用发挥情况。在盛大公司了解了该公司生产经营、科技成果转化、科技人才引进、专家工作站建设以及科技科普项目建设情况。深入包扶村与包扶干部、村班子成员进行了交流。商洛市科协副主席李文强、学会部部长王健一同参加调研。

11月10日，西安市科协与西安市文旅局签署战略合作框架协议

11月10日下午，西安市科协与西安市文旅局签署战略合作框架协议并召开座谈会。西安市科协党组书记、常务副主席耿占军，西安市文旅局党组书记、局长孙超出席并代表双方签订协议。根据协议，双方将充分发挥各自在政策、资源、人才、信息等方面的优势，重点围绕共建科普教育基地、共建科普专家团队和共促两系统深度融合发展等领域展开深入合作，建立资源共享长效机制。此次战略合作对推动西安市文化旅游与科学普及事业高质量发展、打造新动能强劲的国家创新名城具有重大意义。

11月15日，咸阳市举办中国西部人才发展战略高端智库论坛

11月15日，咸阳市举办第二届"人才兴咸"大会系列活动——中国西部人才发展战略高端智库论坛。活动以"慧聚秦创原赋能先行区"为主题，搭建共话平台，强化人才交流，推动创新驱动，助力打造秦创原科技成果转化先行区。清华大学副校长王光谦、哈尔滨工业大学教授秦裕琨、长安大学教授汤中立、中国科学院地质研究所原所长刘嘉麒出席会议。中国科学与科技政策研究会理事长穆荣平致辞。省科协常务副主席李肇娥出席会议并讲话。咸阳市委常委、组织部部长王宏兵致辞，并与陕西工业职业技术学院院长刘永亮为咸阳市院士工作站揭牌。咸阳市人大常委会副主任田一泓、市政协副主席刘敏参加会议。咸阳市副市长李忠平主持会议。中国科学与科技政策研究会与咸阳市人民政府签署战略合作备忘录。

11月16日，渭南市举办秦创原离散装备工业互联网创新应用学术论坛

11月16日，秦创原离散装备工业互联网创新应用学术论坛首场活动在渭南市创新创业基地举行。活动现场，渭南师范学院与陕西德创进实科技有限公司签署"渭南师院-德创进实智能电力装备工业互联网协同创新中心"共建协议。会上，无功补偿装置智能制造与工业互联网应用工程研究中心专家工作站向受聘专家颁发聘书。论坛以"加快工业互联网创新应用推动制造强国战略"为主题，邀请多名高校、企业工业互联网领域专家进行学术报告和现场交流。后续还将有4场活动在渭南高校和工业园区举办。

11月17日，安康市科协："四个结合"推动作风建设走深走实

全市开展作风建设以来，安康市科协立足实际，坚持"四个结合"，制定《关于开展作风建设工作方案》《安康市科协作风重点问题清单》《分解2022年度目标责任考核指标任务》，召开专题作风建设推进会议2次、年度目标任务完成情况进度汇报会1次。通过党组（扩大）会议、"三会一课"、"学习强国"等方式，采取"线上＋线下""领学＋自学"等多种手段，强化对党的二十大精神和习近平总书记关于作风建设重要论述的学习、市委关于作风建设文件精神的学习领会，切实以作风转变促工作推进，为推动科协事业高质量发展提供更加坚强有力的保障。

11月17日，宝鸡市科协组织收看2022年陕西省弘扬科学家精神暨科学道德和学风建设宣讲报告会

11月17日上午，宝鸡市自然科学领域的科技工作者代表和市科协干部共30余人集中收看以"弘扬科学家精神、涵养优良学风"为主题的2022年陕西省弘扬科学家精神暨科学道德和学风建设宣讲报告会。会议第一阶段由省科协常务副主席李肇娥主持，省科协党组书记李豫琦做了讲话。由于受新冠肺炎疫情影响，部分科技工作者在单位自行收看了

报告会。

11 月 18 日，《商洛市贯彻〈全民科学素质行动规划纲要（2021—2035 年）〉实施方案》正式印发

近日，商洛市政府印发了《商洛市贯彻〈全民科学素质行动规划纲要（2021—2035年）〉实施方案》（以下简称《实施方案》）。《实施方案》明确了商洛市关于《全民科学素质行动规划纲要》实施工作未来 15 年的主要目标、主要任务、保障措施和实施计划，同时，对"十四五"《全民科学素质行动规划纲要》实施工作的目标任务进行了细化。《实施方案》明确，到 2025 年，商洛市公民具备科学素质的比例达到 12%，力争不低于全省同期平均水平；到 2035 年，商洛公民具备科学素质的比例不低于 25%，基本与全省同期平均水平持平。确保商洛市"十四五"全民科学素质工作开好头、起好步。

11 月 16—18 日，宝鸡市凤翔区科协结合党的二十大精神宣传开展科技进校园活动

11 月 16—18 日，宝鸡市凤翔区科协联合宝鸡市科技馆、宝鸡市青少年科技教育协会，分别在竞存第一小学、南指挥镇中学、城关镇纸坊中学开展了党的二十大精神宣传暨科普大篷车进校园活动。参加巡展活动的 4000 余名师生通过参观展板，学习了党的二十大精神，在指导操作、动手实践、亲身体验、观看演示中感受了科学的魅力，激发了科学兴趣。

11 月 19 日，咸阳市临床肿瘤学会成立大会顺利召开

11 月 19 日，咸阳市临床肿瘤学会成立大会暨国家中医肿瘤区域诊疗中心建设学术研讨会在咸通酒店会议厅隆重召开，会议采用"线上 + 线下"的方式进行。市科协主席丁震霞出席会议并讲话。会上，宣读了学会选举办法、《咸阳市临床肿瘤学会章程》草案、《咸阳市临床肿瘤学会筹备工作报告》等。选举工作采取"线上 + 线下"的方式进行，陕西中医药大学附属医院肿瘤医院院长李仁廷教授当选为理事长，王周权、何小鹏、代引海等12 位专家当选为副理事长，陕西中医药大学附属医院肿瘤医院魏辉教授当选为学会秘书长，王院春教授当选为副秘书长，吴昭利副教授当选为监事。

11 月 22 日，宝鸡市乡村人才振兴"学术金秋"研讨会顺利召开

11 月 22 日，宝鸡市科协、市农学会、市农宣中心联合召开了 2022 年全市乡村人才振兴"学术金秋"研讨会。市农学会各理事长、秘书长、副秘书长，市级各会员单位负责人，各县（市、区）农学会理事长或秘书长，农宣中心主任（农业广播电视学校校长）和优秀论文获奖者代表参加了会议，市农宣中心主任赵艳萍主持会议。研讨会上，宣读了表彰决定；对 93 篇获得一等奖、二等奖、三等奖的论文和 9 个优秀组织奖单位进行了表彰，进行了优秀学术论文交流，高级职业农民宋春来作了创业事迹分享报告。会议大力弘扬从实践中来、到实践中去的优良作风，以新作风、新气象、新业绩，为推动现代农业高效发展作出积极贡献。

11月23日，宝鸡市科技馆开展消防安全知识培训

11月23日，宝鸡市科技馆组织开展了消防安全知识培训。培训首先学习了党的二十大关于维护国家安全和社会稳定的有关重要论述，习近平总书记对河南安阳市凯信达商贸有限公司火灾事故作出的重要指示精神。其次，由市政安消防专家以"抓消防安全保高质量发展"为主题对全体员工进行了培训。

11月23日，宝鸡市科协党组深入学习市委人才工作会议精神

11月23日，宝鸡市科协党组召开理论学习中心组（扩大）会议，组织全体机关干部深入学习市委人才工作会议精神。会议指出，市委人才工作会议是宝鸡市深入学习宣传贯彻党的二十大精神、深入落实习近平总书记关于做好新时代人才工作的重要思想、加强和改进新时代宝鸡人才工作的一次重要会议。全体干部要全面深入学习会议精神，找准科协组织在人才工作中的着力点、发力点和关键点，主动担当、积极作为，切实把精神悟透、把政策吃准、把要求落实、把工作做好，为全市高质量发展提供有力的科技、人才支撑。

11月23日，宝鸡市科技信息中心党支部开展党的二十大报告诵读活动

11月23日下午，宝鸡市科技信息中心党支部开展党的二十大报告诵读活动。诵读活动中，大家围绕党的二十大报告，结合自身工作、学习和生活，读原文、悟原理、谈体会。通过诵读活动，激发了全体党员干部认真做事的精气神，努力把学习贯彻成效转化为推动高质量发展的本领。下一步，宝鸡市科技信息中心党支部将进一步创新学习方式、丰富学习形式，推动学习宣传贯彻党的二十大精神走深走实。

11月24日，2022年度宝鸡市科协决策咨询调研成果评审活动圆满结束

11月24日，为时22天的2022年度宝鸡市科协决策咨询调研成果评审工作圆满结束。此次评审从64项优秀成果中最终确定一等奖3项、二等奖5项、三等奖12项。11月24日，市科协召开2022年度决策咨询调研成果评审会，集中专家在初打分初评基础上进行了联合评审，最终20项成果脱颖而出，分别获得一等奖、二等奖、三等奖，41项获得优秀奖。评审会由市科协决策咨询调研课题领导小组副组长、党组成员、副主席张艳丽主持。

11月27日，商洛市家庭教育学会召开线上"党的二十大集体学习研讨会"

11月27日下午，商洛市家庭教育学会利用微信视频召开了"党的二十大集体学习研

讨会"。方向副会长以"深刻领悟党的二十大主题，深刻理解过去 5 年的工作和新时代 10 年的伟大变革，深刻领会开辟马克思主义中国化时代化新境界，深刻领会新时代新征程中国共产党的使命任务，深刻领会中国式现代化的中国特色和本质要求，深刻领会社会主义经济建设、政治建设、文化建设、社会建设，生态文明建设的重大部署，深刻领会教育科技人才、法治建设、国家安全重大部署，深刻领会国防和军队建设、港澳台工作、外交工作重大部署，深刻领会坚持党的全面领导和全面从严治党重大部署"等 9 个问题，带领大家深刻领会党的二十大精神。朱才宝会长就党的二十大报告中关于"加强家庭家教家风建设""健全学校、家庭、社会育人机制"论述进行了宣讲。

12 月 3 日，云端战"疫"！榆林市科协公益网络直播活动圆满结束

11 月 30 日与 12 月 2 日，榆林市科协分别邀请健康榆林建设行动专家委员会专家、榆林市营养学会理事长张永红，榆林市妇联家庭教育专家、榆林市公安局警务实战导师心理教官陈彦儒开展科普直播活动。此次公益直播活动，可以帮助新冠肺炎疫情期间社区居民掌握保持身体健康的方法，舒缓居家烦闷的情绪，促进大家的身心健康，助力全心抗"疫"。

12 月 5 日，安康市科协："疫"不容辞担使命——党员干部迅速下沉包联社区筑牢疫情防控堡垒

近日，安康市疫情防控外防输入、内防反弹压力增大，中心城区陆续出现确诊病例，疫情防控形势严峻复杂。市科协第一时间成立由 1 名分管领导和 5 名党员干部组成的市科协下沉包联社区疫情防控应急工作组，并迅速到兴安社区报到对接工作，准备随时响应号召，投入抗"疫"战斗。一是集中开展入户走访。二是协助全员核酸检测。三是做好居民生活物资配送服务保障。四是加强疫情防控知识科普。

12 月 6 日，宝鸡市科协党组理论学习中心组开展宪法专题学习活动

宝鸡市科协党组理论学习中心组于 12 月 6 日开展宪法专题学习活动。专题学习活动由市科协党组书记、主席王若鹏主持，党组理论学习中心组及机关全体干部参加。学习活动集体学习了习近平总书记关于宪法的重要论述、党的二十大报告辅导读本、党的二十大报告学习辅导百问中有关习近平法治思想、坚持依宪治国、依法行政等篇目。

12 月 6 日，安康市召开《全民科学素质行动规划纲要（2021—2035 年）》方案实施协调机制联席会

12 月 6 日，安康市召开贯彻《全民科学素质行动规划纲要（2021—2035 年）》方案实施协调机制联席会，总结盘点全年工作，奋力冲刺年度目标任务，着手谋划来年工作，副市长周康成出席会议并讲话。

12月7日，商洛市药学会开展安全用药知识宣传活动

12月7日上午，商洛市药学会在商州区北新街电信局门前开展安全用药知识宣传活动。活动采取悬挂横幅、发放宣传资料、设立安全用药咨询点等形式，向群众宣传安全合理用药知识、假劣药品鉴别、药品不良反应报告等知识。活动期间共发放宣传资料200余份、防疫一次性口罩300余个，解答群众咨询20余人。此次宣传活动对普及安全合理用药知识，提高群众健康水平、增强公众安全用药意识，减少药害事件发生，促进乡村振兴将产生积极的作用。

12月8日，"科创中国"创新创业投资大会（2022年）西北分会场喜获多项殊荣

"科创中国"创新创业投资大会（2022年）专家终审会于日前结束，西北分会场推荐的多个创新项目入围全国100强，西安市科学技术协会喜获殊荣。"科创中国"创新创业投资大会（2022年）西北分会场，由中国科学技术协会指导，西安市科学技术协会、西安市科学技术局、西咸新区科技创新和新经济局、秦创原创新促进中心联合主办，西安市学会科技服务中心、西安财金合作发展基金投资管理有限公司、西咸新区沣东新城管理委员会共同承办，分会场活动的成功举办得到了兰州市科学技术协会、银川市科学技术协会和西宁市科学技术协会的大力支持。西安市科学技术协会因联络对象范围广、征集项目数量多、推荐项目质量高，被组委会评为最佳组织单位。

12月9日，汉中市科协："五大提升"赋能乡村振兴

汉中市科协聚焦"守底线、抓发展、促振兴"主线，围绕工作开展质效、农民科学素质、科技创新赋能、组织人才建设、定点帮扶质量"五大提升"工程，科学谋划，主动作为，统筹发挥全市科协系统资源优势、人才优势、平台优势、品牌优势作用，全方位赋能乡村振兴战略实施。善谋善为抓落实，推动工作开展质效大提升。

12月9日，2022年陕西省青少年机器人竞赛（汉中赛区）暨汉中市第四届青少年机器人竞赛成功举办

近日，2022年陕西省青少年机器人竞赛（汉中赛区）暨汉中市第四届青少年机器人竞赛在汉中市汉台思源学校成功举办。本届竞赛由汉中市科协主办，汉台区教体局、汉台区科协协办，汉台区青少年校外活动中心承办，汉台思源实验学校支持。汉中市科协主席张汉文，党组成员、副主席魏丽霞以及汉台区教体局、汉台区科协相关领导出席指导。本次青少年机器人竞赛分为小学组、初中组和高中组3个组别，竞赛内容分为VEXIQ机器人挑战赛、ENJOYAI机器人竞技赛、MakeX机器人智慧交通挑战赛、RobMaster无人机迷宫挑战赛、人形机器人挑战赛、超变战场挑战赛、WER积木教育机器人普及赛等7个竞赛项目以及无人机智能编程表演赛。

12月9日，认真学习贯彻党的二十大精神，扎实推进科技馆工作迈上新台阶——宝鸡市科协党组成员、副主席张碧燕宣讲党的二十大精神

12月9日下午，宝鸡市科协党组成员、副主席张碧燕到市科技馆宣讲党的二十大精神。张碧燕以"认真学习贯彻党的二十大精神，扎实推进市科技馆工作迈上新台阶"为主题，对党的二十大精神做了全面系统的宣讲。

12月9日，安康市科协机关党支部开展"学习宣传宪法·坚定法治信仰"主题党日活动

12月4—10日是全国第五个"宪法宣传周"。12月9日，安康市科协机关党支部联合兴安社区党支部在兴安社区开展"学习宣传宪法·坚定法治信仰"主题党日活动，活动邀请陕西理衡律师事务所法律专家张勇做宪法知识专题讲座。大家纷纷表示，张勇律师的讲座让人深受教育，在日后的工作生活中定当尊崇宪法、维护宪法、恪守宪法，积极践行安康市市民文明公约，为建设更加公平、公正、法治、和谐、幸福的新安康作出贡献。安康市科协和兴安社区的党员、干部，兴安社区居民代表共计20余人参加活动。

12月9日，安康市科协举办垃圾分类培训暨知识竞答活动

12月9日，安康市科协举办垃圾分类培训暨知识竞答活动。市科协创文办专门搜集整理贴近干部职工生活工作实际的垃圾分类竞答测试题。活动中，创文负责同志读题，全体干部职工积极举手抢答，对不同的题目，进行了细悉心地解答，大家对特殊垃圾的分类有了更深层次的理解。同志们纷纷表示，这样的活动形式新颖，既有趣又有效，不仅让大家在轻松活跃的气氛中夯实了垃圾分类基础知识，拓展了见识，更激发了参与兴趣。

12月12日，商洛市两县被命名为省级科普示范县

近日，陕西省科协发布《关于命名2021—2025年度陕西省科普示范县（市、区）的通知》，公布31个陕西省科普示范县名单，商洛市商南县和镇安县双双上榜。商洛市商南县和镇安县积极落实，推动基层科普公共服务能力和水平不断提升。呈现出"科普网络日益健全、科普阵地不断加强、科普环境显著优化、全民科学素质明显提高、全民科技意识进一步增强"五大特色亮点。下一步，商洛市将充分发挥陕西省科普示范县（市、区）在区域内的科普示范引领作用，加强科普资源的共建共享，为构建全域科普格局、提升全民科学素质提供强有力的科技支撑。

12月16日，宝鸡市科协组织收看2022年陕西省青年科学家大会

12月16日，以"创新·青年·未来"为主题的2022年陕西省青年科学家大会以线上＋线下方式在西咸新区举行。大会分开幕式和主旨报告两个阶段进行，开幕式由省科协常务副主席李肇娥主持，省科协党组书记李豫琦，西安工程大学校长王海燕，西咸新区沣西新城党委副书记、管委会副主任马万锋分别致辞。主旨报告由西安工程大学副校长王进富教授主持，西安交通大学管晓宏院士、武汉编织大学徐卫林院士、西北工业大学官操教授、陕西科技大学陆赵情教授、西安工程大学樊威教授分别以线上线下方式为大家做了主旨报告。此次会议的召开，将进一步激励广大青年科技工作者积极投身科技自立自强的新征程，在创新创造中勇攀高峰，在推动宝鸡高质量发展中贡献科技力量。

12月16日，商洛市召开第37届青少年科技创新大赛评审会

12月16日上午，商洛市召开第37届青少年科技创新大赛评审会，对商洛市推荐上报参赛科技创新作品3类309（项、幅）进行评审，最终246（项、幅）作品获奖。商洛市科协党组书记、主席黄恒林出席评审会并讲话。商洛市青少年科技创新大赛迄今已举办36届，参加师生逐年增多，家长、社会逐步认可，大赛质量也不断提高，已成为商洛市青少年科技教育的一项品牌活动。本次大赛在继承了以往赛事广泛性的基础上，更加突出了科学性、创新性的特点，举办科技创新大赛，是以实际行动推动党的二十大精神落地落实，提高青少年科学素质、加强青少年价值引领、培养发现青少年创新人才的一项重要活动。

3. 科创提升科学素质

实施创新驱动发展战略，推进以科技创新为核心的全面创新，让创新成为推动发展的第一动力，是适应和引领我国经济发展新常态的现实需要。科技创新，关键在人才。陕西省科协下属的各级学会组织汇集了大量知识型、技能型、创新型的高科技人才，是推动陕西科技进步和跨越式发展的中坚力量。科普工作是学会主要业务工作之一，一流学会必须要有一流科普。党的十八大以来，学会科普工作取得显著成效，打造活动品牌，搭建工作平台，发展工作队伍，设立科普专项，开展科普奖励，建设科普阵地，在团结服务科技工作者促进科技创新、开展科学普及、提升全民科学素质等方面发挥了不可替代的重要作用。

陕西省科协所属各级学会积极普及推广科研成果，开展公益科普服务，为充分发挥学会组织优势、人才优势和动员优势，开发本领域科普资源，丰富优质科普供给，打造科普品牌，推动学会科普工作进学校、进乡村、进社区、进机关、进企业、进家庭。同时，陕西省各级科普工作者紧盯当前区域高质量发展中的关键问题，通过学术交流等形式，为秦创原创新驱动平台建设和其他关系人民福祉的平台、体系建设贡献智慧。

"科创提升科学素质"栏目以时间为顺序记录了陕西省各级科协系统下属的各个学术性团体（学会）开展科普宣传、促进公民素质提升的各项活动。按照相关活动是否由更具专业性的学术活动团体开展，以及这些学术团体是否归属各级科协管理的原则，"科创提升科学素质"栏目记录了各级科协系统下属的各个学会组织开展科普的 65 项活动。

科创提升科学素质一览表

1月24—27日	《倾听非遗的声音——年味》科普直播活动成功举办
2月8日	省科普宣教中心召开2022年工作部署落实会议
2月21日至3月2日	咸阳市教育学会赴武功县兴平市调研
2月26日	陕西省计算机学会"2021年度工作总结暨表彰会议"召开
3月4日	宝鸡市农学会："科技之春"进企业、提质增效创品牌
3月31日	陕西省金属学会组织召开新产品、新技术鉴定验收会
4月15日	陕西省振动工程学会第六次会员代表大会在西安召开
4月21日	李豫琦出席省科技期刊编辑学会第九次会员代表大会
4月23日	汉中市建筑学会开展"科技之春"家装防水科普知识宣传服务活动
4月26日	咸阳市蔬菜技术协会科技服务团三原鲁桥中新蔬菜基地签约仪式在三原举行

4月28日	宝鸡市青少年科技教育协会开展科普活动
5月8日	海峡两岸食管胃静脉曲张及伴发疾病研讨会在西安召开
5月10日	宝鸡市风景园林学会2022年工作会顺利召开
5月11日	陕西省护理学会举办庆祝"5·12"护士节暨优秀护理工作者表彰大会
5月12日	宝鸡营养学会开展解读《中国居民膳食指南（2022）》主题讲座
5月13日	李肇娥出席陕西省地震学会第三次会员代表大会
5月14日	陕西省法医学会召开第六次会员代表大会暨第十次学术交流会
5月15日	陕西省警察防卫技术研究会第五次会员代表大会在西安顺利召开
5月21日	陕西省研究型医院学会首届会员代表大会暨成立大会在西安召开
5月31日	李豫琦、李肇娥赴电建西北院调研科技创新和学会工作
6月2日	安康市镇坪县召开"全国科技工作者日"座谈会
6月17日	宝鸡营养学会开展"健康体检重要性"专题培训
6月23日	宝鸡市机械工程协会在千阳县开展工程机械安全技术免费培训活动
7月12日	宝鸡市机械工程协会在凤县开展安全技术培训活动
7月15日	宝鸡市林学会召开第三次会员代表大会
7月22日	商洛市药学会举办医疗机构制剂发展研讨会
9月27日	"暖流计划"公益活动和科普大篷车走进竹节溪村白家小学
10月	学习二十大精神｜陕西科技工作者学习党的二十大精神感言（一）
10月	学习二十大精神｜陕西科技工作者学习党的二十大精神感言（二）
10月	学习二十大精神｜陕西科技工作者学习党的二十大精神感言（三）
10月9日	省科协召开党组会议传达学习习近平总书记重要文章重要讲话精神，研究贯彻落实举措
10月9日	省科协召开党组理论学习中心组（扩大）会议持续深入学习《习近平谈治国理政》第四卷
10月10日	陕西电子信息集团科协第二次会员代表大会召开
10月12日	陕西智能制造区域科技服务团走进威尔机电开展技术交流对接活动
10月17日	省科协召开党组会议专题学习党的二十大精神，研究贯彻落实举措
10月21日	省科协召开党组会议传达学习习近平总书记近期重要文章重要讲话精神，研究贯彻落实举措
10月24日	省科协制定《学习宣传贯彻党的二十大精神工作方案》
10月28日	省科协召开党组（扩大）会议深入学习党的二十大精神
11月5—6日	2022年陕西省创新方法大赛决赛成功举办
11月9日	李肇娥赴新城区带幸福林考察调研
11月11日	省科协召开党组（扩大）会议传达学习习近平总书记重要讲话贺信精神，研究贯彻落实举措

11月11日	省科协党组理论学习中心组集体学习党的二十大精神
11月17日	"振翼腾飞，航空报国"科普知识长廊点亮仪式在西北工业大学举行
11月17日	2022年陕西科创优秀案例发布会在西咸新区举行
11月17日	省科协赴西安高新技术产业开发区调研
11月17日	2022年陕西省弘扬科学家精神暨科学道德和学风建设宣讲教育报告会在西安举办
11月18—20日	第十六届中国新能源国际博览会暨高峰论坛在西安举办
11月22日	省科协召开党组专题会议传达中央和省委、省政府疫情防控工作有关会议精神，研究贯彻落实举措
11月23日	陕西省女科技工作者协会正式成立
11月24日	省科协党组成员、副主席张俊华为分管部门宣讲党的二十大精神
11月24日	李豫琦、李肇娥赴中建西北建筑设计院调研
12月1日	省科协和陕西广电融媒体集团座谈交流
12月2日	省科协召开党组（扩大）会议，传达学习习近平总书记重要讲话重要指示精神，研究贯彻落实举措
12月8日	一线工程师创新能力提升培训在泾河新城举办
12月8日	省科协科技志愿服务项目荣获省第一届志愿服务项目大赛一等奖
12月12日	第四届"传承与创新——中药现代化与产业化发展论坛"在陕西国际商贸学院举行
12月13日	省科协召开党组会议传达学习省委十四届三次全会精神研究贯彻落实举措
12月15日	首届陕西省科协年会在西咸新区开幕
12月15日	李豫琦出席陕西省科技期刊国际影响力提升路径研讨主编论坛
12月16日	首届陕西省科学技术协会年会专项活动——陕西特种光电产业创新论坛顺利召开
12月17日	陕西省第十四届动物生态学与野生动物资源保护管理研讨会召开
12月18日	智能视觉，图溯未来——2022年第二届计算视觉与智能图像处理学术论坛线上成功举行
12月19日	2022年陕西省科技工作者创新创业大赛决赛圆满举办
12月27日	陕西省大数据赋能中医药大健康战略合作交流会召开
12月28日	省科协召开党组会议传达学习习近平总书记近期重要讲话重要指示精神，研究贯彻落实举措

科创提升科学素质主要事项

1月24—27日，《倾听非遗的声音——年味》科普直播活动成功举办

1月24—27日，陕西省科普宣传教育中心、西安市教育局、西安市科协共同举办了《倾听非遗的声音——年味》科普直播活动。活动由陕西科普薪火计划项目组实施，特别邀请陕西省著名面塑非遗传承人张倍源、糖画非遗传承人由改茹、剪纸非遗传承人刘惠

霞、秦腔脸谱非遗传承人陈耀武，以线上直播的形式面向广大青少年，通过讲述非遗故事、制作非遗艺术品及互动问答等方式，展现了传统非遗文化的魅力。

2月8日，省科普宣教中心召开2022年工作部署落实会议

2月8日，陕西省科普宣传教育中心召开2022年工作部署落实会议，围绕省科协2022年工作安排部署会议的有关部署和省科协党组书记李豫琦、省科协常务副主席李肇娥等领导的相关讲话精神，对全年重点任务、重点工作进行了安排落实。

2月21日至3月2日，咸阳市教育学会赴武功县兴平市调研

2月21日至3月2日，咸阳市教育学会组织高中相关学科专家深入武功县长宁中学、绿野中学、普集高中、5702中学与兴平市陕柴中学、秦岭中学，对两地高中教育教学工作进行了全面调研。参与调研的学科专家与授课教师进行亲密交流，各学校校长开展工作汇报，学会带队领导对各学校后期工作的开展提出了建议与要求。

2月26日，陕西省计算机学会"2021年度工作总结暨表彰会议"召开

2月26日，陕西省计算机学会"2021年度工作总结暨表彰会议"在西安召开。会议由副理事长冯幼文主持，副理事长兼秘书长陈锐、副理事长韩炜分别做2021年工作总结报告和宣读评审表彰决定，常务副秘书长苗启广、生物医学智能计算专委会副主任委员石争浩、高性能计算专委会秘书长朱虎明作为代表交流发言，理事长周兴社进行会议讲话并部署2022年工作。总结表彰会议结束后随即召开常务理事扩大会议，与会期间，学会监事会委员参会并监督会议全程，王泉、冯幼文、郭永强、周非凡、韩炜、耿国华、彭进业、王忠民、吴宝海、鲁红军、张建奇、黑新宏等副理事长、常务理事、专委会主任先后发言，对学会发展提出多项建设性的建议和意见。

3月4日，宝鸡市农学会："科技之春"进企业、提质增效创品牌

3月4日，宝鸡市农学会与陕西省辛辣蔬菜产业技术体系在宝鸡德有邻食品有限公司召开了辣椒产业一体化发展推动会。会议由市农学会理事长、省辛辣蔬菜产业体系首席专家王周录主持，与会专家代表及企业员工共31人参加了会议和培训。省辛辣蔬菜产业技术体系首席专家、西北农林科技大学赵尊练研究员进行讲话，与会省体系各岗位专家重点汇报了今年工作计划，现场解决了企业生产问题，市农学会、市农科院、市农技中心与会领导提出意见和建议。国家特色蔬菜产业技术体系宝鸡综合试验站站长、市农科院蔬菜油料所辛鑫所长进行技术培训。

3月31日，陕西省金属学会组织召开新产品、新技术鉴定验收会

3月31日，陕西省金属学会对两项新产品、新技术召开了鉴定会。陕西省金属学会

理事长、陕钢集团公司副总经理、教授级高工韦武强，西安交通大学钱学森学院副院长、教授杨森，西北工业大学材料科学与工程学院副院长、教授苏海军，西北有色金属研究院副总工程师、教授赵永庆，陕西省金属学会副秘书长、高级工程师陈湘法等专家出席。陕西省金属学会常务副理事长李三梅对应邀专家表示欢迎和感谢，并对新产品、新技术给予肯定。专家委员会主任委员韦武强主持专家组会议，听取工作汇报并现场考察。会上专家组一致同意通过产品鉴定，可以投入批量生产。

4月15日，陕西省振动工程学会第六次会员代表大会在西安召开

4月15日上午，陕西省振动工程学会第六次会员代表大会在西安召开。省科协党组成员、副主席张俊华，西北工业大学校长助理张开富出席会议并讲话。全省110余名振动工程科技工作者通过"线上＋线下"的方式参加了会议。会议审议并表决通过了《陕西省振动工程学会第五届理事会工作报告》《陕西省振动工程学会第六届理事会财务报告》等。选举产生了陕西省振动工程学会第六届理事会。西北工业大学教授许勇当选陕西省振动工程学会第六届理事会理事长。

4月21日，李豫琦出席省科技期刊编辑学会第九次会员代表大会

4月21日上午，陕西省科技期刊编辑学会第九次会员代表大会在西北有色金属研究院召开。省科协党组书记李豫琦出席会议并在会前和中国工程院院士、西北有色金属研究院院长张平祥就加强陕西省科技期刊建设、提升科技期刊影响力和话语权进行座谈交流。西北有色金属研究院副院长李建峰出席会议并致辞，全省320余名科技期刊编辑工作者通过线上线下参加了会议。会议审议并表决通过了《陕西省科技期刊编辑学会第八届理事会工作报告》《陕西省科技期刊编辑学会第八届理事会财务报告》等。选举产生了陕西省科技期刊编辑学会第九届理事会。西北有色金属研究院稀有金属杂志社社长石应江当选陕西省科技期刊编辑学会第九届理事会理事长。

4月23日，汉中市建筑学会开展"科技之春"家装防水科普知识宣传服务活动

4月23日上午，由汉中市建筑学会主办、建筑学会防水专委会承办的"科技之春"家装防水科普知识宣传服务活动在汉台区和谐春天组织进行。汉中市科学技术协会党组成员、副主席贺凯，汉中市建筑学会理事长白晓雨出席并指导了宣传服务活动。市科协秘书长卫坤和学会防水专委会负责人侯文彬、孙添耀以及学会有关人员参加了活动。学会防水专委会的专家现场接受咨询，解答群众在家庭渗漏水方面遇到的各类问题，同时发放了防水科普知识宣传单。

4月26日，咸阳市蔬菜技术协会科技服务团三原鲁桥中新蔬菜基地签约仪式在三原举行

4月26日，咸阳市蔬菜协会科技服务团三原鲁桥中新蔬菜基地科技服务站在泾阳县云阳镇举行签约仪式。咸阳市蔬菜技术协会会长焦志学，三原县科协主席惠国荣，三原鲁桥中新蔬菜基地负责人王中新等出席签约仪式。

4月28日，宝鸡市青少年科技教育协会开展科普活动

4月28日，由宝鸡市科技馆、宝鸡市青少年科技教育协会、眉县科学技术协会共同举办的科普巡展活动走进眉县槐芽高级中学，开展以基础科学科技体验、教育机器人展示、科学实验、无人机航拍体验等内容的科普活动。

5月8日，海峡两岸食管胃静脉曲张及伴发疾病研讨会在西安召开

5月8日上午，陕西省中西医结合学会第一届消化内镜专委会成立大会暨海峡两岸食管胃静脉曲张及伴发疾病研讨会在西安高新医院召开。省科协党组成员、副主席张俊华，省中西医结合学会会长李玉明、秘书长闫小宁，西安高新医院党委书记范郁会等领导出席开幕式。活动由西安高新医院院长宋瑛主持。

5月10日，宝鸡市风景园林学会2022年工作会顺利召开

5月10日，宝鸡市风景园林学会召开了2022年度工作会。宝鸡市科学技术协会副主席张艳丽、宝鸡市城市管理执法局副局长吕宏伟以及宝鸡市风景园林学会理事长蔡万春、副理事长（兼秘书长）田一雄、副理事长王磊、各区县园林绿化管理站负责人、会员单位负责人参加了会议。会议由秘书长田一雄主持。

5月11日，陕西省护理学会举办庆祝"5·12"护士节暨优秀护理工作者表彰大会

5月11日上午，陕西省护理学会举办以"关爱护士队伍，护佑人民健康"为主题的庆祝"5·12"护士节暨优秀护理工作者表彰大会。省科协党组成员、副主席张俊华，省护理学会理事长李武平，副理事长车文芳、杨惠云，秘书长张华丽等出席开幕式。会议表彰了14名陕西省"优秀护理工作者"，11项"临床护理创新优秀案例奖"。省护理学会第九届理事会，各专业委员会主任委员及代表参加了现场会议；各理事单位、会员单位组织全省护士线上观看直播，观看人数达36万余人次。

5月12日，宝鸡营养学会开展解读《中国居民膳食指南（2022）》主题讲座

5月12日下午，宝鸡市营养学会开展了"解读《中国居民膳食指南（2022）》"主题讲座，30余位居民前来聆听。此次讲座由宝鸡营养学会副理事长王亮主讲，他向在场居民讲解了如何掌握科学知识，走出营养误区。受到了一致好评。

5月13日，李肇娥出席陕西省地震学会第三次会员代表大会

5月13日下午，陕西省地震学会第三次会员代表大会在西安召开。省科协常务副主席李肇娥，省地震局党组书记、局长刘晨出席会议。全省100余名从事防震减灾事业科技工作者参加了会议。会议审议并表决通过了《陕西省地震学会第二届理事会工作报告》《陕西省地震学会第二届理事会财务报告》《〈陕西省地震学会章程〉修改说明》，选举产生了陕西省地震学会第三届理事会。陕西省地震局刘晨局长当选陕西省地震学会第三届理事会理事长。

5月14日，陕西省法医学会召开第六次会员代表大会暨第十次学术交流会

5月14日上午，陕西省法医学会第六次会员代表大会暨第十次学术交流会在西安交通大学医学部多功能厅召开。省科协党组成员、副主席张俊华，西安交通大学医学部党委书记陈腾，西安交通大学法医学院院长赖江华出席会议。全省近500名从事法医事业科技工作者通过"线上＋线下"的方式参加了会议。会议审议并表决通过了《陕西省法医学会第五届理事会工作报告》《陕西省法医学会第五届理事会财务报告》，修改并通过了新一届章程，通过了陕西省法医学会会费管理办法和收取标准，选举产生了学会第六届理事会。西安交通大学医学部党委书记陈腾当选第六届理事会理事长。

5月15日，陕西省警察防卫技术研究会第五次会员代表大会在西安顺利召开

5月15日上午，陕西省警察防卫技术研究会第五次会员代表大会在西安顺利召开。省科协党组成员、副主席张俊华，研究会荣誉会长、陕西警官学院原书记高嗯义，陕西省司法厅原副厅长方强、李书民，陕西省公安厅原巡视员王志谋出席会议。全省100余名从事警察防卫防范事业领域工作者参加了会议。会议审议并表决通过了《陕西省警察防卫技术研究会第四届理事会工作报告》《陕西省警察防卫技术研究会第四届理事会财务报告》《〈陕西省警察防卫技术研究会章程〉修改说明》，选举产生了陕西警察防卫技术研究会第五届理事会。

5月21日，陕西省研究型医院学会首届会员代表大会暨成立大会在西安召开

5月21日上午，陕西省研究型医院学会首届会员代表大会暨成立大会在西安召开，陕西省科协党组成员、副主席张俊华，陕西省卫健委巡视员张建平，陕西省民政厅社会组织管理局局长冯雨出席会议并为学会揭牌。陕西省红十字基金会理事长陈志超，西安国际医学中心董事长史今及陕西省内各大三甲医院的专家、学者等100余人参加会议。西安国际医学中心医院院长尹强主持成立大会。会议审议通过了学会章程等文件，选举产生了第

一届理事会和学会领导班子。贺西京当选为陕西省研究型医院学会会长，郭树忠、王茂德、张蓬勃、王建华、宋延彬、袁普卫当选为副会长。

5月31日，李豫琦、李肇娥赴电建西北院调研科技创新和学会工作

5月31日，陕西省科协党组书记李豫琦、常务副主席李肇娥一行到中国电建集团西北勘测设计研究院有限公司调研科技创新和学会工作，并与电建西北院党委书记、董事长尉军耀座谈交流。陕西省科协党组成员、副主席张俊华，电建西北院副总经理肖斌、总工程师周恒参加调研座谈。

6月2日，安康市镇坪县召开"全国科技工作者日"座谈会

6月2日，安康市镇坪县科学技术协会组织召开了"全国科技工作者日"座谈会，副县长胡高琼同志出席会议并讲话，县卫健局、县农水局、县教体科技局、县林业局领导及科技工作者代表参加座谈会。会间，胡高琼同志代表县委政府对一线科技工作者进行了诚挚的慰问并围绕"创新争先，自立自强"主题作了讲话。会中，各系统领导、参会科技工作者代表建言献策，科学谋划科技工作。会后，副县长胡高琼同志为最美科技工作者颁发了荣誉证书。

6月17日，宝鸡营养学会开展"健康体检重要性"专题培训

6月17日下午，宝鸡市凤翔区雍康健体检中心邀请宝鸡营养学会副理事长、高级健康管理师王海鸿老师为单位职工开展"健康体检重要性"专题培训讲座。该体检中心职工30余人参加本次培训。

6月23日，宝鸡市机械工程协会在千阳县开展工程机械安全技术免费培训活动

6月23日，宝鸡市机械工程会受千阳应急管理局邀请在千阳职教中心开展了以"重视解决机械技术隐患，确保安全作业"为主题的工程机械安全技术免费培训活动。活动上各类技术人员对工程机械安全作业隐患及典型常见事故案例分析、工程机械日常操作常识及维护为参训人员进行了培训并对规范宝鸡地区工程机械使用安全管理进行了说明。

7月12日，宝鸡市机械工程协会在凤县开展安全技术培训活动

7月12日，宝鸡市机械工程协会、市工程机械管理所受凤县应急管理局邀请，在凤县留凤关陕西铅硐山矿业有限公司教培中心开展以"重视机械隐患，确保安全生产"为主题的工程机械安全技术下乡免费培训活动。

7月15日，宝鸡市林学会召开第三次会员代表大会

7月15日上午，宝鸡市林学会召开第三次会员代表大会。市科协副主席张艳丽、市民政

局调研员王苏昌、市林业局副局长赵宗余莅临指导。会员代表 56 人参加会议。大会听取了市林学会第二届理事会工作报告，表决通过了《宝鸡市林学会章程（审议稿）》和《宝鸡市林学会第三次会员代表大会选举办法》，选举产生了第三届理事会理事、理事长、副理事长和监事、监事长。原市林业局一级调研员、高级工程师杨鹏辉同志当选第三届林学会理事长。

7 月 22 日，商洛市药学会举办医疗机构制剂发展研讨会

7 月 22 日，由商洛市药学会、商洛市市场监督管理局主办的"商洛市医疗机构制剂发展研讨会"在商洛市中医医院顺利召开。本次活动是商洛市药学会 2022 年"学术金秋"重点活动内容之一。市、县 20 多家二级以上医疗机构主管药品工作的院长、药剂科长、医务科长、制剂室主任共 60 余人参加会议。商洛市市场监督管理局药品流通监管科科长杨婧、药品流通监管科主任科员张雁应邀参加会议，副局长王超峰应邀出席会议并讲话。

9 月 27 日，"暖流计划"公益活动和科普大篷车走进竹节溪村白家小学

9 月 27 日，全国科普日期间，在省科协驻竹节溪村帮扶工作队和安康市科协积极协调下，"暖流计划"公益活动携手安康市中医医院高新分院、安康慈善协会科技馆分会走进镇坪县城关镇竹节溪村白家小学，捐赠了价值 8000 余元的图书、温暖包和防疫物资，并开展了科普志愿服务活动。安康市科协一级调研员谢康、省科协驻竹节溪村工作队成员、安康市中医医院高新分院医务部主任李帅及该院科技志愿者参加活动。

10 月，学习二十大精神｜陕西科技工作者学习党的二十大精神感言（一）

陕西省科技工作者在认真学习党的二十大报告，感悟党的二十大精神之后，写下了深刻的感言，如《牢记实现"制造强国"的初心》省科协主席，中国工程院院士，西安交通大学教授、博导蒋庄德，《以实际行动为科教兴国、人才强国、绿色发展战略贡献力量》陕西师范大学校长助理、教授周正朝，《脚踏实地奋勇迈向新的征程》省古生物学会第五届理事会副理事长、西北大学地质学系主任张志飞，《聚焦农业生产实际加快科技创新》西北农林科技大学副教授、博士孙先鹏。各位科技工作者聚焦不同的领域，将党的二十大精神结合实际，为未来建设出谋划策，为伟大复兴中国梦而不懈努力。

10 月，学习二十大精神｜陕西科技工作者学习党的二十大精神感言（二）

在学习党的二十大报告之后，科技工作者们有了许多感触，写下了精神感言。《牢记"三个务必"增强历史主动为全面建设社会主义现代化国家贡献科协力量》省科协党组书记李豫琦，《加强原创性、引领性科技攻关，研制建设更加先进的国家授时系统》中国科学院国家授时中心首席科学家、2022 年全国"最美科技工作者"张首刚，《坚定创新自信，勇攀航天科技高峰》航天科技集团有限公司五院西安分院副院长、陕西省科协第九届委员

会常委李立，《为建设航天强国贡献科技力量为经济高质量发展贡献遥感智慧》西安航天宏图信息技术有限公司副总经理、2021 年陕西省科技工作者创新创业大赛一等奖获得者苏永恒，《持续开展新品种新技术研发推广不断提升农民科技素质和产业效益》陕西省农技协副理事长、陕西首届"最美科技工作者"王录俊。

10 月，学习二十大精神｜陕西科技工作者学习党的二十大精神感言（三）

《汇聚科技自立自强的澎湃力量奋力开创全省科协工作新局面》省科协常务副主席李肇娥，《把论文写在祖国的大地上》西北工业大学教授、博导陈建峰，《为端好能源饭碗贡献"能动"人的绵薄之力》西安交通大学青年拔尖人才 A 类教授、第十三届陕西省青年科技奖获得者陈伟雄，《推动解决关键技术难题解决基础前沿技术加快形成独特优势》陕西省照明学会第五届副理事长，西安应用光学研究所副所长、研究员陈方斌，《仁心仁术尚德尚医认真对待每一位患者》西安交通大学第二附属医院主任医师、教授，全国三八红旗手谢秀英。

10 月 9 日，省科协召开党组会议传达学习习近平总书记重要文章重要讲话精神，研究贯彻落实举措

10 月 9 日，省科协党组书记李豫琦主持召开党组会议，认真传达学习习近平总书记 10 月 1 日在《求是》杂志发表的《新时代中国共产党的历史使命》重要文章，为《复兴文库》作《在复兴之路上坚定前行》的序言，参观"奋进新时代"主题成就展和会见 C919 大型客机项目团队代表的重要讲话及向中国阿根廷人文交流高端论坛、中国新闻社建社 70 周年致贺信、给山东省地矿局第六地质大队全体地质工作者回信精神，传达学习有关文件精神，研究贯彻落实举措。

10 月 9 日，省科协召开党组理论学习中心组（扩大）会议持续深入学习《习近平谈治国理政》第四卷

10 月 9 日，省科协党组书记李豫琦主持召开党组理论学习中心组（扩大）会议，进一步学习《习近平谈治国理政》第四卷，4 位同志结合工作实际开展研讨交流。省科协党组成员、专职领导，二级巡视员，机关各部门、直属各单位主要负责同志参加学习。会后大家表示，要把学习领会《习近平谈治国理政》第四卷与圆满完成全年目标任务相结合，保持工作韧劲，对标目标考核，抓好收官冲刺，扎扎实实抓进度，确保年度重点工作取得实效。

10 月 10 日，陕西电子信息集团科协第二次会员代表大会召开

10 月 10 日下午，陕西电子信息集团科协第二次会员代表大会在西安召开。省科协常务副主席李肇娥、陕西电子信息集团有限公司总经理科协新当选主席任进良出席并讲话。李肇娥在讲话中对陕西电子信息集团科协近五年来的工作给予了充分肯定。会议审议通过

了《陕西电子信息集团科协第一届委员会工作报告》《陕西电子信息集团科学技术协会实施〈中国科学技术协会章程〉细则》，选举产生了陕西电子信息集团科协第二届委员会领导机构、第二届技术交流与发展专门委员会委员。任进良当选陕西电子科协主席，韩宝良为副主席，刘戈为秘书长。陕西电子信息集团科技工作者代表 130 人线上线下参加会议。

10 月 12 日，陕西智能制造区域科技服务团走进威尔机电开展技术交流对接活动

10 月 12 日，陕西智能制造区域科技服务团组织西安交通大学、西安理工大学、西安建筑科技大学一行 8 名专家教授，走进陕西威尔机电科技有限公司开展精密测量仪器技术对接交流活动。陕西机械工程学会景蔚萱秘书长带领专家一行走进威尔机电公司生产车间，对生产、研发过程中存在的问题进行了详细的了解。企业在不断升级改进设备及测量解决方案的过程中，对材料、装配、控制、检测等多方面技术提出问题，需要专家跟进解决。交流中，专家们详细了解需求详情，给出专业参考意见。在座谈中，双方达成共识，接下来会继续加强沟通和交流，借由服务团搭建的平台，共同帮助企业解决技术瓶颈问题。

10 月 17 日，省科协召开党组会议专题学习党的二十大精神，研究贯彻落实举措

10 月 17 日，省科协党组书记李豫琦主持召开党组会议，专题学习党的二十大精神，研究部署宣传贯彻落实举措。省科协党组成员、专职领导分别作交流发言。省科协二级巡视员，机关各部门、直属各单位主要负责同志参加学习。全省科协系统要切实提高政治站位，牢记"三个务必"要求，努力在学习宣传贯彻大会精神上走在前列，把广大科技工作者更加紧密地团结在以习近平同志为核心的党中央周围。

10 月 21 日，省科协召开党组会议传达学习习近平总书记近期重要文章重要讲话精神，研究贯彻落实举措

10 月 21 日，省科协党组书记李豫琦主持召开党组会议，认真传达中国共产党第十九届中央委员会第七次全体会议精神，学习习近平总书记在参加党的二十大广西代表团讨论时的讲话、在《求是》杂志发表《坚持人民至上》重要文章、在党外人士座谈会上的讲话、向中国国际可持续交通创新和知识中心成立致贺信精神，研究贯彻落实举措。要把习近平总书记的重要讲话精神同党的二十大报告结合起来，通过学原文、悟原理，学用结合，找准科协工作和党的二十大精神的结合点，做好各项工作的贯彻落实。要高质量完成年初确定的各项目标责任考核任务和其他各项重点工作，精心谋划好明年工作。

10 月 24 日，省科协制定《学习宣传贯彻党的二十大精神工作方案》

省科协制定印发《学习宣传贯彻党的二十大精神工作方案》（以下简称《方案》），明确了省科协学习宣传贯彻党的二十大精神的指导思想，部署了十六个方面的主要工作，并做出具体要求。按照方案部署，省科协随后将通过印发《省科协学习宣传贯彻党的二十大精神的通知》，举办县级科协主席培训班，邀请党的二十大代表等作辅导报告会，深入学会、高校、企业调研走访，举办高校科学道德和学风建设宣讲教育报告会，召开省科协常委会、全委会等方式，把力量凝聚到实现党的二十大确定的目标任务上来，结合科协职责使命，更好发挥桥梁纽带作用，更好把科技工作者团结凝聚在党的周围，为谱写陕西高质量发展新篇章贡献科协力量。

10月28日，省科协召开党组（扩大）会议深入学习党的二十大精神

10月28日，省科协党组书记李豫琦主持召开党组（扩大）会议，认真传达学习党的二十大、党的二十届一中全会、二十届中共中央政治局10月25日会议精神，深入传达学习习近平总书记在第二十届中共中央政治局常委同中外记者见面时的重要讲话、在中共中央政治局第一次集体学习时的重要讲话、在瞻仰延安革命纪念地时的重要讲话精神，以及10月24日、10月28日省委常委（扩大）会议精神，研究贯彻落实举措。

11月5—6日，2022年陕西省创新方法大赛决赛成功举办

11月5—6日，由陕西省科学技术协会、陕西省科学技术厅、陕西省人民政府国有资产监督管理委员会、西咸新区管委会共同主办，泾河新城管委会承办的"秦创原·泾河杯"2022年陕西省创新方法大赛决赛在泾河新城产业园成功举办。省科协常务副主席李肇娥出席决赛开幕式，省科协党组成员、副主席吕建军主持开幕式。本届大赛以"坚定创新自信，促进自立自强"为主题。本次大赛共决出一等奖20个、二等奖40个、三等奖60个。3年来全省累计有300多家企业，1000多项成果报名参赛，解决技术难题264项，产生新产品、新工艺、新技术429项，产生经济效益近2亿元。遴选的参赛项目接连在中国创新方法大赛中斩获11个奖项，其中一等奖1项。全省120支队伍、近500名一线科技工作者线上、线下参赛，大赛网络关注量达29万人次。

11月9日，李肇娥赴新城区幸福林带考察调研

11月9日上午，省科协常务副主席李肇娥一行赴新城区调研幸福林带科创产业规划发展情况，先后考察了幸福林带展示中心、新城区图书馆文化馆和秦创智谷科技企业孵化器。新城区政府副区长李枫艳陪同考察。省科协企事业工作部、新城区科技局相关人员参加考察调研活动。

11月11日，省科协召开党组（扩大）会议传达学习习近平总书记重要讲话贺信精神，研究贯彻落实举措

11月11日，省科协党组书记李豫琦主持召开党组（扩大）会议，认真学习习近平总

书记在延安市和安阳市考察时重要讲话精神、中央政治局常务委员会 11 月 10 日会议精神，在第五届中国国际进口博览会开幕式致辞、在《湿地公约》第十四届缔约方大会开幕式致辞及向 2022 年世界互联网大会乌镇峰会致贺信、向 2022 年世界城市日全球主场活动暨第二届城市可持续发展全球大会致贺信、向国际竹藤组织成立 25 周年志庆暨第二届世界竹藤大会致贺信精神，传达学习《中共中央关于认真学习宣传贯彻党的二十大精神的决定》《中共陕西省委关于认真学习宣传贯彻党的二十大精神的工作方案》，研究贯彻落实举措。

11 月 11 日，省科协党组理论学习中心组集体学习党的二十大精神

11 月 11 日，省科协党组理论学习中心组召开学习（扩大）会议，集体学习党的二十大精神。省科协党组书记李豫琦主持会议并讲话。省科协党组成员、专职领导逐一交流发言。省科协二级巡视员，机关各部门、直属各单位主要负责同志参加学习。大家一致认为，党的二十大取得了一系列重大政治成果、理论成果、战略成果、制度成果和实践成果。要着力解决发展不平衡、不充分问题和科技工作者急难愁盼的问题，建设有温度、可信赖的科技工作者之家，自觉凝聚起科技界团结奋斗的合力。

11 月 17 日，"振翼腾飞，航空报国"科普知识长廊点亮仪式在西北工业大学举行

11 月 17 日上午，"振翼腾飞，航空报国"全国科普教育基地科普知识长廊点亮仪式在西北工业大学举办。省科协党组书记李豫琦出席仪式，省科协常务副主席李肇娥讲话，西北工业大学党委副书记陈建有致辞，省科协副主席李延潮出席，西北工业大学有关领导和 30 余位师生代表参加活动。活动现场启动仪式上，省科协党组书记李豫琦、常务副主席李肇娥，西北工业大学党委副书记陈建有、科研院院长马炳和及西工大附小学生代表陆序泊、贾馨羽，共同点亮"振翼腾飞，航空报国"科普知识长廊。

11 月 17 日，2022 年陕西科创优秀案例发布会在西咸新区举行

为深入学习贯彻落实党的二十大精神，11 月 17 日，由陕西省社会科学院、陕西省科学技术厅、陕西省科学技术协会、西咸新区联合主办的 2022 年陕西科创优秀案例发布会在西咸新区举行。省科协常务副主席李肇娥出席会议并为获奖单位颁奖，省社会科学院党组副书记、院长王飞主持会议，西咸新区管委会副主任陈晓雄致辞，省科技厅二级巡视员杨世宏宣读优秀案例通报。本次全省共征集到案例 90 个，按照"示范性、创新性、推广性"标准，评出 55 个优秀案例。其中，创新赋能产业升级优秀案例 17 个，创新赋能效率质量变革优秀案例 18 个，创新赋能高效治理高品质生活优秀案例 20 个。

11 月 17 日，省科协赴西安高新技术产业开发区调研

11 月 17 日下午，省科协党组成员、副主席吕建军一行赴西安高新技术产业开发区，

围绕科技创新、产业发展、人才培养和科协组织建设等进行调研。高新区科技创新局局长邓巍陪同调研。吕建军一行先后来到高新区硬科技社区成果产业化展厅、和其光电公司、中科立德公司和丝路科学城规划展厅。深入了解高新区企业技术创新和重点项目建设，以及人才培养、学术交流、科学普及、成果转化等方面的情况。省科协企事业工作部负责同志、西安高新区科技创新局相关同志参加调研。

11月17日，2022年陕西省弘扬科学家精神暨科学道德和学风建设宣讲教育报告会在西安举办

11月17日上午，由省科协、省教育厅、省科技厅、省科学院、省社科院共同主办，西北工业大学承办的2022年陕西省弘扬科学家精神暨科学道德和学风建设宣讲教育报告会在西北工业大学举办。中国工程院院士、西北工业大学学术道德建设委员会主任李贺军，中国科学家精神宣讲团特邀专家、中航西安飞机工业集团股份有限公司总工程师赵安安，西安交通大学教授张磊作宣讲报告。省科协党组书记李豫琦讲话，省科协常务副主席李肇娥主持，西北工业大学党委副书记陈建有致辞。省教育厅、省社科院、省科学院、省国防科工办、西北工业大学等单位的有关领导，西北工业大学青年教师、学生代表近50人现场聆听了报告会。市区科协、省级学会、各研究生培养单位和有关企事业单位等共13.58万人收看了报告会直播。

11月18—20日，第十六届中国新能源国际博览会暨高峰论坛在西安举办

第十六届中国新能源国际博览会暨高峰论坛于11月18—20日在西安隆重举行。中国科协党组书记、副主席、书记处第一书记张玉卓在开幕式上视频讲话。省委常委、西安市委书记方红卫，国家能源局原副局长吴吟，省科协党组书记李豫琦，西安市委常委、常务副市长吕来升，西咸新区党工委书记杨仁华，隆基绿能科技股份有限公司创始人、总裁李振国等领导和嘉宾出席开幕式。张玉卓在讲话中对中国光伏产业取得重大创新突破表示热烈祝贺，对隆基绿能创新团队致以崇高敬意。李豫琦、李振国共同为隆基绿能科协揭牌这次论坛由全联新能源商会与西咸新区开发建设管理委员会联合主办。

11月22日，省科协召开党组专题会议传达中央和省委、省政府疫情防控工作有关会议精神，研究贯彻落实举措

11月22日，省科协党组书记李豫琦主持召开党组专题会议，再次学习11月10日中央政治局常务委员会会议精神，认真传达学习11月21日省委、省政府疫情防控工作视频会议精神和刘国中书记、赵一德省长近期疫情防控相关会议讲话精神，听取有关部门落实疫情防控及年度目标责任完成情况汇报，研究贯彻落实举措。会议要求，要坚持把"两个确

立""两个维护"作为最高政治原则和根本政治规矩,不断提高政治判断力、政治领悟力、政治执行力,坚决履行好、落实好党组主体责任,以疫情防控工作成效检验初心使命和责任担当。要守土有责、守土尽责,不断提高科学精准防控水平,坚决打赢常态化疫情防控攻坚战。

11 月 23 日,陕西省女科技工作者协会正式成立

11 月 23 日,陕西省女科技工作者协会成立大会暨第一次会员代表大会在西安召开。省委常委、副省长王琳作出批示表示祝贺。中国工程院院士、中国女科技工作者协会会长王红阳视频致辞。大会选举中国科学院院士郑晓静为省女科技工作者协会首任会长,中国科学院院士周卫健、何雅玲等 12 人当选为副会长。西北工业大学党委书记张炜代表挂靠单位致辞,省科协党组书记李豫琦,省妇联党组书记、主席王玉娥出席会议并讲话。王琳在批示中向全省女科技工作者致以诚挚慰问,对省女科技工作者协会的成立表示祝贺。省科协、省妇联、省社科联等有关部门负责同志,省女科技工作者协会首批 20 家单位会员,150 余名会员代表线上线下参加会议,2000 余名个人会员线上观看同步直播。

11 月 24 日,省科协党组成员、副主席张俊华为分管部门宣讲党的二十大精神

11 月 24 日上午,按照省科协工作安排,省科协党组成员、副主席张俊华为所分管的学会学术部、宣传文化部全体党员干部,通过线上和线下相结合的方式,宣讲党的二十大精神。会议要求各部门要把党的二十大精神转化为推动工作落实的思路举措、凝聚成干事创业的精神动力,切实转变作风,对年度目标任务再聚焦、对具体措施再细化,逐项对标工作进度,及时查漏补缺,在新冠肺炎疫情背景下扎实推进各项工作落实,确保全年目标责任考核任务高质量完成。

11 月 24 日,李豫琦、李肇娥赴中建西北建筑设计院调研

近日,省科协党组书记李豫琦、常务副主席李肇娥赴中建西北建筑设计院调研。中建西北建筑设计院党委副书记、总经理王军陪同调研,陕西省勘察设计大师、中建西北建筑设计院总工程师周敏等科技工作者和有关负责人参加座谈交流。李豫琦、李肇娥一行参观了中建西北建筑设计院建院 70 周年专题展,深入了解中建西北建筑设计院建院 70 周年来取得的成就,前往正在筹备开馆的张锦秋院士馆,对设计院弘扬科学家精神作调研。省科协和中建西北建筑设计院有关部门负责人参加活动。

12 月 1 日,省科协和陕西广电融媒体集团座谈交流

12 月 1 日,省科协党组书记李豫琦带队,赴陕西广电融媒体集团开展座谈交流。陕

西广电融媒体集团党委书记、董事长、台长刘兵，党委副书记、总编辑胡劲涛，省科协党组成员、副主席张俊华等参加活动。李豫琦一行还实地考察参观了新建成的陕西广电融媒体集团融媒演播室。省科协宣传文化部、科普部和陕西广电融媒体集团总编室、渭南铜川工作站、都市生活中心、渭南记者站负责人等参加调研座谈。

12月2日，省科协召开党组（扩大）会议，传达学习习近平总书记重要讲话重要指示精神，研究贯彻落实举措

12月2日，省科协党组书记李豫琦主持召开党组（扩大）会议，传达学习习近平总书记在亚太经合组织第二十九次领导人非正式会议上的重要讲话、在亚太经合组织工商领导人峰会上书面演讲、在二十国集团领导人第十七次峰会重要讲话精神，学习12月1日习近平总书记在《求是》杂志发表《在党的十九届七中全会第二次全体会议上的讲话》重要文章精神，传达学习习近平总书记同发展中国家科学院第16届学术大会暨第30届院士大会、联合国/中国空间探索与创新全球伙伴关系研讨会、第6届中国—南亚博览会致贺信精神，给中国航空工业集团沈飞"罗阳青年突击队"队员回信精神，对"杂交水稻援外与世界粮食安全"国际论坛书面致辞精神及对河南安阳市凯信达商贸有限公司火灾事故重要指示精神，研究贯彻落实举措。

12月8日，一线工程师创新能力提升培训在泾河新城举办

12月8日，由陕西省科学技术协会、西咸新区泾河新城管委会主办，"秦创原"泾河工作部、陕西继续教育大学联合承办的2022年一线工程师创新能力提升第三期培训在泾河新城协同创新中心举办。本次培训邀请中国TRIZ（创新方法）研究会常务理事，中国创新方法大赛评审工作委员会委员、评审专家刘小伟，系统讲解了TRIZ理论体系与概述、TRIZ创新思维方法、理论应用案例等内容。此次培训采用"线下+线上"的方式进行，来自泾河新城园区企业的一线科技工作者、管理人员、研发人员代表30余人参加了线下培训，组织相关企业90余人通过线上参加了此次培训。培训期间，陕西继续教育大学与园区内2家科技型企业签订了共建人才培训基地合作协议。

12月8日，省科协科技志愿服务项目荣获省第一届志愿服务项目大赛一等奖

近日，省委文明办发布《关于陕西省第一届志愿服务项目大赛获奖情况的通报》，省科协选送的"渭南市向阳红果蔬专业技术协会'田间课堂'科技助力乡村振兴志愿项目"荣获一等奖。渭南向阳红协会志愿者服务队在临渭区三张镇铁王村进行猕猴桃培训向阳红果蔬专业技术协会是在科协组织大力支持下成长起来、常年活跃在乡村一线的科技志愿队伍。田间课堂·渭南市基层科技助力乡村振兴项目以"科技助农·田间课堂"实训方式，开展线上、线下公益性农业实用技术培训。据中国科协科技志愿服务信息平台统计，陕西省注册科技志愿者和开展活动数量居全国前列，科技志愿服务典型多次受到中国科协和省委文明办表扬。

12月12日，第四届"传承与创新——中药现代化与产业化发展论坛"在陕西国际商贸学院举行

12月12日，第四届"传承与创新——中药现代化与产业化发展论坛"在陕西国际商贸学院举行。中国工程院院士刘昌孝教授、国际欧亚科学院院士段金廒教授等专家作主旨报告。省科协党组成员、副主席吕建军，陕西国际商贸学院校长王正斌，陕西省研究型医院学会会长、西安国际医学中心医院骨科医院贺西京院长致辞。陕西国际商贸学院副校长甘世平主持开幕式。吕建军对论坛开幕表示祝贺。论坛采取线下与线上相结合的方式举行，线上参会人员达到2万余人，主要包括省内外药学领域教学单位、科研院所和产业界的专家、学者，陕西省中药产业技术创新战略联盟、咸阳市中药制造创新联合体各成员单位的代表，以及省内外制药企业的代表等。

12月13日，省科协召开党组会议传达学习省委十四届三次全会精神研究贯彻落实举措

12月13日，省科协党组书记李豫琦主持召开党组会议，传达学习省委十四届三次全会精神，研究贯彻落实举措。会议审议通过的《中共陕西省委关于深入学习宣传贯彻党的二十大精神奋进中国式现代化新征程谱写陕西高质量发展新篇章的决定》有力展示了省委全面学习、全面把握、全面落实党的二十大精神，坚决增强捍卫"两个确立"、做到"两个维护"的政治自觉、思想自觉、行动自觉，达到了统一思想、明确任务、坚定信心、激发干劲的目的。要主动适应科技创新形式，把握科协组织新的历史使命，不断增强创新意识、实干意识、合作意识和担当意识，大力践行"勤快严实精细廉"要求，积极营造科协系统风清气正的良好干事创业环境，以良好的工作作风，谋实各项工作。

12月15日，首届陕西省科协年会在西咸新区开幕

12月15日上午，由省科协、西咸新区管委会主办，西咸新区沣西新城管委会承办，以"助力秦创原平台建设服务陕西高质量发展"为主题的首届陕西省科协年会开幕式暨主旨报告会在西咸新区举行。省委常委、副省长王琳对举办好首届科协年会作出批示。本次会议采用"线上＋线下"的形式召开，"科创中国"创新基地负责人、陕西省第十五届自然科学优秀学术论文获奖代表、各市区科协、省级学会、企事业单位科协负责同志和西咸新区有关园区、企业的负责同志在分会场和线上会场参加开幕式。

12月15日，李豫琦出席陕西省科技期刊国际影响力提升路径研讨主编论坛

12月15日，陕西省科技期刊编辑学会、西北有色金属研究院举办的"陕西省科技期刊国际影响力提升路径研讨"主编论坛暨"陕西省科技期刊学术引领能力提升"培训会在西咸新区沣西新城召开。本次会议也是首届陕西省科学技术协会年会特色活动之一。省科协党组书记李豫琦、西北有色金属研究院常务副院长李建峰出席会议并讲话。主编论坛结束后，还将举办为期1天的"陕西省科技期刊学术引领能力提升"培训大会，特邀《中国科学》《中国激光》《机械工程学报》《药物分析学报》《棉纺织技术》等优秀期刊畅谈办刊体会，分享办刊经验。来自全省的高校、院所、企业的期刊编辑工作者线上线下共200余人参加论坛。

12月16日，首届陕西省科学技术协会年会专项活动——陕西特种光电产业创新论坛顺利召开

12月16日，由陕西省科协主办，陕西省创新驱动共同体承办，陕西创共体企业孵化有限公司、陕西省创共体先进光电技术专业技术委员会、西安电子科技大学协办的"陕西特种光电产业创新论坛"在沣东新城中俄丝路创新园举办。本次活动是首届陕西省科学技术协会年会专项活动之一。省科协党组成员、副主席吕建军，省科技厅副厅长韩开兴出席论坛。本次论坛通过线上和线下相结合的方式，邀请到科技领域的多位院士、领导、专家进行了学术报告，共同探讨陕西特种光电产业的发展，为支撑秦创原创新驱动平台建设，为加快陕西高质量发展贡献科技力量。本次论坛现场报告反响热烈，有效构建了沟通交流的良好平台，线上、线下100余人参加会议。

12月17日，陕西省第十四届动物生态学与野生动物资源保护管理研讨会召开

12月17日，首届陕西省科学技术协会年会特色活动——"陕西省第十四届动物生态学与野生动物资源保护管理研讨会"在陕西省动物研究所召开，本次大会由陕西省科学技术协会和陕西省动物学会主办，陕西省动物研究所和陕西师范大学承办。中国科学院院士、中国动物学会秘书长魏辅文院士，欧洲科学院外籍院士、国际动物学会执行主任、中国动物学会副理事长张知彬研究员，中国动物学会副理事长、陕西省动物学会名誉理事长李保国教授，陕西省动物学会理事长邰发道教授出席。开幕式由陕西省动物学会秘书长、陕西省动物研究所所长常罡研究员主持。本次大会围绕宏观的动物生态学、行为学、地理学、秦岭动物生物多样性保护以及微观的基因组学、动物生理生化、分子生物学等多个学科领域进行了广泛而深入的学术交流，体现了宏观和微观学科的交叉与融合。经常务理事会商讨，拟定于2023年9月上旬在安康举办第十五届动物生态学与野生动物资源保护管理研讨会。

12月18日，智能视觉，图溯未来——2022年第二届计算视觉与智能图像处理学术论坛线上成功举行

12月18日，第二届计算视觉与智能图像处理学术论坛成功举办。本次论坛由陕西省科学技术协会、陕西省计算机学会主办，陕西省计算机学会计算机视觉专委会、西安培华学院人工智能与信息工程学院和西安理工大学计算机科学与工程学院联合承办，深圳市电巢科技有限公司和集成电路与微系统设计航空科技重点实验室协办，中国图象图形学报和计算机技术与发展提供媒体支持，为首届陕西省科学技术协会年会特色活动之一。活动的圆满召开有利于推动陕西省内计算机视觉相关领域研究进一步发展。

12月19日，2022年陕西省科技工作者创新创业大赛决赛圆满举办

12月19日下午，2022年陕西省科技工作者创新创业大赛在沣东新城落下帷幕。这次大赛是首届陕西省科学技术协会年会的十大专项活动之一。2022年的大赛，从促进科技创新和成果转化两个维度进行筹划和设计。经过4天的角逐，国产差别化芳纶纤维制备关键技术及工程应用等25个项目荣膺一等奖，PCB绿色制造护航者——电镀用不溶性阳极开发等50个项目入围二等奖，新能源汽车高压继电器陶瓷封装盒项目等169个项目获得三等奖，基于AI图像识别的子宫内膜癌筛查系统等5个项目获最佳人气奖。

12月27日，陕西省大数据赋能中医药大健康战略合作交流会召开

近日，首届陕西省科学技术协会年会特色活动——"陕西省大数据赋能中医药大健康战略合作交流会"以线上和线下相结合的形式召开。本次大会由陕西省科学技术协会主办，陕西省计算机学会、陕西省西京中医药研究院承办，来自西安交通大学、陕西省中医医院、陕西省中医药研究会、西安高新区创业园等单位的十多位专家，就"大数据赋能中医药大健康"战略合作进行了讨论和交流。交流会上，专家们围绕陕西省"科技＋中医药"创新路径，针对新冠肺炎疫情应对、病毒防御、免疫增强、健康恢复、个性管理等展开了讨论交流。会中各方达成了6项合作共识，在后疫情时代，陕西省大数据工程与医学专家将强强联手，推进大数据赋能中医药大健康产业化持续发展。

12月28日，省科协召开党组会议传达学习习近平总书记近期重要讲话重要指示精神，研究贯彻落实举措

12月28日，省科协党组书记李豫琦主持召开党组（扩大）会议，认真传达学习中央经济工作会议、中央农村工作会议、中共中央政治局12月6日会议精神，深入传达学习习近平总书记在党外人士座谈会上的重要讲话、在《求是》杂志发表重要文章《继承和发扬党的优良革命传统和作风，弘扬延安精神》、纪念现行宪法公布施行40周年署名文章、在第十五届中国—拉美企业家高峰会开幕式上致辞、向《生物多样性公约》第十五次缔约方大会第二阶段高级别会议开幕式致辞、向国史学会成立30周年致贺信、对非物质文化遗产保护工作重要指示精神，以及省委相关文件精神，研究贯彻落实举措。会议还研究了其他事项。

4. 青少年科学素质发展

孩子是祖国的未来、是民族的希望。全面提高少年儿童的科学素质对带动全民科学素质的整体提高，意义重大。习近平总书记曾对少先队员们说："人世间的一切成就、一切幸福都源于劳动和创造。时代总是不断发展的，等你们长大了，生活将发生巨大变化，科技也会取得巨大进步，需要你们用新理念、新知识、新本领去适应和创造新生活，这样一个民族、人类进步才能生生不息。""想象力、创造力从哪里来？要从刻苦的学习中来。知识越学越多，知识越多越好，你们要像海绵吸水一样学习知识。既勤学书本知识，又多学课外知识，还要勤于思考，多想想，多问问，这样就能培养自己的创造精神。"

当今世界，新的科学发现与技术创新不断涌现，科学技术的快速发展在推动人类社会生产力发展、生活方式转变和思维方式变革的同时，要求每一位当代公民都应具备科学素养。少年儿童时期是每个人科学素养养成的启蒙时期，占据着非常重要的基础性地位，因此，公民科学素养应从少年儿童时期开始培养。青少年科普教育的重要性不言而喻。不仅有利于提升青少年的科学素养，而且，对于他们的身心健康成长也有重要意义。

学校不仅是对少年儿童进行知识传授的重要场所，更是培养孩子们科学兴趣、激发孩子们创新欲望的重要平台。为了激发学生从小爱科学、学科学、用科学的热情，培养学生学习科学知识和使用创造科学的能力，提升全体学生的科学素养，那么科普信息走入校园是达到提升的一个重要举措。特别是在"双减"政策实施之后，陕西省各级科协组织主动作为，积极开展科普助力"双减"专项行动，为中小学校做好课后科普服务，营造浓厚的科学氛围，促进青少年树立"爱科学、学科学、讲科学、用科学"的意识，为全省青少年送上课外科学世界的快乐。

2021 年，陕西省在校园科普方面进行了积极的探索实践。科技馆、博物馆以及各类科普教育基地正成为青少年的"第二课堂"，流动科普大篷车定期进校园等活动受到青少年的欢迎和期待，形式多样的科技创新比赛、科学创作活动激发青少年的好奇心和想象力，增强青少年的科学兴趣，培养青少年的科学思维和创新能力，为加快建设科技强国夯实人才基础。

"青少年科学素质发展"栏目记录了陕西省各级科协进入校园、深入青少年群体开展科普活动，促进青少年科学素质水平提升的情况。

按照相关活动是否与青少年直接相关，科普工作者以及科普活动、科普产品的服务对象是否是青少年群体的原则，"青少年科学素质发展"栏目以时间为序记录了各级科协、各级科普工作者面向青少年开展的 40 项活动。

青少年科学素质发展一览表

1月	陕西省青少年科技交流中心荣获两项优秀组织单位奖
1月13日	商洛学院在线举办陕西省高校科协联合会科学讲坛——秦岭营养健康科技创新论坛
1月中旬	宝鸡市科协邀您寒假看电视——宝鸡市2022年青少年科普影视作品观后征文活动
2月9日	宝鸡、郑州两地三馆联动开展春节天文观测直播授课
3月3日	咸阳市第三十届"科技之春"宣传月活动拉开帷幕——市科协"科普大篷车进校园"活动走进中华路小学
3月4日	甘泉县科协开展"汇聚力量传递爱心捐赠仪式暨科普大篷车进校园""学雷锋"志愿服务活动
3月12日	安康市科协组织开展亲子公益植树活动
3月23日	宝鸡市50万中小学生居家收看《天宫课堂》直播
4月	陕西省"科技之春"宣传月第二届科学嘉年华系列活动精彩纷呈
4月	"早预警早行动水文气象信息助力防灾减灾"主题科普活动在北石桥污水处理厂举办
4月8日	陕西省第三十届"科技之春"活动暨2022年灞桥区航空主题校园科技节圆满落幕
4月17日	第36届陕西省青少年科技创新大赛在西安举办
4月21日	山阳县开展气象科普知识进校园活动
4月22日	宝鸡市太白县第三十届"科技之春"宣传月"科普大篷车进校园"活动在黄凤山小学拉开帷幕
4月26日	宝鸡市凤县第三十届"科技之春"宣传月之"科普大篷车进校园"活动走进平木
5月12日	陕西省测绘地理信息学会举办第三十届"科技之春"测绘地理信息科普进校园活动
5月23日	宣讲民法·护航青春"民法典进校园、民法典进家庭"科普活动
5月29日	陕西省"英才计划"学生走进国家授时中心
6月	陕西省"乡村振兴·科技赋能"科技教育乡村行活动在商洛市圆满落幕
6月1日	陕西科技小记者举办"六一"节科普活动
6月10日	宝鸡市陇县科协开展"科普助推'双减'，创新点亮梦想"服务活动
6月14日	宝鸡市科技馆党支部开展"普及科学知识助力乡村振兴"主题活动
6月26日	"我与航天员同行"陕西科技小记者参观"天宫逐梦"航天科技展
7月2—3日	2022年陕西科普薪火计划示范活动暨"雁塔少年科学院"夏令营举行
7月6日	宝鸡市创客协会举办"普及五防安全教育——关注儿童暑期生活"科普活动
7月9日	"2022年榆林青少年魔方比赛"在市科技馆报告厅成功举办
7月16日	商洛市山阳县参加2022年青少年高校科学营营员欢乐出发仪式
7月16—22日	商洛市组队参加青少年高校科学营西安交通大学分营活动

续表

7月上旬	商洛市山阳中学开展"电热水壶维修科技实践活动"
7月28日	2022年青少年高校科学营陕西分营活动圆满结束
8月16—19日	陕西省科协组织参加第36届全国青少年科技创新大赛线上展示交流活动
9月	陕西省在科学营十周年纪念活动中荣获多项表彰
9月4—8日、9月12—15日	2022年陕西省"乡村振兴·科技赋能"科技教育乡村行活动在安康市7个县（市、区）圆满落幕
9月18—24日	2022年"乡村振兴·科技赋能"科技教育乡村行活动走进榆林市
9月26—27日	2022年陕西省"乡村振兴·科技赋能"科技教育乡村行活动走进延安、渭南4县
10月3日	省科协开展2022年第36届中国化学奥林匹克（初赛）陕西赛区和第39届全国中学生物理竞赛（陕西赛区）复赛实验考试监督工作
11月	践行低碳生活·守护绿水青山——2022年陕西省青少年科学调查体验活动在西安开展
11月30日	李豫琦赴西安电子科技大学走访看望科技工作者
12月1日	西安翻译学院召开科协成立大会
12月15日	科协主席（科学家）与青少年学生见面会暨科学家精神宣讲会走进西咸新区第一初级中学

青少年科学素质发展主要事项

1月，陕西省青少年科技交流中心荣获两项优秀组织单位奖

2022年省青少年科技交流中心在"沿着奋斗百年路，激发科学好奇心"科技教育乡村行活动中被中国科协青少中心评为省级优秀组织单位，延安市科协、甘泉县科协被评为市县级优秀组织单位，3名工作人员被评为省市县级优秀组织工作者。

1月13日，商洛学院在线举办陕西省高校科协联合会科学讲坛——秦岭营养健康科技创新论坛

1月13日，商洛学院通过在线方式举办陕西省高校科协联合会科学讲坛——秦岭营养健康科技创新论坛，来自省内外高校、科研院所和企业的60余位专家学者相聚云端开展学术交流。商洛学院校长范新会、商洛市科协主席董红梅、商洛市科技局局长赵绪春出席开幕式并致辞、副校长王新军主持开幕式，市科协主席董红梅代表商洛市科协对本次论坛的召开表示祝贺，相关领域专家学者从多个角度做了精彩的报告。

1月中旬，宝鸡市科协邀您寒假看电视——宝鸡市2022年青少年科普影视作品观后征文活动

1月中旬，宝鸡市科协和宝鸡市教育局联合举办以"我们都是科学追梦人"为主题的

宝鸡市第三十届"科技之春"宣传月青少年科普影视作品观后征文活动面向全市中小学生征文。以中国科协提供的 11 个大类 88 条科普视频为基础，征集心得体会、感悟思考、对未来的畅想、对科学的理想等。

2 月 9 日，宝鸡、郑州两地三馆联动开展春节天文观测直播授课

2 月 9 日 18:00—21:00（农历正月初九），宝鸡市和郑州市两地，河南省妇女儿童活动中心天文馆、郑州科学技术馆、宝鸡市科技馆三馆以线上方式联袂开展"天狼星的故事——天文观测直播授课"。本次直播活动由河南省妇女儿童活动中心天文馆馆长李德范主讲，通过本次科普直播活动，向广大天文爱好者宣讲了天文科技知识，激发了青少年和公众探索天文科学的兴趣。此次活动也是宝鸡、郑州两地科技馆战略合作的良好开局，更是助推"双减"丰富学生假期生活，打造"科普春节"的重要举措。

3 月 3 日，咸阳市第三十届"科技之春"宣传月活动拉开帷幕——市科协"科普大篷车进校园"活动走进中华路小学

3 月 3 日，咸阳市科协"科普大篷车进校园"活动走进秦都区中华路小学，拉开了咸阳市第三十届"科技之春"宣传月活动的序幕，市科协党组成员、副主席陈娥出席活动。活动现场科普大篷车展示了 20 余件科普展品、VR 体验、机器人表演等，工作人员通过冬奥科普视频介绍了冰雪运动相关内容。"科普大篷车进校园"活动旨在充分发挥科普大篷车"流动科技馆"独特的科普功能，有效提高青少年的科学素养。

3 月 4 日，甘泉县科协开展"汇聚力量传递爱心捐赠仪式暨科普大篷车进校园""学雷锋"志愿服务活动

3 月 4 日上午，县科协和团县委、县教科体局、县实践办、陕西果业集团甘泉有限公司在桥镇乡中心小学联合开展"汇聚力量传递爱心捐赠仪式暨科普大篷车进校园""学雷锋"志愿服务活动。捐赠仪式上，团县委书记致辞后，县科协和各参与单位把物资捐赠给了桥镇乡中心小学。县科协向学生们展示了科技项目和部分科技展品，此次活动的开展激发了同学们"学雷锋"、学科学、爱科学的兴趣和热情。

3 月 12 日，安康市科协组织开展亲子公益植树活动

3 月 12 日，安康市科协、市林学会在汉滨区五里镇药树垭村盘龙山生态农业园区联合开展安康市第三十届"科技之春"宣传月"拥抱春天·播种绿色"亲子公益植树活动。活动现场，市林学会理事长、市林业技术推广站高级工程师陈余朝在田间地头给孩子们上了一堂别开生面的植树科学课，东七体检董事长赵红承诺建立东七体检生态园林基地，体现了爱心企业对社会责任的主动承担。活动末尾，市科协党组成员、秘书长叶荣斌进行总结。

3 月 23 日，宝鸡市 50 万中小学生居家收看《天宫课堂》直播

3 月 23 日，宝鸡市教育局、市科协组织全市近 50 万中小学生停下网课，打开电视，与中国科技馆、与航天员同上一堂来自太空的实验课。有趣的科学实验，内容丰富的天地互动满足了少年儿童对空间站的好奇心，为提升宝鸡市青少年科学素质提供了契机，也为宝鸡市第三十届"科技之春"宣传月活动增添了活力。

4 月，陕西省"科技之春"宣传月第二届科学嘉年华系列活动精彩纷呈

4 月，陕西省"科技之春"宣传月第二届科学嘉年华系列活动分别在灞桥区东城六小、纺织城小学等校园，以科学展品展示、科普大篷车展演、科学表演、科普讲座等形式，面向青少年开展科普宣传教育服务。

4 月，"早预警早行动水文气象信息助力防灾减灾"主题科普活动在北石桥污水处理厂举办

近日，陕西省突发事件预警信息发布中心、陕西省科普宣传教育中心、西安创业水务有限公司共同组织了"科技之春"宣传月主题活动。莲湖区沣惠路小学的学生和家长一行 40 余人到北石桥污水处理厂学习气象科普知识，参观污水处理厂，了解了城市污水处理过程。

4 月 8 日，陕西省第三十届"科技之春"活动暨 2022 年灞桥区航空主题校园科技节圆满落幕

4 月 8 日，由陕西省科普宣传教育中心、西安市灞桥区教育局、灞桥区科协主办，灞桥区东城六小、陕西科普"薪火计划"项目组承办的陕西省第三十届"科技之春"活动暨 2022 年灞桥区航空航天主题"点燃科技梦想，拥抱星辰大海"校园科技节活动在灞桥区东城六小顺利开展。老师们带领 1500 余名学生参观了航空航模展、创客科学展、榫卯木艺展及西安蝴蝶谷科学展品展示和西安市科普大篷车展演等。

4 月 17 日，第 36 届陕西省青少年科技创新大赛在西安举办

4 月 17 日，由省科协、共青团省委、省妇联主办，西安交通大学、省青少年科技交流中心承办的第 36 届陕西省青少年科技创新大赛在西安交通大学学术交流中心举办。大赛评委会主任、中国科学院院士、西安交通大学教授管晓宏出席，省内有关高校、科研院所的专家教授参与评审。875 项参赛作品符合本次大赛参赛要求。

4 月 21 日，山阳县开展气象科普知识进校园活动

4 月 21 日，商洛市山阳科协联合山阳县气象局、科教体局、在山阳中学、城区三中、城区二小、三小、法官、漫川、延坪、宽坪等学校联合开展以"早预警早行动——气象水文气

候信息助力防灾减灾"为主题的气象科普宣传进校园活动。此次宣传活动以线上的方式进行。

4月22日，宝鸡市太白县第三十届"科技之春"宣传月"科普大篷车进校园"活动在黄凤山小学拉开帷幕

4月22日，太白县科协联合西安航天六院、市科技馆、市航模协会、县教体局和县青少年活动中心在黄凤山小学共同举办的"我的航天梦——科普大篷车进校园"活动。活动现场展出的"电磁与材料""运动与力""视觉体验""机械转动""健康生活"等9个板块42件互动展品，让学生们通过实物模型在互动体验中学习了科技知识，感受了科技的魅力。

4月26日，宝鸡市凤县第三十届"科技之春"宣传月之"科普大篷车进校园"活动走进平木

4月26日，宝鸡市凤县科协联合县教育体育局分别在平木镇中心幼儿园、平木镇中心小学举办主题为"体验科学，放飞梦想，智创未来"的"科普大篷车进校园"活动。

5月12日，陕西省测绘地理信息学会举办第三十届"科技之春"测绘地理信息科普进校园活动

5月12日下午，陕西省测绘地理信息局、陕西省测绘地理信息学会走进创新港西安交通大学附属中学，举办第三十届"科技之春"测绘地理信息科普进校园活动。省科协党组成员、副主席张俊华，省测绘地理信息局副局长王占宏出席活动，创新港西安交大附属中学600余名师生参加活动。

5月23日，宣讲民法·护航青春"民法典进校园、民法典进家庭"科普活动

陕西省青少中心围绕活动主题，举办2022年"民法典进校园"和"民法典进家庭"科普活动。邀请李欣律师、张燕律师于5月23日走进西安市第七十中学进行民法典普法活动，西安市第七十中学初二的53名学生、18名教师和19名家长聆听了讲座。

5月29日，陕西省"英才计划"学生走进国家授时中心

5月29日，陕西省青少年科技交流中心、中国科学院国家授时中心、西安交通大学物理学院联合举办2022年陕西省"英才计划"天文科普实践活动，组织陕西省"英才计划"8所参与中学，共80多名师生走进国家授时中心。参与学生参观了"中国科学院时间频率基准重点实验室"等重点实验室，学习了与计时技术相关的知识，听取了《天文与时间》的科普报告。

6月，陕西省"乡村振兴·科技赋能"科技教育乡村行活动在商洛市圆满落幕

2022年6月，由省科协、省乡村振兴局主办、中国科协青少年科技中心支持，陕西省青少年科技交流中心承办的 2022 年"乡村振兴·科技赋能"科技教育乡村行活动，在商洛市柞水、镇安、山阳、丹凤、商南、洛南 6 个县开展大师报告会、科普实验秀、科学探究课、科技实践等系列科普活动，共有 2700 多名师生参与活动。

6月1日，陕西科技小记者举办"六一"节科普活动

6月1日，由陕西科技报社和九号宇宙科普研学基地共同举办的"太空漫游计划"陕西科技小记者参观实践活动成功举行。来自陕西师范大学大兴新区小学和西安新知小学的 20 多名科技小记者走进西安九号宇宙科普研学基地进行参观体验。

6月10日，宝鸡市陇县科协开展"科普助推'双减'，创新点亮梦想"服务活动

6月10日，宝鸡市陇县科协组织新时代文明实践科技平台志愿者，走进陇县实验小学开展"科普助推'双减'，创新点亮梦想"科普校园行活动。活动现场展出了"运动与力""机械传动""电磁现象""意念弯勺"等科普模型，同时展播了以未成年人保护、食品安全、防灾减灾、创建文明城市、疫情防控等为主题的科普视频和科普展板、科普读物等展品。

6月14日，宝鸡市科技馆党支部开展"普及科学知识助力乡村振兴"主题活动

6月14日，宝鸡市科技馆党支部组织党员干部深入市科协乡村振兴工作包抓村开展以"普及科学知识助力乡村振兴"为主题的科普校园行活动，宝鸡市高新区燃灯寺小学的学生们收到了市科技馆捐赠的科学实验套装 30 套。

6月26日，"我与航天员同行"陕西科技小记者参观"天宫逐梦"航天科技展

6月26日，陕西科技小记者"我与航天员同行"参观实践活动在曲江艺术博物馆举行。活动当天，共有 19 名小记者参观了"天宫逐梦——中国航天科技展"。展览中，小记者们参观了嫦娥探测器、玉兔号月球车仿真模型等航天设备，并为"嫦娥探测器""北斗卫星"等科普点录制了科普短视频。

7月2—3日，2022 年陕西科普薪火计划示范活动暨"雁塔少年科学院"夏令营举行

在喜迎党的二十大召开之际，由陕西省科普宣传教育中心指导，陕西自然博物馆和雁塔区科工局（科协）、教育局、文旅局、团区委、关工委、老科协主办，中国新闻杂志社陕西融媒体中心、西安市老科协协办的 2022 年陕西科普薪火计划示范活动暨"雁塔少年科学院"夏令营于 7 月 2 日在陕西自然博物馆隆重开幕。雁塔区和自然博物馆的领导分别在会上致辞讲话。陕西科普薪火计划负责人向参加夏令营活动的小营员代表授旗。来自雁塔区 15 所中小学的 300 余名师生一同参加了此次夏令营活动。7 月 2—3 日上午，各中、

小学代表队开展了航海、汽车、航空、电子模型、机器人等 5 个大类 12 个项目的比赛。

7 月 6 日，宝鸡市创客协会举办"普及五防安全教育——关注儿童暑期生活"科普活动

7 月 6 日上午，宝鸡市创客协会举办"普及五防安全教育——关注儿童暑期生活"科普活动，30 余名少年儿童参加活动。

7 月 9 日，"2022 年榆林青少年魔方比赛"在市科技馆报告厅成功举办

7 月 9 日，"2022 年榆林青少年魔方比赛"在市科技馆报告厅成功举办，来自全市各中、小学 360 多名学生参与了本次比赛。本次比赛由榆林市科学技术协会主办，榆林市科学技术馆、榆林高新区科技创新局承办，榆林乐博教育科技有限公司、榆林市关爱青少年成长协会协办，比赛分为二阶魔方、三阶魔方、四阶魔方、五阶魔方 4 个项目。根据参赛选手还原用时决出各项目冠军、亚军、季军以及优秀奖。经过紧张、激烈的比赛，来自榆林高新区第一中学的李昕宇以 5 秒 636 夺得二阶魔方项目冠军，靖边县第四中学的张立坤以 12 秒 396 夺得三阶魔方项目冠军，榆林市一中分校的杨皓臻以 1 分 12 秒 594 夺得四阶魔方项目冠军，吴堡县第三小学的白鑫垚以 2 分 15 秒 505 夺得五阶魔方项目冠军。

7 月 16 日，商洛市山阳县参加 2022 年青少年高校科学营营员欢乐出发仪式

7 月 16 日，由商洛市山阳县科协、山阳县科教局共同组织举办的"2022 年青少年高校科学营营前出发仪式"在商洛市山阳县商运司山阳汽车站举行。来自山阳中学 10 名参加线下活动的学生和带队老师及部分学生家长参加，商洛市山阳县科协主席王武林出席仪式并讲话，商洛市山阳县科教局副局长李永东主持仪式。

7 月 16—22 日，商洛市组队参加青少年高校科学营西安交通大学分营活动

7 月 16—22 日，商洛市组织 27 名学生前往西安交通大学，与来自全国各地的 179 名线下营员和 306 名线上营员共同参加 2022 年高校科学营西安交通大学分营活动。

7 月上旬，商洛市山阳中学开展"电热水壶维修科技实践活动"

7 月上旬，雷建设老师带领科创团队，在高一学生中开展了为期一周的"电热水壶维修科技实践活动"。通过此次科技实践活动，学生们学会了万用表、手电钻、虎钳、尖嘴钳、螺丝刀等常用工具的使用，熟悉了电热水壶的工作原理，掌握了常见电热水壶故障的维修，达到了"学习基础科学知识，学会常用工具使用、掌握家电维修技能"的目标。

7 月 28 日，2022 年青少年高校科学营陕西分营活动圆满结束

由中国科协和教育部主办，陕西省科协、陕西省教育厅承办的 2022 年青少年高校科

学营陕西分营活动于 7 月 28 日圆满结束。活动由全国分营和省级分营组成，省内外 1140 名营员参加西安交通大学、西北工业大学、西安电子科技大学、西北农林科技大学、中国科学院西安分院西部营和西北大学的省级分营活动。2022 年陕西省线下活动共有 460 名营员参加省内四所承办单位的活动，包含 3 个"常规营"和 1 个"省级科学营"。线上活动接待来自陕西省和天津、辽宁、上海、山东、西藏、宁夏、新疆及兵团共计 21 个省（区、市）的 680 名营员参加西安交通大学、西北工业大学、西安电子科技大学、中国兵工学会举办的 3 个"常规营"和 1 个"兵器营"开展的"云上科学营"活动。

8 月 16—19 日，陕西省科协组织参加第 36 届全国青少年科技创新大赛线上展示交流活动

8 月 16—19 日，由中国科协、国家自然科学基金委、共青团中央、全国妇联和吉林省人民政府共同主办，中国科协青少年科技中心、中国青少年科技辅导员协会、吉林省科学技术协会承办的第 36 届全国青少年科技创新大赛线上展示交流活动在线举办。线上展示交流活动陕西省代表队青少年科技创新成果竞赛 11 项、科技辅导员科技教育创新成果竞赛 5 项参加了本届大赛线上展示交流活动。为了让学生和科技辅导员更清晰地了解每项活动的参与形式、操作流程及注意事项，省青少中心于 8 月 12 日下午组织召开线上会议，对本届大赛线上展示交流活动日程及注意事项进行详细说明。8 月 17 日上午，按照组委会办公室要求，组织西安市 11 名学生集中观看了大赛开幕活动。

9 月，陕西省在科学营十周年纪念活动中荣获多项表彰

9 月，中国科协青少中心下发《关于公布青少年高校科学营十周年优秀组织单位及优秀科技工作者名单的通知》，共评出 11 个省级管理办公室优秀组织单位、23 个分营优秀组织单位、100 所营员派出高中优秀组织单位、78 名优秀科技工作者。

9 月 4—8 日、9 月 12—15 日，2022 年陕西省"乡村振兴·科技赋能"科技教育乡村行活动在安康市 7 个县（市、区）圆满落幕

2022 年 9 月，由中国科协青少年科技中心支持，省科协、省乡村振兴局主办，陕西省青少年科技交流中心承办的 2022 年"乡村振兴·科技赋能"科技教育乡村行活动走进安康市。省青少中心邀请中国科学院西安分院青年科普团李勃博士、谭季钧、孟祥瑞老师及西安交通大学的苏阳、谢维栋老师一行，于 9 月 4—8 日、9 月 12—15 日在紫阳县、汉滨区、白河县、旬阳市、镇坪县、平利县和岚皋县 7 个县（市、区）14 所中小学校陆续开展科普报告会、走进多彩的昆虫世界、科普实验秀、科学实践等系列科普活动，共有 3000 多名师生参与活动。

9月18—24日，2022年"乡村振兴·科技赋能"科技教育乡村行活动走进榆林市

9月18—24日，由中国科协青少年科技中心支持，省科协、省乡村振兴局主办，陕西省青少年科技交流中心承办的2022年"乡村振兴·科技赋能"科技教育乡村行活动走进榆林市。省青少中心邀请中国科学院西安分院青年科普团谭季钊老师和九号宇宙科技馆孟祥瑞老师在靖边县、横山区、佳县、子洲县、清涧县5个县（区）11所中小学校开展风能小车竞技、气象观测、走进多彩的昆虫世界、科普实验秀系列科普活动，共有2000多名师生参与活动。

9月26—29日，2022年陕西省"乡村振兴·科技赋能"科技教育乡村行活动走进延安、渭南4县

9月26—29日，由中国科协青少年科技中心支持，省科协、省乡村振兴局主办，陕西省青少年科技交流中心承办的2022年"乡村振兴·科技赋能"科技教育乡村行活动走进延安市、渭南市。省青少中心邀请中国科学院西安分院研究员李勃博士、西北农林科技大学水生生物学刘海侠副教授、中国科学院西安分院谭季钊老师、九号宇宙科技馆孟祥瑞老师、西安电子科技大学大鱼AI教育教研主管张园老师及助教团先后在延安市延长县、渭南市合阳县、澄城县及蒲城县共4个县8所中小学校开展科普讲座、动手实践和科普实验秀等系列科普活动，共有1000多名师生参与活动。

10月3日，省科协开展2022年第36届中国化学奥林匹克（初赛）陕西赛区和第39届全国中学生物理竞赛（陕西赛区）复赛实验考试监督工作

2022年第36届中国化学奥林匹克（初赛）陕西赛区于10月3日在西安市铁一中学和咸阳实验中学举办。省科协党组成员、副主席吕建军赴西安市铁一中学开展化学竞赛监督检查工作。陕西师范大学工会主席高玲香、西安市铁一中学校长庆群、省科协青少中心、省化学竞赛委员会和省中学生五项学科竞赛监督组有关同志共同参加。10月1日，第39届全国中学生物理竞赛（陕西赛区）复赛实验考试在西北大学成功举行，全省理论考试中选拔出的128名优秀中学生共同参加了本次实验考试。省中学生5项学科竞赛领导小组办公室发挥着全省赛事协调、监督和保障职责，在监督组的人员安排和保密管理、试卷解密印制及装订、龙护卫试卷押运、考场考务监督、试卷扫描监督等方面做了大量工作，确保了学科竞赛的圆满完成。

11月，践行低碳生活·守护绿水青山——2022年陕西省青少年科学调查体验活动在西安开展

2022年，由中国科协、教育部、国家发改委、生态环境部、中央文明办、共青团中央共同举办的"青少年科学调查体验活动"在陕西省深入开展。围绕"低碳生活、节约粮食"的主题，省青少中心于 11 月 18 日组织西安高新一中初中校区、西咸新区秦汉中学和西安泾河工业区中心学校 50 名学生走进西咸新区北控环保科技发展有限公司，把理论与实践紧密结合了起来。活动的扎实有效开展，让同学们了解了垃圾处理过程，学习了垃圾分类保护环境的理念，树立了保卫"碧水、蓝天、青山、净土"的意识，培养了同学们乐于探索的热情，增进了同学们对科学的热爱，进一步扩大了调查体验活动的社会影响力。

11 月 30 日，李豫琦赴西安电子科技大学走访看望科技工作者

11 月 30 日，省科协党组书记李豫琦，党组成员、副主席张俊华一行赴西安电子科技大学走访看望科技工作者，开展工作调研。西安电子科技大学校长张新亮、副校长张进成等参加活动。李豫琦走访看望了第十七届中国青年科技奖特别奖项获得者、先进材料与纳米科技学院执行院长杨丽和第十七届中国青年科技奖获奖者、天线与微波技术重点实验室主任刘英，对她们在各自领域做出的突出成就和取得的优异成绩表示祝贺。省科协、西安电子科技大学相关部门负责人参加调研。

12 月 1 日，西安翻译学院召开科协成立大会

12 月 1 日下午，西安翻译学院召开科协成立大会。省科协党组成员、副主席吕建军和西安翻译学院党委书记栾宏为校科协揭牌并讲话，副校长、科协当选主席王利晓表态发言。科协成立大会现场吕建军在讲话中对西安翻译学院科协成立表示祝贺。会议审议并通过了《西安翻译学院科学技术协会实施〈中国科学技术协会章程〉细则》，选举产生了学校科协第一届委员会，选举王利晓为科协主席，葛海波、朱勇、史兵为副主席。成立大会后，学校举办了校企合作签约仪式。西安翻译学院 50 多位科技工作者代表线上线下参加会议。

12 月 15 日，科协主席（科学家）与青少年学生见面会暨科学家精神宣讲会走进西咸新区第一初级中学

12 月 15 日下午，省科协、西咸新区管委会主办，省青少年科技交流中心、西咸新区科技创新和新经济局、西咸新区教育体育局共同承办的首届陕西省科协年会 10 项专项活动之一"科协主席（科学家）与青少年学生见面会暨科学家精神宣讲会"在西咸新区召开。省科协主席、中国工程院院士蒋庄德出席并作报告，省科协、西咸新区有关部门负责同志出席见面会。蒋庄德院士与西咸新区第一初级中学的百余名师生相约"云端"，带来题为《微纳米科学与技术——科学发展的前沿》的科普报告。

5. 农民科学素质发展

《国民经济与社会发展"十四五"规划和2035年远景目标纲要》提出，优先发展农业农村，全面推进乡村振兴，并指出要实现巩固拓展脱贫攻坚成果同乡村振兴有效衔接。

如何进一步发展优质高效生态农业，如何进一步做大产业规模，如何进一步拉长产业链，如何进一步做深农产品加工，需要依靠科技，依靠农业科普知识来引领，根本出路在于提高广大农民的科学文化素质，不断提高农业先进科技成果的普及率，不断优化农业产业结构，不断提高农产品的科技含量和市场竞争力。在农村广泛开展各种技术推广、技术培训等科普活动，能为科技成果进入农业生产过程提供有效的切入点，为农业科技进步和农村产业结构优化升级提供坚实保证，为广大农民转移就业和提高科学素质创造和开辟更多的途径和机会。

为助力乡村振兴战略全面实施，持续巩固提升农民科学素质。2021年，陕西省科协和各地市各级科协充分利用"三下乡"活动和科普大篷车进基层巡展、农业技术培训等活动，发挥各级科协科普宣传的作用，进一步深入乡村，结合农村居民的生产生活实际，把乡村最需要的科普知识送到居民家门口，向广大村民普及科学知识、传播科学思想、弘扬科学精神，指导农业生产，倡导科学、文明、健康的生活方式。

"农民科学素质发展"栏目记录了陕西省各级科协深入农村、扶助农民，促进社会主义新农村建设方面开展科普活动的情况。

按照相关活动是否与农民、农业、农村的"三农"问题直接相关，科普工作者以及科普活动、科普产品的服务对象是否为"三农"的原则，"农民科学素质发展"栏目以时间为顺序记录了各级科协、各级科普工作者开展的32项活动。

农民科学素质发展一览表

2月14日	渭南市大荔县科协创新模式把春训培训开到田间地头
2月15日	凤县科技宣传暨农业产业大培训活动拉开序幕
2月16日	渭南市"科技之春"宣传月乡村振兴"云课堂"首场在澄城开讲
2月22日	渭南市科协为帮扶村果农举办果园管理实用技术培训
2月23日	渭南科技"云课堂"第二讲惠及果农8万余
2月24日	宝鸡市太白县第三十届"科技之春"宣传月活动暨农民科技培训活动拉开帷幕
2月25日	宝鸡市陇县科协抓早动快开展农民实用技术培训

2月25日	渭南科协：猕猴桃技术培训到田间
2月下旬	宝鸡市千阳县开展农业科技培训
2月28日	宝鸡市陇县"科技之春"宣传活动走进河北镇东坡村
3月1日	咸阳秦都区开展"科技之春——果园春季管理技术培训会"活动
3月3日	渭南市"科技之春"宣传月乡村振兴"云课堂"走进大荔许庄
3月3日	延安市甘泉县组织开展果树春季管理技术培训
3月4日	咸阳乾县举办"科技之春"宣传月苹果管理技术培训会
3月4日	宝鸡市金台区：送科技下乡，助力乡村振兴
3月7日	宝鸡千阳县文化、科技、卫生"三下乡"暨第三十届"科技之春"宣传月和新时代文明实践活动隆重启动
3月10日	宝鸡陇县科协：农技科普送田间
3月11日	安康市汉阴县2022年文化、科技、卫生"三下乡"暨"科技之春"宣传月活动举行启动仪式
4月20日	宝鸡市"科技之春"农民培训精准助力乡村振兴
4月22日	榆林市科协举办第三十届"科技之春"宣传月苹果种植管理技术现场培训会
4月30日	宝鸡市：科技服务入园区
5月24日	商洛市举行文化、科技、卫生"三下乡"集中示范暨第三十届"科技之春"宣传月活动启动仪式
5月31日	铜川市科协深入帮扶村开展科技助力乡村振兴蔬菜种植技术培训
6月23日	强化科技培训助力乡村振兴
6月25日	榆林市科协组织开展医疗科技下乡大型义诊志愿服务活动
7月7日	宝鸡市农学会组织多个会员单位科技工作者前往寺河村蔬菜种植基地及凤县凤之巢农业科技有限公司开展蔬菜生产技术指导服务
7月17日	宝鸡市农学会与省辛辣产业技术体系相关专家前往陇县上凉泉村开展"宝鸡辣椒"地理标志产品保护提质增效技术指导服务活动
7月23日	宝鸡市农学会在陇县合赢辣椒粮食专业合作社召开辣椒技术培训暨产业发展座谈会
7月25日	宝鸡市陇县科协联合县老科协开展科普服务助力乡村振兴调研活动
8月1日	李发荣、李明珠、徐红星3位教授赴汉中市镇巴县陕西建邑农林科技开发有限公司开展企业需求对接服务工作
9月26日	专家服务团助农活动在狄寨举行
11月20日	数字乡村建设与乡村振兴科技论坛在西安召开

农民科学素质发展主要事项

2月14日，渭南市大荔县科协创新模式把春训培训开到田间地头

2月14日上午，渭南市大荔县科协联合大荔县果业发展中心，在赵渡镇鲁安村开展

农技专家下基层培训活动。赵渡镇有关负责人、鲁安村有关贫困户、果农、村负责人及科协全体干部等参加，果业发展中心县高级农艺师宋民斗进行专题培训并现场指导。会后，科技志愿者发放科普资料，让科普知识全方位渗透到群众的生产生活中。

2月15日，凤县科技宣传暨农业产业大培训活动拉开序幕

2月15日，为期9天的凤县科技宣传暨农业产业大培训活动在唐藏镇庞家河村拉开序幕，本次活动由凤县科协、凤县农业农村局联合举办。凤县乡土人才、职业农民褚军鹏和刘永红在庞家河村和辛家庄村现场进行示范讲解，本次活动还将在全县其他8个镇陆续开展实用技术培训。

2月16日，渭南市"科技之春"宣传月乡村振兴"云课堂"首场在澄城开讲

2月16日，由渭南市科协、澄城县科协联合举办的渭南市2022年"科技之春"宣传月乡村振兴"云课堂"首场在澄城县庄头镇郭家庄陕西润强现代农业园区樱桃种植基地温室大棚内正式开讲。渭南广播电视台华山网、"渭水之南"APP及今日头条等网络平台对培训活动进行全程直播。国家肥料配方师、中国农科院测土配方师、陕西省农业科技110土肥专家师德元老师向广大果农作了全面系统的培训与讲解。

2月22日，渭南市科协为帮扶村果农举办果园管理实用技术培训

2月22日上午，渭南市科协特邀市科协常委、高级农艺师、渭南向阳红果蔬专业技术协会会长宝小平到高新区大寨村为果农进行春季果园管理实用技术培训。培训课上，宝小平向果农进行讲解示范。

2月23日，渭南科技"云课堂"第二讲惠及果农8万余

2月23日上午，在渭南市2022年"科技之春"宣传月乡村振兴"云课堂"直播培训现场，华州区林业工作站站长、林业高级工程师王纲给参训果农进行了全面系统的培训和现场示范，并耐心解答果农提出的实际问题，受到广泛好评。据统计，截至发稿时，本次"云课堂"网络点击量即达到了8万余。

2月24日，宝鸡市太白县第三十届"科技之春"宣传月活动暨农民科技培训活动拉开帷幕

2月24日，宝鸡市太白县第三十届"科技之春"宣传月活动暨农民科技培训活动在靖口镇拉开帷幕。培训以农业生产实用技术知识为主题，内容涵盖广泛，以"固定课堂"与"现场观摩"相结合的形式开展。太白县科协将积极邀请省内外农业农技专家在各镇开展多种形式的培训。

2月25日，宝鸡市陇县科协抓早动快开展农民实用技术培训

2月25日，陇县科协邀请市林业科技中心党支部书记、高级工程师韩昭侠教授，在固关镇固关街村开展花椒实用技术培训，专家深入花椒种植基地，向种植户讲解答疑，增强了种植户科学栽种信心，丰富了"科技之春"宣传月活动内容。

2月25日，渭南科协：猕猴桃技术培训到田间

2月25日，由渭南市科协、临渭区科协联合举办的"科技之春"宣传月乡村振兴"云课堂"猕猴桃春季管理技术培训在临渭区向阳办田家村开讲，通过现场示范指导和"云直播"的方式，及时解决种植户们在产业发展中遇到的疑难问题。活动现场，高级农艺师宝小平向广大猕猴桃种植大户进行培训讲解，为2022年的丰产增收打下理论基础。

2月下旬，宝鸡市千阳县开展农业科技培训

2月下旬，宝鸡市千阳县科协在全县各镇、村全面展开千阳县第三十届"科技之春"宣传月活动暨农村实用技术培训。2月25日、27日，千阳县科协邀请宝鸡市蚕桑园艺站高级农艺师权学利和千阳县果业中心高级农艺师李志东分别在草碧镇罗家店村、坡头村举办了春季苹果果园管理田间培训。千阳科协将围绕群众需求，邀请省、市农业专家陆续开展各类产业实用技术培训，持续推进农业增效、农民增收，以实际行动助推乡村振兴。

2月28日，宝鸡市陇县"科技之春"宣传活动走进河北镇东坡村

2月28日，宝鸡市陇县"科技之春"宣传活动走进河北镇东坡村。活动现场，县科协组织科技宣传志愿队摆放8面科普宣传展板，向群众发放4种科普图书，医务科技志愿者还开展了现场义诊活动。

3月1日，咸阳秦都区开展"科技之春——果园春季管理技术培训会"活动

3月1日，咸阳秦都区科协联合区农机中心到马庄街道南吴村开展果业产机械化技术培训。培训会上，科普志愿者多形式宣传果园生产机械化先进理念，农机专家、高级工程师张晔、高级农艺师徐会善进行现场讲解演示。此次培训会为南吴村果园生产机械化发展提供了先进的理念和技术支撑，推动南吴村果园机械化、标准化、信息化、智能化发展。

3月3日，渭南市"科技之春"宣传月乡村振兴"云课堂"走进大荔许庄

3月3日上午，由渭南市科协、大荔县科协、大荔县许庄镇政府联合举办的渭南市2022年"科技之春"宣传月乡村振兴"云课堂"第四讲在大荔县许庄镇周家村冬枣种植基地温室大棚内开讲。渭南广播电视台华山网、"渭水之南"APP、今日头条等网络平台对培训课进行了全程直播。陕西省现代农业产业技术体系栽培技术岗位专家、渭南市科普讲师团成

员、高级农艺师、大荔县果业发展中心生产股股长宋民斗给果农做全面系统的培训。

3月3日，延安市甘泉县组织开展果树春季管理技术培训

3月3日，县科协、县果业技术服务中心在劳山乡芦庄村联合开展了2022年春季果树管理技术指导培训，40余名果农参加了培训。市果业技术服务中心专家刘根全采用知识讲座和现场操作相结合的方式对果农进行系统培训，培训进一步提高了果农们果园管理水平，激发了果农依靠科技致富的热情和信心，为全县果业发展、果农增收打下了坚实的基础。

3月4日，咸阳乾县举办"科技之春"宣传月苹果管理技术培训会

3月4日，乾县科协邀请县果业中心主任、农艺师刘养锋在梁山镇官地村举办管理技术培训会，当地果农聆听了专家讲座。培训会上刘养锋就近年来乾县"双矮苹果"的产业发展做回顾分析，并进行现场解惑指导。同时，乾县科协和果业中心志愿者在现场发放科普物资。

3月4日，宝鸡市金台区：送科技下乡，助力乡村振兴

3月4日，宝鸡金台区科协联合区农业农村局，在金河镇宝丰村开展"送科技下乡，助力乡村振兴"新时代文明实践农村科技知识培训宣传活动。区农技人员在田间地头进行讲解答疑，大大提升了科技培训的实用效果，为小麦稳产增产提供了坚实的科技支撑。

3月7日，宝鸡千阳县文化、科技、卫生"三下乡"暨第三十届"科技之春"宣传月和新时代文明实践活动隆重启动

3月7日，宝鸡千阳县在文化广场举行文化、科技、卫生"三下乡"暨第三十届"科技之春"宣传月和新时代文明实践活动启动仪式，县委常委、宣传部部长屈文刚致辞，副县长张静主持启动仪式。宝鸡市科协副主席张碧燕出席启动仪式并宣布活动启动，县级四大班子领导出席启动仪式并检查指导集中示范活动，县科协主席朱林生宣读致全县科技工作者的倡议书。千阳县"三下乡"活动领导小组、"科技之春"组委会40多家成员单位、县司法局、县农业农村局和县卫健局组织主题宣传、志愿服务活动。在城关镇东城社区、南寨镇千塬村、草碧镇龙槐原村，分别举办了志愿服务和春季果园管理田间培训。

3月10日，宝鸡陇县科协：农技科普送田间

3月10日，宝鸡陇县科协组织科技服务平台的蔬菜专家志愿者团队，深入东风镇众鑫粮食种植协会和城关镇农村科普带头人凌军的罡星合作社，对春耕春种进行技术指导。东风镇众鑫粮食种植协会的百亩辣椒示范区里，蔬菜专家志愿者团队对种植人员进行现场指导。城关镇罡星合作社的负责人凌军，宝鸡市农村科普带头人，在蔬菜专家志愿者团队

鼓励指导下种植的羊肚菌收获成功。陇县科技服务平台持续将农技科普知识送入田间地头，促进乡村振兴和脱贫攻坚有效衔接，为陇州大地带来无限生机与希望。

3月11日，安康市汉阴县2022年文化、科技、卫生"三下乡"暨"科技之春"宣传月活动举行启动仪式

3月11日，汉阴县2022年文化、科技、卫生"三下乡"暨"科技之春"宣传月集中示范活动启动仪式在平梁镇兴隆佳苑社区广场举行。县委常委、宣传部部长周星出席启动仪式，各成员单位及社区群众参加了启动仪式。启动仪式上，平梁镇党委书记吴路平致欢迎词，县委常委、宣传部部长周星讲话并宣布活动启动。活动现场的节目以及科普咨询，政策知识宣传收获广大群众好评，营造了热爱科学、相信科学、崇尚科学的浓厚社会氛围。

4月20日，宝鸡市"科技之春"农民培训精准助力乡村振兴

宝鸡市各级科协组织围绕农民科学素质提升，以"百场科学素质提升培训计划、百支科技志愿服务队下基层计划"为抓手，以有效助力巩固拓展脱贫攻坚成果同乡村振兴有效衔接、持续推进全市科普"六百"计划，将抗疫与科技培训同安排、同部署，在全市范围内广泛征集培训需求，安排部署，扎实开展农村实用技术培训。截至目前，共开展培训31场次，培训人数1486人。

4月22日，榆林市科协举办第三十届"科技之春"宣传月苹果种植管理技术现场培训会

4月22日，榆林市科协邀请陕西省苹果产业技术体系岗位专家，陕北山地苹果专家大院首席专家张建军，在米脂县城郊镇高二沟村苹果种植基地现场开展苹果种植管理技术培训活动，40余名果农参加了培训。培训中，张建军介绍了榆林苹果产业发展情况，对苹果的土肥水管理等方面进行了讲解，并现场示范各类实用性技术，参加培训的果农受益匪浅。

4月30日，宝鸡市：科技服务入园区

4月30日，宝鸡市农学会邀请市蚕桑园艺站副站长、正高级农艺师李广文前往宝鸡智慧农业科技有限公司开展科技之春园区行科普服务活动。在宝鸡智慧农业园桃园，李广文现场就桃树疏果、摘心进行了培训指导，对近期桃园管理提出了科学合理的建议。

5月24日，商洛市举行文化、科技、卫生"三下乡"集中示范暨第三十届"科技之春"宣传月活动启动仪式

5月24日上午，商洛市文化、科技、卫生"三下乡"集中示范活动暨第三十届"科技之春"宣传月活动启动仪式在商洛市镇安县云盖寺镇花园社区进行。商洛市委常委、市

委宣传部部长、市文化科技卫生"三下乡"活动领导小组组长贾永安出席活动并讲话，商洛市政协副主席、市科技局局长赵绪春出席启动仪式，商洛市科协主席董红梅通报了全市"三下乡"集中示范活动暨第三十届"科技之春"宣传月前期活动开展情况，并代表商洛市科协向云盖寺镇捐赠农业实用技术等方面科普图书 1000 册。

5月31日，铜川市科协深入帮扶村开展科技助力乡村振兴蔬菜种植技术培训

5月31日，铜川市科协邀请铜川市农艺师刘海龙到帮扶村刘家埝村开展蔬菜种植管理技术培训，20 余名蔬菜种植大户参加。在培训会上，刘海龙从品种选育、栽培技术、病虫害防治等方面进行了分析和讲解。随后在田间地头，现场进行实地技术指导，特别对蔬菜种植注意事项、技术要点、后期田间管理进行了详细讲解。

6月23日，强化科技培训助力乡村振兴

6月23日，宝鸡市农学会、宝鸡市农村科普大学、岐山县科协及益店镇人民政府联合在岐山县妙敬村村委会举办了"助力乡村振兴"高产优质玉米病虫害防治技术培训会。宝鸡市农业科学研究院玉米研究室主任、农艺师孟庆立围绕该村秋粮生产，重点从玉米高产栽培和病虫害防治技术对全村 50 多名干部及种植专业户进行了技术培训。

6月25日，榆林市科协组织开展医疗科技下乡大型义诊志愿服务活动

6月25日，市科协组织榆林市健康教育协会、榆林市中医药学会、榆林市脑病学会在米脂县中医院开展"爱心送温暖，科技送健康"义诊志愿服务活动。榆林市第一医院神经内科专家黄永峰、榆林市第二医院神经外科专家马小红等 10 余名专家根据群众的身体状况，就疾病防治、合理用药、日常保健等方面进行了详细的指导，并进行了多项免费健康体检，发放药品和发放科普资料等活动。共计 200 多人参与活动。

7月7日，宝鸡市农学会组织多个会员单位科技工作者前往寺河村蔬菜种植基地及凤县凤之巢农业科技有限公司开展蔬菜生产技术指导服务

7月7日，宝鸡市农学会组织市农技中心、市果业中心、市园艺站等会员单位科技工作者前往寺河村蔬菜种植基地及凤县凤之巢农业科技有限公司开展蔬菜生产技术指导服务。提出及时梳理番茄花序，辣椒、茄子整枝打杈，加强蔬菜水肥管理等技术措施，并对该村和公司未来蔬菜发展提出了意见建议，受到了县镇村干部的肯定。

7月17日，宝鸡市农学会与省辛辣产业技术体系相关专家前往陇县上凉泉村开展"宝鸡辣椒"地理标志产品保护提质增效技术指导服务活动

7月17日，宝鸡市农学会与省辛辣产业技术体系相关专家前往陇县上凉泉村开展"宝

鸡辣椒"地理标志产品保护提质增效技术指导服务活动。在上凉泉村合赢粮食辣椒专业合作社，市农学会与省辛辣产业技术体系岗位专家徐乃林、支广会、胡巨才同合作社负责同志围绕宝鸡辣椒高质量发展进行了交流并提出了意见建议。随后，专家们一起前往辣椒新品种示范区和优质产品生产区就辣椒开花结果期的病虫防治工作进行了现场指导。

7月23日，宝鸡市农学会在陇县合赢辣椒粮食专业合作社召开辣椒技术培训暨产业发展座谈会

7月23日，宝鸡市农学会协同陕西省辛辣蔬菜产业技术体系，在陇县合赢辣椒粮食专业合作社召开辣椒技术培训暨产业发展座谈会。省辛辣蔬菜产业技术体系首席专家赵尊练对"宝鸡辣椒"历史贡献给予了充分肯定，并提出了巩固发展的方向。省辛辣蔬菜产业技术体系首席专家、市农学会理事长王周录主持会议并对体系专家提出了工作要求。省体系专家，市、县、镇领导，科技工作者及村民60多人参加了参观学习、培训及座谈会。

7月25日，宝鸡市陇县科协联合县老科协开展科普服务助力乡村振兴调研活动

7月25日，宝鸡市陇县科协、陇县老科协组织农林水牧等行业23名农业科技工作者，开展科普服务助力乡村振兴调研活动。调研活动结束后，召开座谈会，进一步拓宽了农业产业与科技工作者之间的沟通交流及政策传递渠道，为促进村镇经济发展，助推乡村振兴营造了良好的氛围。

8月1日，李发荣、李明珠、徐红星3位教授赴汉中市镇巴县陕西建邑农林科技开发有限公司开展企业需求对接服务工作

8月1日，由省科协牵头，省科普宣教中心邀请陕师大中药材科技专家李发荣、李明珠、徐红星3位教授赴汉中市镇巴县陕西建邑农林科技开发有限公司开展企业需求对接服务工作。镇巴县副县长邵永宏，镇巴县科技进步促进中心、镇巴县科协及省科普宣教中心等单位负责人及部门同志参与活动。

9月26日，专家服务团助农活动在狄寨举行

9月26日，由陕西省科普宣传教育中心支持，灞桥区科协主办、灞桥区狄寨街道承办的"农业创新科普宣传"活动在灞桥区狄寨街道秦灞庄园举行，农业专家服务团现场开展樱桃、葡萄等果业种植与管理科普讲座与咨询服务。陕西省现代樱桃产业技术体系首席专家蔡宇良，西北农林科技大学教授、博士生导师张朝红，杨凌职业技术学院教授、陕西省苹果产业体系栽培与质量控制岗位专家马文哲，杨凌职业技术学院、陕西优果工程彬县基地专家李明科等农业专家，针对农户提出的疑难问题，"把脉开方"，帮助解决种植生产中的技术难题。灞桥区各村党支部书记、农业代表、部分农民群众代表参与活动。

11月20日，数字乡村建设与乡村振兴科技论坛在西安召开

11月20日，首届陕西省科协年会专项活动——数字乡村建设与乡村振兴科技论坛在西安召开。省科协党组成员、副主席李延潮，长安大学副校长贺拴海教授、中国测绘学会不动产测绘工作专业委员会主任委员张建平出席开幕式并致辞，25家单位的专家学者近300多人线上参加了会议。本次论坛由省科协和省乡村振兴局指导，长安大学、中国测绘学会不动产工作专业委员会、中国地理学会农业与乡村发展专业委员会、省生态学会、省土壤学会和省地理学会主办，长安大学土地工程学院、长安大学乡村振兴研究院、省土地整治重点实验室、西安市国土空间信息重点实验室、自然资源部退化及未利用土地整治工程重点实验室、省土地整治工程技术研究中心和省黄河研究院承办，西北农林科技大学乡村振兴院、西北大学城市与环境院和省农村专业技术协会联合会协办。

6. 科学素质研究

2022 年，学者们围绕科普工作发展重难点问题，以提升公民科学素质为目标，从理论和实践等不同角度，探索科学素质提升工作规律，开展前瞻性、综合性研究和决策论证，促进科普工作的开展。陕西省内的科普工作者、参与者不断探索科学素质提升规律，开展科普理论与实践研究，为科普工作提供决策参考，不断提升科普领域建言资政能力和水平。"科学素质研究"栏目记录了陕西省各级、各界科普工作者在科普规律探索、科普服务社会经济建设、促进公民科学素质提升方面的情况。按照相关活动是否是对科普规律、公民科学素质提升规律的认识和探索的原则，"科学素质研究"栏目记录了各级科协、各级科普工作者开展相关研究所取得的 8 项成果。

省域科学素质研究主要成果一览表

栏目	作者	题目	来源期刊/图书/出版社	时间/页码
成果摘要	程婉荣	《生态宜居背景下西林水村乡土景观提升设计》	河北农业大学	2022
	王艳平、武萌、刘蓉	《2013—2017年陕西省肿瘤登记地区肺癌发病与死亡趋势分析》	《中国肿瘤》	202231(11)：878-884
	杨耀锦、汪英	《〈战胜"心魔"〉畅销因素探析》	《新阅读》	2022(08)：42-43
	张梅、徐贞喜	《陕西认真贯彻落实〈科普法〉的生动实践》	《国际人才交流》	2022(07)：63-65
	申梦圆	《基于儿童认知发展理论的科技馆互动装置设计研究》	西安建筑科技大学	2023
	杜婧	《农旅融合视角下的邵阳县三门村景观规划与设计》	中南林业科技大学	2023
	景晓	《地区特色果业转型问题研究》	河南农业大学	2023
	夏美鑫、高建梅	《健康治理视角下健康中国的政策议程与实践路径——评〈健康中国读本（陕西卷）〉》	西部学刊（期刊）	2022

省域科学素质研究主要成果摘要

1.《生态宜居背景下西林水村乡土景观提升设计》

作者：程婉荣

来源：河北农业大学（论文），2022

程婉荣在《生态宜居背景下西林水村乡土景观提升设计》一文中指出，建设生态宜居美丽乡村，是实现生产、生活以及生态环境健康与可持续发展的重要举措，具有乡村生态文化传承与生态景观保护的重要意义。乡土景观是由自然景观和人文景观以及当地居民生产生活综合形成的，是中国传统文化的重要表达载体，具有文脉传承的重要意义，在乡村旅游发展中具有不可替代的作用。然而，在城镇化和外来文化的影响下，乡村建设盲目崇洋，过度依赖现代新元素，出现乡村景观风貌与历史文化相悖的状况，由于村民保护意识不够，导致在乡村建设过程中，生态环境遭到不同程度的破坏，致使乡土景观与生态环境受到严重的冲击。生态宜居背景下，再现乡土景观是延续中华民族传统文化、树立乡村地域形象和优化生活环境的重要途径。因此，本研究以保定市清苑区西林水村为实践案例，在生态宜居背景下，以乡土景观为切入点，采用文献研究法、案例研究法、实地调研法、访谈法和实例论证法，总结国内外研究现状、相关概念及乡土景观与生态宜居的内在联系，建立了一套以景观生态学、景观基因学、景观符号学和景观再生理论为主的理论体系，为生态宜居背景下西林水村乡土景观的提升设计提供新的思路和方法。研究结果如下：①通过对我国陕西袁家村、杭州外桐坞村、台湾桃米村，日本合掌村等经典案例的研究与总结，得出生态宜居与乡土景观融合发展模式、乡土景观提升设计原则、乡土景观元素提取与转化方式、基础设施建设策略、乡村开发建设方法等方面的借鉴与启示。②概括出物质文化景观和非物质文化景观两种乡土景观表达载体，总结出6种乡土景观基因的识别提取原则，归纳出含义提取法、指示性提取法、图像性提取法和象征性提取法4种乡土景观符号提取方式。生态宜居背景下，采用陈列、还原、简化与抽象、解构与再构、创新5种手法进行乡土景观再表达，进而为生态宜居背景下西林水村乡土景观的提升设计提供理论与方法。③通过实地调研、资料查阅等方法，对西林水村生态景观、生命景观、生产景观、生活景观以及景观现状进行分析，总结西林水村现有景观资源与现存问题：基于现有乡土景观资源，结合提取与再表达方法，总结西林水村乡土景观元素提取与设计措施；针对现存问题，结合案例启示，概括出生态宜居背景下西林水村乡土景观提升设计策略与原则。④基于上述研究成果，生态宜居背景下的西林水村乡土景观提升设计方案确定为生态与文化相结合的提升设计理念；以保护提升为主，改造为辅的提升设计手段；以民俗文化、建筑文化、农耕文化、产业文化为本底，以生态文化、丹顶鹤文化、红色文化与传统民间艺术文化为村落旅游发展的主线；以"甜美绿业、齐文家园"为主题定位。根据西林水村乡土景观资源特点及村落布局，形成"一带、一轴、五区、三园、一线、多节点"的景观结构布局，同时结合前文梳理的相关理论，完成入口景观区、生态农业景观游览区、乡土文化体验区、新民居风貌协调发展区和农文旅融合景观游览区的景观提升设计以及建筑立面改造、种植提升设计、基础设施优化建设等专项设计，打造一个集"生态宜居、文化浓厚、科普教育、旅游观光、休闲康养"于一体的特色旅游村落，进而实现了西林水村生态环境的修复和乡土景观的发展与传承。位于保定市近郊的西林水村，面临着现代化、城市化、产业化带来的冲击，能直接反映当今大部分村庄现状，其乡村景观风貌城市化和现代化特征明显，具有较强代表性，因此对西林水村生态宜居环境和乡土景观资源进行探讨，具有一定的理论意义与现实意义。期望本文的实践研究，能为其他类似乡村在推进生态宜居和乡土景观提升设计方面提供理论指导和实践参考。

2.《2013—2017年陕西省肿瘤登记地区肺癌发病与死亡趋势分析》

作者：王艳平、武萌、刘蓉

来源：中国肿瘤（期刊），2022，31(11)：878-884

王艳平、武萌、刘蓉等在《中国肿瘤》撰文分析了陕西省2013—2017年肿瘤登记地区肺癌的发病、死亡情况以及变化趋势。收集了陕西省26个肿瘤登记地区2013—2017年的肺癌发病、死亡信息，并用Excel 2007和Joinpoint Regression Program 4.8.01分析计算城乡、性别、年龄别肺癌发病（死亡）率、标化发病（死亡）率（中标率与世标率）、0～74岁累积发病（死亡）率、35～64岁截缩率以及年度变化百分比（APC）。结果表明，2013—2017年陕西省肿瘤登记地区肺癌发病率为48.16/10万，中标率为31.65/10万，0～74岁累积率为3.82%，35～64岁截缩率为44.53/10万。男性肺癌发病率大于女性，城市肿瘤登记地区肺癌发病率高于农村肿瘤登记地区。肺癌年龄别发病率在40岁以下处于低发阶段，40岁之后快速上升。2013—2017年肺癌病死率为38.09/10万，中标率为24.94/10万，0～74岁累积率为2.97%，35～64岁截缩率为33.79/10万。男性肺癌病死率大于女性，城市地区肺癌病死率高于农村地区。肺癌年龄别病死率在45岁以前处于较低水平，45岁之后逐渐上升。2013—2017年农村地区肺癌中标病死率呈显著上升趋势（APC=5.4%，95%，CI:0.4%～10.5%，*P*<0.05）。结论表明，应将陕西省40岁以上城市地区男性作为重点人群进行肺癌防治知识的科普与宣传，加强农村地区肺癌早诊早治工作，遏制农村地区肺癌病死率上升的发展趋势。

3.《〈战胜"心魔"〉畅销因素探析》

作者：杨耀锦、汪英

来源：新阅读（期刊），2022，(08)：42-43

杨耀锦和汪英在《新阅读》撰文指出，随着社会结构的快速转型，各类人群都面临着不同的工作、生活及精神压力，如果不能正确处置这些压力，就可能滋生"心魔"，故心理自助图书一直是图书市场的热点板块。《战胜"心魔"》在这种环境下应运而生。《战胜"心魔"》在策划之初就入选陕西出版资金资助项目，并于出版次年（2016年）被评为"陕西省优秀科普作品"。《战胜"心魔"》是由第四军医大学出版社出版的关于森田疗法治疗心理疾病的科普图书，包括《强迫症的森田疗法》《社交恐怖症的森田疗法》《抑郁症的森田疗法》三个分册，从2015年出版至2022年不断重印，累计印数10万余册，显现出长久的生命力，既是畅销书又是长销书。

4.《陕西认真贯彻落实〈科普法〉的生动实践》

作者：张梅、徐贞喜

来源：国际人才交流（期刊），2022, (07): 63-65

张梅和徐贞喜在《国际人才交流》撰文指出，2002年6月29日，我国颁布并实施《中华人民共和国科学技术普及法》（以下简称《科普法》），这是我国科普事业发展史上的里程碑，标志着科普工作"有法可依"。20年来，陕西认真贯彻落实《科普法》和《陕西省科学技术普及条例》，持续推动提升科普能力、培育创新精神、关注目标人群、丰富科普活动、打造科普精品等重点任务，加强科学技术普及，提高公民的科学文化素质，实现了科技创新与科学普及两翼齐飞。

5.《基于儿童认知发展理论的科技馆互动装置设计研究》

作者：申梦圆

来源：西安建筑科技大学（论文），2023

申梦圆在《基于儿童认知发展理论的科技馆互动装置设计研究》一文中指出，在"四位一体"的现代科技馆体系下，科技馆作为社会科普教育体系中不可或缺的一部分，发挥的公共教育功能日渐显著。关注少年儿童在科技馆中的参与、体验更是关乎展示的成败、影响着科技馆功能的实现。互动装置作为科普信息传递的重要手段需要获得儿童的关注度、兴趣度、体验感，真正达到儿童与互动装置的"双向交流"。科技馆互动装置传递信息的普适性、造型设计的新颖性、互动界面的视觉性、儿童的体验性均需结合科技时代背景等因素考虑。本文基于儿童这一科技馆主要参观群体，以6～12岁年龄段为重点进行阶段性研究与互动装置的探讨。通过运用文献分析法对儿童的认知发展：知觉、注意、表象、记忆、学习、思维、发展状态等方面进行内容梳理，明确培养儿童的科学观需要基于儿童认知发展状况不断提升科学素质。对国内外科技馆与儿童互动装置相关内容进行整理、归纳和分析。调研国内外科技馆互动装置与儿童体验情况，发现国内科技馆儿童体验互动装置的相关问题。通过对目标用户进行问卷调查并分析数据，归纳影响儿童互动体验的因素，建构儿童认知发展模型，总结满足儿童认知发展需求的科技馆互动装置设计策略；选取陕西科技馆作为研究场地，将设计策略用于指导陕西科技馆互动装置设计中，通过实践验证方法论的可行性。通过研究得出提高儿童与装置的互动性是实现儿童逐步具备科学观的主要途径，改善儿童与科技馆专业性内容的适应方式，使儿童观众与科技信息传达、互动得到加强，为儿童体验设计带来创意和借鉴。

6.《农旅融合视角下的邵阳县三门村景观规划与设计》

作者：杜婧

来源：中南林业科技大学（论文），2023

杜婧在《农旅融合视角下的邵阳县三门村景观规划与设计》一文中指出，近年来，随着"三农"问题备受国家关注，乡村振兴已然被推上了热潮，进而推动了乡村旅游及乡村景观建设的工作。为加倍有效地解决"三农"问题，在中国乡村景观规划与设计的研究中，人们进一步探索，形成了一种具有创新型、时代型意识的新途径——农旅融合创新发展模式。农旅度融合发展模式主要是要在科学尊重原有农业产业功能基础的上，适度开发并利用传统农业旅游资源，将社会主义农业农村旅游发展理论与现代化旅游业发展理论结合，进一步将农旅融合发展实践与示范推广相结合，形成"以农促旅、以旅兴农"的发展之路。文章以第一、二、三产业相融合模式理论、昂谱（RMP）模式理论、旅游综合规划理论、乡村美学理论、可持续发展等相关理论基础作为实践研究的理论基础，运用文献查阅法、实地调研法、访谈调查法、实例验证法等相关实践研究方法，以邵阳县三门村作为本次实践性研究对象，探讨论述了如何在农旅一体化融合的视角下创新性地规划与设计乡村景观。主要研究结果如下：①通过对相关专著、文献进行研究分析，了解农旅融合发展模式、途径、意义，结合乡村景观规划与设计方法，从农旅融合的角度归纳乡村景观规划与设计的功能、原则、总体思路，并讨论了乡村景观规划中的农旅融合路径，用于后期直接引导规划设计。②通过查阅文献资料和实地考察调研，选取苏州市西巷村、长沙市金井茶园、陕西袁家村、浙江鲁家村等一批优秀建设案例，分别系统地从项目场地概况、规划特色建设与成功借鉴经验三个重要方面予以分析，总结出在乡村景观规划与设计的实践中，根据场地自然及人文条件现状，在全面尊重当地农业产业功能的基础上，利用本地现有的特色农业旅游资源，积极调整本村产业结构，大力发展当地优势产业，结合景观规划设计，促进农村的经济发展。③以邵阳县三门村为设计实践，分析场地现状条件与问题，调查与评价场地旅游资源，从三门村农旅融合发展条件、发展载体、发展方法及发展路径等方面，运用农旅融合的发展思维对三门村进行景观规划与设计，完善基础设施建设、调整产业结构、促进农户增产增收、开发特色农业项目。在规划设计理念与构思的指引下，合理形成"一带、一环、三区、多点"的空间布局，将三门村打造成集农事休闲、生态观光、文化体验、科普教育于一体的乡村旅游综合体。

7.《地区特色果业转型问题研究》

作者：景晓

来源：河南农业大学（论文），2023

景晓在《地区特色果业转型问题研究》一文中指出，内黄枣业作为该县特色产业，发展历史悠久，但近年来出现萎缩态势，产业发展进程缓慢。本文针对内黄枣业发展现状，进行调研与分析，综合内外部影响因素，进行SWOT分析，制订切实可行的发展对策，同时也为其他特色果业发展转型提供借鉴。本文采用搜集、整理相关文献资料等方式对我国及内黄枣业发展现状进行深入分析，寻找内黄枣业可借鉴的技术与经验；结合实地调查、设计调查问卷等综合分析内黄枣业发展的优势、劣势、机遇及威胁；运用SWOT分析法探寻可持续发展的对策。我国枣业发展情况：由相关资料及分析可知，我国枣树分布广泛，品种有700多个，主栽品种有金丝小枣、灰枣、冬枣等。目前，枣栽培重心由晋、冀、鲁、豫、陕等黄河中下游地区转移到西北荒漠地区特别是新疆维吾尔自治区；2019年，红枣产量排名第一的为新疆（与2011年相比产量增加了2.52倍），陕西排第二（增加了57.6%），产量减幅比例最大的为河南（减少了54.6%，排第六），山东、河北、山西均有大幅度降低。新疆、河北等主产枣区均探索研究了适合当地的特色栽培管理模式，采后贮藏及加工技术不断提升，延长了果品贮藏与销售期，深加工水平进一步提升。各地营销方式逐步多样化。销售以内销为主，出口量占比相对较小，不足1%。国家及地方财政支持力度逐步增大，2000年以来投入超6亿元，81.3%的投入集中在栽培及贮藏加工领域。通过对内黄枣业发展情况进行分析可知：近10年间面积及产量均大幅度萎缩。与2011年相比，面积减少了71.8%，产量减少了64.8%，目前内黄县枣园面积为5.33公顷，鲜枣产量3.8万吨。主栽品种单一，内黄栽培品种有110余个，但种植面积最大的"内黄大枣"（扁核酸）占91%左右。制干枣以枣粮间作模式为主，鲜食枣以密植采摘为主。加工制品以制干为主，占75%。销售流通模式主要利用批发市场。内黄枣业主要存在以下问题：一是枣品种老化，目前仍以扁核酸为主。二是发展分散，种植以个体户为主，枣农年龄偏大，标准化管理程度低。三是龙头企业少，品牌发展意识淡薄。四是深加工产品少，精深加工技术薄弱。五是销售渠道单一。枣园探索发展生态旅游，通过文化旅游节吸引客源，但文化节的举办数量有限，不能从根本上解决销售问题。同时，内黄枣业的发展还面临着诸多威胁，主要有：外部枣业、可替代经济类作物的持续威胁，各大枣主产区加工企业之间日趋激烈的竞争，再加上新冠肺炎疫情造成的不确定性，内黄枣业想要改变当前不利的形势取得进一步的发展，需要针对问题，精准施策。本研究分析认为可采取以下发展对策：一是充分发挥因地制宜型特色产业优势。政府应加强政策引导，制订枣业发展短期及长期战略，充分利用地域优势发展生态旅游业，创立地区品牌，打造明星产品等。二是深化农业技术革新，推动生产由传统农业向高质量、绿色方向转型。优化品种布局，扩大新品种种植面积，研究配套的种植管理技术，大力推广实施无公害绿色管理技术，实现枣业转型发展。三是扩大新型经营主体规模，推动传统经营向产业化经营模式转变。目前新型经营主体 60 余个，规模有望进一步扩大；可依托新型农业经营主体，通过"公司＋合作社＋农户＋基地"模式，建设现代产业园区。四是加大科技投入，促进产业由资源型向科技型转变。可通过设立研发资金、与科研院所合作等方式，实现技术升级。五是鼓励注册品牌商标，培育龙头企业，推动品牌化发展。六是积极探索网络营销形式，深化"互联网＋"发展。充分利用内黄县电子商务产业园、京东等平台，鼓励枣农、企业开设网店、直播频道等。七是发展枣业生态旅游，促进枣业生产向农业旅游转型。利用地域优势、文化旅游景点等，促进农业采摘、休闲度假、文化传承、科普教育等融合发展。

8.《健康治理视角下健康中国的政策议程与实践路径——评〈健康中国读本（陕西卷）〉》

作者：夏美鑫、高建梅

来源：西部学刊（期刊），2022, (05): 173-176

夏美鑫和高建梅在《西部学刊》撰文指出，健康中国战略关系到中华民族的伟大复兴，健康陕西建设是健康中国战略的重要组成部分。《健康中国读本（陕西卷）》是一部兼具高度、深度、广度与温度的优秀科普作品，它的出版在很大程度上弥补了基于治理视野的健康中国科普和研究的缺憾；通过对健康中国战略和健康陕西建设政策议程内涵的认真解读、建设推进路径的有力阐释，实现了学术分析与现实关怀和耦合以及理论议程与创新实践的统合。这对于构建"大健康"格局，推进从"以治病为中心"到"以人民健康为中心"转变的健康理念，具有十分重要的理论价值和实践意义。

7.科学素质发展平台建设与创新活动

2022 年，陕西全省各地各部门利用各自优势资源，加强科学素质研究及交流平台建设，并组织开展了一系列丰富多彩、形式各样的科普示范活动。在活动中涌现出了一批作风优良、乐于奉献、表现突出的先进单位和先进个人。这些先进人物和集体广泛开展科学技术普及活动，在弘扬科学精神、倡导科学方法、传播科学思想、普及科学知识、提高全民科学素质等方面做了大量卓有成效的工作，取得了显著的成绩，在推动提升全社会科学文化素质方面起到了良好的榜样示范作用。

"科学素质发展平台建设与创新活动"栏目记录了陕西省各级、各界科普工作者进行科学素质发展平台建设方面取得的成果，如学术研究平台、创新项目支撑平台。同时，本栏目还记录了科学素质发展平台建设方面作出突出业绩和贡献的先进单位和先进个人等。

按照是否为提升公民科学素质提供了平台基础，使相关活动能否依托这些平台才能开展的原则，"科学素质发展平台建设与创新活动"栏目记录了各级科协、各级科普工作者为开展各类给各项科普活动提供支撑平台方面的 2 类共 13 种平台以及在平台建设中作出突出贡献的 10 类创新活动先进单位和个人。

科学素质发展平台建设与创新活动一览表

平台及创新活动类型	表彰/奖励名称
学术研究平台	陕西省第二批省级院士专家工作站
创新项目支撑平台	陕西省科协青年人才托举计划项目立项名单
	2022年陕西省科协高校科普项目
	2022年省科协决策咨询课题
	2022年省科协"科创中国"区域服务团学会服务和智库课题项目
	陕西省科协所属省级学会科普主题活动项目
	2022年省科协科普机制体制研究课题
	2022年陕西省企业"三新三小"创新竞赛获奖项目
	陕西省科协2022年度高水平专业性学术交流项目
	2022年度陕西省科协科技期刊项目
	陕西省会企校企协作项目
	2022年陕西省科协"志行陕西"高校科技志愿服务资助项目
	2022年陕西省企业"三新三小"创新竞赛项目获奖名单

续表

平台及创新活动类型	表彰/奖励名称
创新活动先进单位和个人	第36届陕西省青少年科技创新大赛获奖名单
	2022年"陕西最美科技工作者"名单
	宝鸡市科技馆入选科普资源助推"双减"国家试点名单
	"科创中国"陕西智能制造区域科技服务团数字平台排名第三
	陕西省2021年基础教育优秀教学成果自制教玩具类参评作品获奖名单
	陕西省科协所属省级学会2021年度学会评估
	2022年陕西省企业"三新三小"创新竞赛优秀组织单位
	"典赞·2022科普中国"陕西省科协拟推荐名单
	陕西省2022年优秀科普创作作品征集活动优秀组织单位
	2022年"典赞·科普三秦"活动获奖名单

一、学术研究平台

根据《陕西省院士专家工作站建设管理办法》（陕科协发〔2018〕事企字 7 号），经专家评审委员会评审，协调小组各成员单位审议，共评出中国飞行试验研究院院士专家工作站、中国电建集团西北勘测设计研究院有限公司院士专家工作站、西安北方惠安化学工业有限公司院士专家工作站等 47 个陕西省第二批省级院士专家工作站。

1	中国飞行试验研究院院士专家工作站
2	中国电建集团西北勘测设计研究院有限公司院士专家工作站
3	西安北方惠安化学工业有限公司院士专家工作站
4	西安交通大学第二附属医院院士专家工作站
5	陕西师范大学出版总社有限公司院士专家工作站
6	西部超导材料科技股份有限公司院士专家工作站
7	特变电工西安电气科技有限公司院士专家工作站
8	陕西华秦科技实业股份有限公司院士专家工作站
9	西安巨子生物基因技术股份有限公司院士专家工作站
10	西安航天民芯科技有限公司院士专家工作站
11	西安沣智芯电子科技有限公司院士专家工作站
12	西安科为实业发展有限责任公司院士专家工作站
13	西安大衡天成信息科技有限公司院士专家工作站
14	陕西圆梦生命科学研究院有限公司院士专家工作站
15	西安丝路物联网产业园管理有限公司院士专家工作站

16	陕西长美科技有限责任公司院士专家工作站
17	陕西麦可罗生物科技有限公司院士专家工作站
18	延安清洁能源孵化器有限公司院士专家工作站
19	榆林市榆阳区基泰煤业管理有限公司院士专家工作站
20	宁强县中医医院院士专家工作站
21	安康北医大制药股份有限公司院士专家工作站
22	柞水县科技投资发展有限公司院士专家工作站
23	西安爱科赛博电气股份有限公司专家工作站
24	西安和其光电科技股份有限公司专家工作站
25	宝鸡科达特种纸业有限责任公司专家工作站
26	宝鸡市农业科学研究院专家工作站
27	宝鸡市中心医院专家工作站
28	咸阳市第一人民医院专家工作站
29	陕西秦云农产品检验检测股份有限公司专家工作站
30	陕西天酵集团股份有限公司专家工作站
31	陕西镇弘蜀乐食品科技发展有限公司专家工作站
32	城固县果业技术指导站专家工作站
33	陕西汉王药业股份有限公司专家工作站
34	陕西森盛菌业科技有限公司专家工作站
35	佛坪县康之源农业科技有限责任公司专家工作站
36	安康正兴有机绿色食品有限公司专家工作站
37	旬阳县国桦农林科技开发有限公司专家工作站
38	旬阳领盛新材料科技有限公司专家工作站
39	平利县神草园茶业有限公司专家工作站
40	陕西建工控股集团有限公司院士专家工作站
41	西北有色地质矿业集团有限公司院士专家工作站
42	金堆城钼业股份有限公司院士专家工作站
43	西安公路研究院有限公司院士专家工作站
44	陕西果树科学研究院有限公司院士专家工作站
45	陕西长岭纺织机电科技有限公司院士专家工作站
46	中圣环境科技发展有限公司专家工作站
47	陕西群力电工有限责任公司专家工作站

二、创新项目支撑平台

1. 陕西省科协青年人才托举计划项目立项名单

根据省科协《关于开展陕西省科学技术协会青年人才托举计划项目（2023—2024年）申报工作的通知》（陕科协发〔2022〕事企字1号）要求，经各单位初评推荐、评审委员会评审和主席办公会审定，共有高校科协、企事业科协199个项目入选。

（1）高校科协（100项）

序号	项目编号	项目类别	项目名称	申请人姓名	推荐单位
1	20220129	信息	基于时空表观感知的无人机对无人机视觉跟踪方法研究	王无为	西安邮电大学科协
2	20220113	信息	知识驱动的微服务架构软件自适应机制	王璐	西安电子科技大学科协
3	20220115	信息	碘还原调控与原位显微耦合协同实现钙钛矿相分离抑制研究	周龙	西安电子科技大学科协
4	20220123	信息	面向分布式无人蜂群的编队诱导攻击方法研究	王乐	火箭军工程大学科协
5	20220117	信息	基于语义知识建模上下文的异常事件智能分析	曹聪琦	西北工业大学科协
6	20220133	信息	输电线路覆冰图像智能感知与状态评估方法研究	张烨	西安工程大学科协
7	20220119	信息	面向噪声标签的多媒体哈希学习理论研究	杨二昆	西安电子科技大学科协
8	20220102	信息	人工表面等离激元模式调控及其在小型化天线设计中的应用	韩亚娟	空军工程大学科协
9	20220135	信息	低熵相变材料在片上脉冲神经网络中的应用研究	李田甜	西安邮电大学科协
10	20220101	信息	拒止作战环境下无人机集群自主决策与智能控制方法研究	吕茂隆	空军工程大学科协
11	20220121	信息	复杂环境干扰下多导弹协同编队控制方法研究	杨若涵	西北工业大学科协
12	20220143	信息	面向小程序隐私保护的数据违规泄露行为检测研究	范铭	西安交通大学科协
13	20220104	信息	基于新型超构表面的电磁波全特征调控及天线隐身新技术研究	丛丽丽	空军工程大学科协
14	20220125	信息	无人机集群分布式故障诊断与容错控制方法研究	韩渭辛	西北工业大学科协

续表

序号	项目编号	项目类别	项目名称	申请人姓名	推荐单位
15	20220106	信息	基于轻量化深度神经网络的最小风险弹道中段目标识别技术研究	雷　蕾	空军工程大学科协
16	20220134	信息	基于区块链的去中心化匿名认证技术研究	赵艳琦	西安邮电大学科协
17	20220111	信息	面向混合交通的智能网联汽车换道模型构建与实车验证	王　振	长安大学科协
18	20220142	信息	可见光蓝绿波段硅基——聚合物SU-8脊型光混频波导芯片研究	谭振坤	西安工业大学科协
19	20220124	信息	基于显微多光谱图像和深度学习技术的草莓白粉病早期诊断研究	杨　彪	商洛学院科协
20	20220217	生命	捕食线虫真菌Duddingtoniaflagrans次级代谢产物抗捻转血矛线虫作用机制研究	王波波	延安大学科协
21	20220201	生命	黑豆磷脂深精加工：双酶合成不饱和溶血磷脂酰丝氨酸机制的研究	李冰麟	西北大学科协
22	20220216	生命	基于肠道菌群代谢研究陕西茯茶多糖免疫调节活性的作用机制	孙玉姣	陕西科技大学科协
23	20220206	生命	细菌Ⅵ型分泌系统在病原真菌防治中的作用机制研究	朱玲芳	西北农林科技大学科协
24	20220207	生命	阪崎克罗诺杆菌对柠檬醛耐受的递变规律及分子机制研究	石　超	西北农林科技大学科协
25	20220203	生命	奶山羊亚急性酸中毒易感性的宿主——微生物互作机制	武圣儒	西北农林科技大学科协
26	20220218	生命	益生元水苏糖调控小肠上皮细胞外泌体miRNA表达谱的新功能	李　婷	陕西师范大学科协
27	20220213	生命	马铃薯StCBF3基因影响马铃薯产量和块茎品质的分子机制研究	李　万	商洛学院科协
28	20220220	生命	基于转录组和简化基因组的红豆杉科系统发育研究	李　佳	陕西学前师范学院科协
29	20220306	医学	丘脑腹后内侧核HCN2通道功能异常参与孤独症触觉过敏行为的机制研究	郭保霖	空军军医大学科协
30	20220311	医学	c-kit介导的肝血窦内皮细胞对非酒精性脂肪肝的调控作用及分子机制研究	段娟丽	空军军医大学科协
31	20220309	医学	靶向CD147的嵌合抗原受体T细胞联合PD-1抗体治疗非小细胞肺癌的研究	陈　若	空军军医大学科协
32	20220301	医学	皮质醇调控Fkbp51在慢性应激导致青少年肥胖中的作用研究	马　璐	西安交通大学科协

序号	项目编号	项目类别	项目名称	申请人姓名	推荐单位
33	20220313	医学	PLA_2G_7介导脂质代谢重编程调控中性粒细胞衰老在银屑病中的机制研究	邵　帅	空军军医大学科协
34	20220317	医学	BMP-9在血管钙化中的关键作用与分子机理研究	周　鑫	西安医学院科协
35	20220302	医学	力学加载调控慢性创面收缩愈合的机制研究	刘　灏	西安交通大学科协
36	20220320	医学	中药材中多种农药残留检测的新型电化学适配体传感芯片研究	张　赛	陕西中医药大学科协
37	20220305	医学	$Ndufa_4l_2$介导müller细胞糖代谢异常调控缺血视网膜神经损伤的功能与机制	孙嘉星	空军军医大学科协
38	20220321	医学	Serratinine类生物碱抑制RIPK1抗AD的生物活性及作用机制	曹　朵	延安大学科协
39	20220467	工程材料	Nb基合金/$MoSi_2$涂层界面高熵合金薄膜阻扩散机理研究	何佳华	西安工业大学科协
40	20220413	工程材料	基于二硫化铼基异质结的染料污染物高效光催化降解方法研究	徐　翔	西安理工大学科协
41	20220402	工程材料	火箭发动机陶瓷基复合材料喷管跨尺度切削损伤机理研究	王晨希	西安交通大学科协
42	20220422	工程材料	定向微/纳钴酸钙复合材料界面构建与热电性能调控	石宗墨	西安建筑科技大学科协
43	20220416	工程材料	冻融与冲磨作用下泄水建筑物修复砂浆界面脱黏机理研究	李　阳	西安理工大学科协
44	20220415	工程材料	基于低阻抗杆箍缩二极管的紧凑型X射线闪光照相新技术及装备	石桓通	西安交通大学科协
45	20220405	工程材料	双极性铱（Ⅲ）金属聚合物薄膜材料的器件芯片化研究	付国瑞	西北大学科协
46	20220407	工程材料	基于光纤传感与计算机视觉融合的交通荷载精细化感知方法研究	陈适之	长安大学科协
47	20220435	工程材料	HfC@VGNs核壳纳米线强韧化C/C复合材料及其承载/电磁一体化研究	殷学民	西北工业大学科协
48	20220421	工程材料	古建筑木结构抗震分析理论与方法	吴亚杰	西安建筑科技大学科协
49	20220456	工程材料	高熵低熔镁基固溶体储氢材料的放氢热力学机制研究	李政隆	西安工业大学科协
50	20220469	工程材料	热力系统内部蓄能的有序利用与智能管控机制研究	王朝阳	西安交通大学科协

序号	项目编号	项目类别	项目名称	申请人姓名	推荐单位
51	20220409	工程材料	果实生长微小物理特征柔性监测机理及方法研究	谭 海	西北农林科技大学科协
52	20220451	工程材料	基于磁电耦合增强的柔性无机$CoFe_2O_4/BiFeO_3$复合多层膜的研究	赵亚娟	陕西科技大学科协
53	20220462	工程材料	钙钛矿光伏器件中离子迁移对光生载流子动力学的影响机制研究	于 嫚	西安航空学院科协
54	20220445	工程材料	汽车发动机关键零部件表面强韧碳基纳米结构复合薄膜及其减摩耐磨机制	师 晶	陕西科技大学科协
55	20220432	工程材料	$He+CO_2$等离子体射流的放电机理及其烯烃环氧化应用	徐 晗	西安电子科技大学科协
56	20220425	工程材料	农村建筑能源微网分散互驱柔性协同机制与设计优化研究	罗 西	西安建筑科技大学科协
57	20220459	工程材料	陕北低温集输管油水固三相润湿反转调控及减阻动力学行为研究	王 帅	延安大学科协
58	20220404	工程材料	基于非正常流场脉动特征的实验和数值源数据融合方法研究	李瑞宇	西安交通大学科协
59	20220454	工程材料	基于多级破碎现象的旋流场中油滴变形与破碎机理研究	田洋阳	西安石油大学科协
60	20220419	工程材料	多物理场作用下多孔路面中高黏改性沥青老化机制研究	邢成炜	长安大学科协
61	20220434	工程材料	钛合金叶片表面冶金缺陷的激光诱导击穿光谱在线检测方法研究	崔敏超	西北工业大学科协
62	20220442	工程材料	用于荧光防伪的Er^{3+}、Yb^{3+}掺杂Ca_2SnO_4多模态发光特性研究	陈 浩	安康学院科协
63	20220466	工程材料	基于声音信号的生产线铁路设备关键零部件智能损伤检测方法	瞿金秀	西安工业大学科协
64	20220401	工程材料	基于原位富集放大策略的气敏材料构筑及其甲醛气敏性能研究	朱 蕾	渭南师范学院科协
65	20220437	工程材料	深部煤岩低温液氮致裂增透——增产关键技术基础研究	秦 雷	西安科技大学科协
66	20220429	工程材料	基于灾变链式演化的近海油气管道泄漏风险断链控制方法研究	李新宏	西安建筑科技大学科协
67	20220447	工程材料	面向老年人情绪提升的声环境研究——以陕西养老设施为例	张 焱	延安大学科协
68	20220403	工程材料	陕北矿区矿井水资源化综合利用研究	李 婷	榆林职业技术学院科协

序号	项目编号	项目类别	项目名称	申请人姓名	推荐单位
69	20220519	数理	肺癌中基因突变与环境关系的数学建模与多尺度数据分析	李玲玲	西安工程大学科协
70	20220512	数理	超疏水润湿阶跃表面束缚气膜层失稳机理研究	谢 络	西北工业大学科协
71	20220514	数理	钙钛矿中子探测技术研究	赵 括	火箭军工程大学科协
72	20220509	数理	基于深度森林与智能自学习的高超声速飞行器进气约束控制	丁一波	西北工业大学科协
73	20220527	数理	结构对称性对五模超材料力学/声学特性的影响研究	黄 岩	西安工业大学科协
74	20220518	数理	基于稀土掺杂微纳晶体的等离激元热电子和热效应协同作用研究	张成云	西安邮电大学科协
75	20220522	数理	基于光谱吸收的光纤油气资源井中多组分气体检测关键技术研究	刚婷婷	西安石油大学科协
76	20220504	数理	基于相场方法的非牛顿流体充填过程的数值模拟研究	高普阳	长安大学科协
77	20220506	数理	复合材料壳体非线性瞬态热力耦合问题的高性能多尺度方法研究	董 灏	西安电子科技大学科协
78	20220529	数理	变分与拓扑方法在几类非线性分数阶微分方程中的若干应用研究	历东平	西安工业大学科协
79	20220523	数理	基于波导管耦合效应的声信号处理及应用研究	尹冠军	陕西师范大学科协
80	20220505	数理	基于强激光产生超短高亮的相对论电子束及X/Gamma辐射源研究	任洁茹	西安交通大学科协
81	20220604	化学	含硒紫精二维聚合物的光催化应用研究	李国平	西安交通大学科协
82	20220622	化学	新型超卤素团簇构造与尺寸演变规律的理论研究	欧 婷	陕西理工大学科协
83	20220610	化学	血浆游离DNA甲基化检测新方法及其在阿尔茨海默病中的应用	张臻昊	西安医学院科协
84	20220615	化学	离子型水基润滑体系构建及其摩擦学机制研究	董 瑞	宝鸡文理学院科协
85	20220603	化学	助力"双碳"的电化学还原CO_2催化剂的设计构筑及其性能研究	杨慧娟	西安理工大学科协
86	20220601	化学	双金属磷化物基异质催化界面的构筑及其电催化析氢机理研究	王 钦	榆林学院科协

序号	项目编号	项目类别	项目名称	申请人姓名	推荐单位
87	20220609	化学	铜催化串联环化反应合成吲哚类化合物及其机理研究	马豪杰	延安大学科协
88	20220616	化学	半胱氨酸衍生多孔MOF的构筑及对水体中汞（Ⅱ）/铅（Ⅱ）富集/分离性能研究	屈晓妮	西安工程大学科协
89	20220623	化学	碳支撑过渡金属硒化物复合材料的体表相协同修饰及储钾性能的机理研究	王秀娟	陕西师范大学科协
90	20220602	化学	焦化废水的生命周期排放特征量化评价与碳足迹分析	李晶莹	西北大学科协
91	20220706	地球	微塑料介导抗生素——重金属复合污染物光化学转化机理研究	欧阳卓智	西北农林科技大学科协
92	20220711	地球	西北旱区城市建设对地下水系统的影响及其环境效应	陈　洁	长安大学科协
93	20220721	地球	过去6000年太白山南坡植物物种多样性的演化过程	程　颖	陕西师范大学科协
94	20220708	地球	城乡细颗粒物污染差异遥感监测及时空演变研究	刘　明	长安大学科协
95	20220718	地球	致密油储层复杂润湿性的测井响应机理研究及精细评价	姜志豪	西安石油大学科协
96	20220710	地球	大规模植被恢复驱动下黄土高原干湿状况演变研究	赵　静	西安理工大学科协
97	20220701	地球	河流表层水体中溶解有机质动态过程及控制因素研究	程丹东	西北大学科协
98	20220707	地球	黄土高原多尺度水分利用效率时空变异研究	郑　涵	长安大学科协
99	20220715	地球	基于随机森林模型的秦岭南麓森林格局对河流径流量的影响机制研究	房　舒	商洛学院科协
100	20220719	地球	湿载作用下黄土剪切变形破坏的微结构效应研究	南静静	西京学院科协

（2）企事业科协（99项）

序号	项目编号	项目类别	项目名称	申请人姓名	申报单位	推荐单位
1	XXJS202218	新一代信息技术	拒止环境下针对高超声速目标的协同制导技术	李国飞	水禾科技有限公司	水禾科技有限公司科协

续表

序号	项目编号	项目类别	项目名称	申请人姓名	申报单位	推荐单位
2	XXJS202231	新一代信息技术	开放环境下异质掌纹掌静脉识别方法研究	邵会凯	西安易掌慧科技有限公司	陕西创共体企业孵化有限公司科协
3	XXJS202228	新一代信息技术	公路基础设施管理与数字化养护平台框架设计与研究	王晓光	中交第一公路勘察设计研究院有限公司	中交第一公路勘察设计研究院有限公司科协
4	XXJS202242	新一代信息技术	疫情防控医疗物资保障机制中的多目标进化算法研究	王和旭	西安深远信息技术有限公司	西安市科协
5	XXJS202207	新一代信息技术	重型商用车大数据分析算法和工具开发	薛　方	陕西重型汽车有限公司	陕西汽车控股集团有限公司科协
6	XXJS202234	新一代信息技术	基于深度学习的关中城市群土地利用效率监测与评估关键问题研究	王昀琛	陕西省地质调查院	陕西省地质调查院科学技术协会
7	XXJS202208	新一代信息技术	自动驾驶云控平台	孙　绵	陕西汽车控股集团有限公司	陕西汽车控股集团有限公司科协
8	XXJS202221	新一代信息技术	复杂电磁环境装备适应能力仿真平台研究	闫彬舟	西安大衡天成信息科技有限公司	西安市科协
9	XXJS202215	新一代信息技术	综合通信导航识别设备HF功能及模块	韩博超	陕西烽火电子股份有限公司	宝鸡市科协
10	XXJS202245	新一代信息技术	地形匹配辅助导航算法研究	高　捷	陕西长岭电气有限责任公司	陕西电子信息集团公司科协
11	XXJS202206	新一代信息技术	石英坩埚视觉检测平台搭建与检测方法研究	李蓉蓉	西安地山视聚科技有限公司	陕西创共体企业孵化有限公司科协
12	XXJS202227	新一代信息技术	基于机器学习的无人机蜂群建模与跟踪方法研究	苏镇镇	西安鲲鹏易飞无人机科技有限公司	陕西创共体企业孵化有限公司科协
13	XXJS202201	新一代信息技术	百万样本数据集在线协同标注与管理	芦　楠	西安航天宏图信息技术有限公司	西安航天基地先进制造业企业联合科协
14	XXJS202229	新一代信息技术	基于空天地一体化无线定位网络的多维资源分配理论研究	赵　越	西安小谱科技有限责任公司	陕西创共体企业孵化有限公司科协
15	XXJS202212	新一代信息技术	光谱可分辨的异质结光电晶体管及其感存算一体化研究	王利明	西安芯易知光电科技有限公司	陕西创共体企业孵化有限公司科协
16	XXJS202254	新一代信息技术	基于分布式无线测试技术的电缆网络检测仪研制	任燕杰	中国人民解放军第五七〇二工厂	咸阳市科协

续表

序号	项目编号	项目类别	项目名称	申请人姓名	申报单位	推荐单位
17	XXJS202235	新一代信息技术	基于数字孪生技术的智慧隧道一体化管控平台	张　喻	西安金路交通工程科技发展有限责任公司	中交第一公路勘察设计研究院有限公司科协
18	XXJS202246	新一代信息技术	车路协同路侧端数据融合技术	杨润珊	西安天和防务技术股份有限公司	西安天和防务技术股份有限公司科协
19	XXJS202244	新一代信息技术	源客+数字化管理系统	张　蕊	西安国源信息技术有限公司	西安碑林环大学科创集团有限公司科协
20	XXJS202220	新一代信息技术	互联网、物联网技术在养老产业中的应用	柳智文	洋县新健康老年公寓	汉中市科协
21	XXJS202240	新一代信息技术	基于GIS系统下燃气管网安全运行的应用研究	黄超超	铜川市天然气有限公司	陕西燃气集团科协
22	ZNZZ202227	智能制造	面向齿科的聚醚醚酮复合材料美学—力学耦合设计与增材制造技术研究	张倍宁	陕西聚康高博医疗科技有限公司	沣西新城西部云谷园区科协
23	ZNZZ202230	智能制造	重型卡车自动驾驶行为决策算法研究	薛玲玲	陕西重型汽车有限公司	陕西汽车控股集团有限公司科协
24	ZNZZ202216	智能制造	一种液氮预冷装置	王　娜	陕西燃气集团交通能源发展有限公司	陕西燃气集团科协
25	ZNZZ202219	智能制造	公路改扩建固废对3D打印混凝土材料的可打印性能影响规律研究	王伯林	中交第一公路勘察设计研究院有限公司	中交第一公路勘察设计研究院有限公司科协
26	ZNZZ202206	智能制造	工程车辆AMT大扭矩变矩模块开发	张彦龙	陕西法士特汽车传动集团有限责任公司	陕西法士特汽车传动集团有限责任公司
27	ZNZZ202211	智能制造	小型机械臂式全向移动机器人研究	王　平	陕西飞机工业有限责任公司	汉中市科协
28	ZNZZ202201	智能制造	国产卫星遥感影像的检测与管理	曹泽辉	西安航天宏图信息技术有限公司	西安航天基地先进制造业企业联合科协
29	ZNZZ202220	智能制造	面向协同作战任务的巡飞弹集群任务规划算法研究	王少奇	西安现代控制技术研究所	西安现代控制技术研究所科学技术协会
30	ZNZZ202210	智能制造	激光增材连接锻件TC4-DT钛合金工艺研究	胡　广	铂力特（渭南）增材制造有限公司	西安铂力特增材技术股份有限公司科协

序号	项目编号	项目类别	项目名称	申请人姓名	申报单位	推荐单位
31	ZNZZ202225	智能制造	基于光纤导航设备的深组合技术研究	骆丹妮	陕西宝成航空仪表有限责任公司	宝鸡市科协
32	ZNZZ202214	智能制造	航空发动机机匣应变数字孪生监测系统	仙　丹	陕西阿拉丁精仪科技有限公司	陕西创共体企业孵化有限公司科协
33	ZNZZ202221	智能制造	四组双断路动合密封磁保持继电器（7295）	贺世昌	陕西群力电工有限责任公司	宝鸡市科协
34	SWYY202230	生物医药	皮下留置针治疗轻中度膝骨关节炎的临床疗效观察与卫生经济学评价	秦玮珣	陕西省中医药研究院	陕西省中医药研究院
35	SWYY202210	生物医药	CTSC调控MDSCs促进肝细胞癌转移的作用与机制研究	党运芝	陕西省人民医院	陕西省人民医院
36	SWYY202202	生物医药	医院制剂温脾健胃颗粒制备工艺优化研究	白　妮	延安市中医医院	延安市科协
37	SWYY202218	生物医药	主动监控在降低榆林市重症监护病房多重耐药菌感染中的应用研究	刘娜娜	榆林市医院感染质量控制中心	榆林市科协
38	SWYY202231	生物医药	在实习见习生培养中引入叙事医学教育的价值研究	李　艳	延安市人民医院	延安市科协
39	SWYY202225	生物医药	古代经典名方"三化"汤的研究与开发	朱志斌	陕西盘龙药业集团股份有限公司	商洛市科协
40	SWYY202229	生物医药	猪苓多糖免疫调节作用"活性中心"的筛选及其构效关系研究	鲁文静	陕西省中医药研究院	陕西省中医药研究院
41	SWYY202211	生物医药	小分子化合物XMU-MP-1治疗骨关节炎的机制与应用研究	郝　雪	西安市红会医院	西安市科协
42	SWYY202208	生物医药	一种基于相变复合磁珠的外泌体快速无损分离方法的建立	刘泽英	西安金磁纳米生物技术有限公司	西安金磁纳米生物科技有限公司科协
43	SWYY202206	生物医药	近红外疾病微环境诊断试剂研发	库梦尧	陕西岳达德馨生物制药有限公司	渭南市科协
44	SWYY202221	生物医药	构建靶向胃癌细胞溶酶体的磁性纳米链系统	常　乐	陕西省人民医院	陕西省人民医院

序号	项目编号	项目类别	项目名称	申请人姓名	申报单位	推荐单位
45	SWYY202216	生物医药	医联体模式应用智能盆底四维超声对产后女性盆底功能的筛查与管理	薛宇红	陕西省人民医院	陕西省人民医院
46	CLGC202218	材料与工程	骨科植入物表面丝素蛋白基智能响应抗菌涂层的制备技术	周文昊	西北有色金属研究院	西北有色金属研究院科协
47	CLGC202248	材料与工程	苯系物降解菌的筛选及菌剂制备研究	肖映琪	陕西地建土地工程技术研究院有限责任公司	陕西省土地工程建设集团有限责任公司
48	CLGC202233	材料与工程	高超声速弹药集群弹道规划与协同能量管控技术	李琪	西安现代控制技术研究所	西安现代控制技术研究所科学技术协会
49	CLGC202251	材料与工程	降雨条件下滑带土剪切变形破坏过程及其微观机理研究	李林翠	陕西省地质调查院	陕西省地质调查院科学技术协会
50	CLGC202231	材料与工程	炮射标准试验弹设计技术研究	胡博文	西安现代控制技术研究所	西安现代控制技术研究所科学技术协会
51	CLGC202210	材料与工程	双层金属爆炸复合棒自动化超声波检测与界面成像检测	王茹	西安天力金属复合材料股份有限公司	西北有色金属研究院科协
52	CLGC202201	材料与工程	数据驱动高熵钛基高温形状记忆合金开发及服役性能原子模拟	陈凯运	西北有色金属研究院	西北有色金属研究院科协
53	CLGC202234	材料与工程	核电用复合板爆炸数值模拟及试验研究	张涛	西安天力金属复合材料股份有限公司	西安市科协
54	CLGC202242	材料与工程	高计数率光子计数成像碲锌镉探测器研发	贾宁波	陕西迪泰克新材料有限公司	陕西迪泰克新材料有限公司科协
55	CLGC202246	材料与工程	高压强脉冲电流旋转馈电装置关键技术研究	叶蔚生	中国兵器工业集团第二〇二研究所	中国兵器工业集团第二〇二研究所科协
56	CLGC202229	材料与工程	"院中院"模式下的妇幼健康服务机构建筑功能布局设计研究	张岩	中联西北工程设计研究院有限公司	其他单位
57	CLGC202256	材料与工程	CANDU重水堆燃料棒束用薄壁包壳管自主化研制	渠静雯	西部新锆核材料科技有限公司	西安市科协

续表

序号	项目编号	项目类别	项目名称	申请人姓名	申报单位	推荐单位
58	CLGC202202	材料与工程	高场铌钛超导材料制备技术研究	朱燕敏	西部超导材料科技股份有限公司	西北有色金属研究院科协
59	CLGC202206	材料与工程	基于纤维增强作用的泡沫轻质土宏细观结构力学变形特性研究	裴友强	中交第一公路勘察设计研究院有限公司	中交第一公路勘察设计研究院有限公司科协
60	CLGC202205	材料与工程	高压射流雕洗隧道沥青路面正纹理的安全性提升与产业化技术研究	杨晨光	西安公路研究院有限公司	陕西交通控股集团有限公司科协
61	CLGC202258	材料与工程	机场沥青混凝土道面抗车辙相关材料与技术研究	宋晨	西安咸阳国际机场股份有限公司	西部机场集团企业科学技术协会
62	CLGC202238	材料与工程	基于GNSS-RTK的地表位移监测设备研究	王海荣	陕西高速星展科技有限公司	陕西交通控股集团有限公司科协
63	CLGC202252	材料与工程	航天运载器贮罐用铝合金/钛爆炸复合过渡连接件开发	曹磊	西安天力金属复合材料股份有限公司	西安市科协
64	CLGC202217	材料与工程	GH4169高温合金激光选区熔化成形工艺技术研究	史超	铂力特（渭南）增材制造有限公司	西安铂力特增材技术股份有限公司科协
65	CLGC202203	材料与工程	凝胶乳液模板法制备轻质高强隔热气凝胶及其应用研究	刘建飞	西北有色金属研究院	西北有色金属研究院科协
66	CLGC202219	材料与工程	基于分布式光纤的纵向风条件下隧道火灾精准定位技术研究	马志伟	中交第一公路勘察设计研究院有限公司	中交第一公路勘察设计研究院有限公司科协
67	CLGC202220	材料与工程	基于光栅阵列传感的路基变形场监测试验研究	苟超	中交第一公路勘察设计研究院有限公司	中交第一公路勘察设计研究院有限公司科协
68	NYHB202221	新能源及节能环保	电磁——摩擦复合式能源收集装置设计	梁梦凡	中国兵器工业集团第二一二研究所	中国兵器工业集团第二一二研究所科协
69	NYHB202207	新能源及节能环保	"双碳"背景下燃气企业数字化转型的研究及应用	陈欣菲	陕西省天然气股份有限公司	陕西燃气集团科协
70	NYHB202224	新能源及节能环保	基于ArcGis的城镇地质灾害风险调查评价研究	王小浩	陕西核工业工程勘察院有限公司	中陕核工业集团公司科协

序号	项目编号	项目类别	项目名称	申请人姓名	申报单位	推荐单位
71	NYHB202230	新能源及节能环保	榆林沙区煤矸石山重构土壤重金属含量及迁移规律研究	朱　颖	陕西省林业科学院	陕西省林科院
72	NYHB202236	新能源及节能环保	低温锂离子电池技术	周　晗	中国兵器工业集团第二一二研究所	中国兵器工业集团第二一二研究所科协
73	NYHB202218	新能源及节能环保	中深层地热能密封式、无干扰井下换热器热响应测试关键技术研究	刘　俊	陕西省煤田地质集团有限公司	西安市科协
74	NYHB202223	新能源及节能环保	气液法无汞催化剂应用工艺技术研究	刘　建	陕西北元化工集团股份有限公司	榆林市科协
75	NYHB202238	新能源及节能环保	"声光嗅触"多参数管道智能泄漏监测技术研究	鱼东溟	陕西省天然气股份有限公司	陕西燃气集团科协
76	NYHB202229	新能源及节能环保	秦岭高山沼泽湿地植物群落根系特征及其修复技术研究	吴爱姣	陕西省林科院	陕西省林科院
77	NYHB202206	新能源及节能环保	伴生放射性矿山废水无害化及资源化利用技术研究	杨飞莹	中陕核工业集团综合分析测试有限公司	中陕核工业集团公司科协
78	NYHB202237	新能源及节能环保	探寻分布式供热站一体化供热运行管理模式	杨立浩	铜川金盛新能源供热有限公司生产营运部	陕西燃气集团科协
79	NYHB202242	新能源及节能环保	陕北侏罗纪煤田矿山开采和荒漠化生态效应研究	刘铮瑶	陕西省地质调查院	陕西省地质调查院科学技术协会
80	NYHB202211	新能源及节能环保	超低品位金属尾矿资源化综合利用技术研究	吕淑湛	中陕核生态环境有限公司	中陕核工业集团公司科协
81	NYHB202202	新能源及节能环保	甲醇重整器净化组件用关键材料开发	宁　静	西部金属材料股份有限公司	西北有色金属研究院科协
82	NYHB202215	新能源及节能环保	混合动力特种车自动变速器开发	严思敏	陕西法士特汽车传动集团有限责任公司	陕西法士特汽车传动集团有限责任公司
83	NYHB202208	新能源及节能环保	重要水源涵养区丹江源地区陆地生态系统碳承载力测算与碳排放核算	王颖维	陕西省地质调查院	陕西省地质调查院科学技术协会

序号	项目编号	项目类别	项目名称	申请人姓名	申报单位	推荐单位
84	NYHB202212	新能源及节能环保	紫外杀菌UVLED光源产品开发	李玉蔻	陕西电子信息集团光电科技有限公司	陕西电子信息集团公司科协
85	NYKJ202211	农业科技	甘蓝型油菜抗根肿病机制研究及品种选育	尚丽平	陕西省杂交油菜研究中心	杨凌示范区科协
86	NYKJ202231	农业科技	秦巴山区多鳞白甲鱼质量标准研究	李汉东	镇坪县饮源生态资源保护开发有限公司	安康市科协
87	NYKJ202221	农业科技	安康富硒香椿聚硒规律研究	马　臻	安康市林学会	安康市科协
88	NYKJ202202	农业科技	猕猴桃辐照保鲜及采后病害控制关键技术研究	白俊青	杨凌核盛辐照技术有限公司	中陕核工业集团公司科协
89	NYKJ202218	农业科技	肉羊羔羊早期培育及快速育肥技术的集成与应用	贾翠萍	榆林市"三农"养殖服务有限公司	榆林市科协
90	NYKJ202214	农业科技	陕南山地猕猴桃园标准化建设关键技术集成与示范	张文慧	安康市农业科学研究院	安康市科协
91	NYKJ202228	农业科技	一种重构土体温度的全天候温控系统在陕北马铃薯种植中的应用	孟婷婷	陕西地建土地工程技术研究院有限责任公司	陕西省土地工程建设集团有限责任公司
92	NYKJ202224	农业科技	干旱半干旱地区微咸水灌溉利用技术研究	庄海海	陕西省土地工程建设集团有限责任公司西北分公司	陕西省土地工程建设集团有限责任公司
93	NYKJ202203	农业科技	猪优质品种培育新技术研发与应用	蔡　瑞	陕西阳晨牧业股份有限公司	安康市科协
94	NYKJ202223	农业科技	富硒土壤中六价铬的新型复合钝化体系研究	杨凯淇	陕西省地质调查院	陕西省地质调查院科学技术协会
95	NYKJ202207	农业科技	汉中地区大樱桃增产增效的关键技术研究与示范	程丽萍	汉中市农业技术推广与培训中心（汉中市农业科学研究所）	汉中市科协
96	NYKJ202233	农业科技	一种羊乳酸奶及羊乳奶酪的研发	杨维静	陕西圣唐乳业有限公司	渭南市科协
97	NYKJ202217	农业科技	基于生态系统服务功能的关中地区土地生态安全格局识别及优化研究	曹锦雪	中陕高标准农田建设集团有限公司	杨凌示范区科协

续表

序号	项目编号	项目类别	项目名称	申请人姓名	申报单位	推荐单位
98	NYKJ202209	农业科技	神仙叶与黑木耳低聚肽以及系列产品	刘小菊	陕西秦巴神仙叶食品有限公司	商洛市科协
99	NYKJ202230	农业科技	油菜高油酸种质资源的分子创制	安　然	陕西省杂交油菜研究中心	杨凌示范区科协

2. 2022 年陕西省科协高校科普项目

根据省科协《关于〈陕西省科学技术协会关于申报 2022 年科普专项资金项目的通知〉的补充通知》要求，在有关高校科协申报的基础上，经评审，"全方位多形式广覆盖科普服务建设计划"等 4 个项目入选。

2022年陕西省科协高校科普项目入选名单

序号	名称	申报单位
1	全方位多形式广覆盖科普服务建设计划	西北农林科技大学科协
2	陕西师范大学科普服务队实施计划	陕西师范大学科协
3	依托综合性大学优势与特色开展形式多样的科普活动	西北大学科协
4	基于"线上线下"模式的农村安全用药培养研究	陕西中医药大学科协

3. 2022 年省科协决策咨询课题

根据《陕西省科协决策咨询课题管理办法》，2022 年省科协决策咨询课题工作严格按照选题征集、选题评审、课题公开申报、课题评审等程序，最终确定 10 项重大课题、10 项一般课题。

2022年省科协决策咨询课题立项名单

序号	申报题目	申报单位	课题负责人	支持类型
1	陕西省光子产业创新创业全生态体系建设研究	陕西追光光子产业先导创新中心有限公司	赵瑞瑞	重大课题
2	"双碳"背景下陕西省氢能源产业发展路径研究	西北工业大学	刘　敏	重大课题
3	弘扬"西迁精神"，加强青年科技工作者思想政治引领	西安交通大学	荣命哲	重大课题
4	陕西打造"科技投行"的意义与路径探索	盘古智库（西安）信息咨询有限公司	陈智慧	重大课题

序号	申报题目	申报单位	课题负责人	支持类型
5	提升秦创原创新驱动平台法治保障水平研究	西北大学	刘建仓	重大课题
6	面向军民融合与产业发展的陕西省地方科技创新体系建设	西安工业大学	汶 希	重大课题
7	加快榆林现代特色农业发展的调研建议	陕西省老科协	杨志刚	重大课题
8	陕西省汽车产业智能制造发展战略研究	陕西省汽车工程学会	刘大鹏	重大课题
9	乡村振兴背景下土地综合整治产业模式研究	西北农林科技大学	冯永忠	重大课题
10	完善陕西省重大疫情医疗救治体系研究	陕西省医学会	张 磊	重大课题
11	陕西省探索实施科技项目"揭榜挂帅"制度的实践模式与优化建议	西北大学	司林波	一般课题
12	陕西省软件和信息技术服务业创新发展研究	西安工程大学	王铁山	一般课题
13	陕西省数字产业化研究	陕西水木数字经济创新研究院有限公司	沙清华	一般课题
14	柔性税收征管对秦创原平台企业创新促进机制研究	陕西师范大学	芦 笛	一般课题
15	产业创新生态系统赋能陕西先进制造业自主创新能力提升的路径与对策研究	西安交通大学	苏中锋	一般课题
16	陕西省推动重点产业链与创新链融合发展路径探究	西安工程大学	王进富	一般课题
17	多元主体协同参与的科普运行机制和模式研究	西安邮电大学	山红梅	一般课题
18	后疫情时代陕西特色农产品经济发展策略研究	陕西师范大学	王 鹏	一般课题
19	县级科技馆建设问题及对策研究	西安建筑科技大学	徐红蕾	一般课题
20	陕西省中医药非物质文化遗产调查整理研究	陕西省中医药研究所	丁 辉	一般课题

4. 2022 年省科协"科创中国"区域服务团学会服务和智库课题项目

根据《陕西省科协"科创中国"区域服务团学会服务和智库课题项目管理办法》，

2022年省科协"科创中国"区域服务团学会服务和智库课题项目严格按照项目公开申报、初审、专家评审等程序，最终确定学会服务项目6个、智库课题项目2个。

2022年省科协"科创中国"区域服务团学会服务项目立项名单

序号	申报题目	申报单位
1	"科创中国"陕西智能制造区域科技服务团（陕西省汽车工程学会）	陕西省汽车工程学会
2	陕西智能制造科技服务团	陕西省机械工程学会
3	"科创中国"陕西智能制造区域科技服务团（省电子学会）	陕西省电子学会
4	"科创中国"陕西智能制造区域科技服务团（陕西省航空学会）	陕西省航空学会
5	"科创中国"陕西智能制造区域科技服务团（省计算机学会）	陕西省计算机学会
6	产学研协作助力陕西智能科创	陕西省自动化学会

2022年省科协"科创中国"区域服务团智库课题项目立项名单

序号	申报题目	申报单位
1	创新生态视角下科技服务团促进区域产业发展的模式与路径研究	西安交通大学
2	陕西"科创中国"效果评价研究	西安科技大学

5.陕西省科协所属省级学会科普主题活动项目

根据《关于申报2022年度陕西省科协所属省级学会科普主题活动项目的通知》要求，经学会申报、形式审查、会议评审、省科协党组会议审议，评出重点项目14个，特色项目16个。

2022年度陕西省科协所属省级学会科普主题活动项目评审结果

重点科普活动（14项）		
序号	申报题目	申报单位
1	常态化康复科普进社区助力健康陕西	陕西省康复医学会
2	"探索自然奥秘，了解动物之谜"——陕西野生动物保护专项科普教育活动	陕西省动物学会
3	科普促健康携手向未来——助力健康陕西建设	陕西省护理学会
4	打造科普讲堂与科普图书相结合、传统与新型传播方式融合的品牌科普活动	陕西省微生物学会
5	百名知名肿瘤领域专家在喜马拉雅FM平台开展肿瘤科普系列宣传	陕西省抗癌协会
6	发挥学生创意、创作科普视频、丰富宣传手段、提升公众认知——陕西省高校学生课外"核+X"创意大赛	陕西省核学会

重点科普活动（14 项）		
序号	申报题目	申报单位
7	古生物系列科普视频	陕西省古生物学会
8	气象灾害预警信号解读系列科普	陕西省气象学会
9	"航空计算芯片自主研发现状与进展"科普讲座	陕西省计算机学会
10	光创未来科普活动	陕西省光学会
11	陕西省测绘地理信息科普系列活动	陕西省测绘地理信息学会
12	探秘遥感视角下的青藏高原——遥感应用科普活动	陕西省煤炭学会
13	以性学会专家为指导的高校大学生预防艾滋病宣传教育	陕西省性学会
14	"喜迎党的二十大、消防保平安"主题消防宣传活动	陕西省消防协会
特色科普活动（16 项）		
序号	申报题目	申报单位
1	消化道早癌科普宣传	陕西省研究型医院学会
2	区块链助力乡村振兴	陕西省区块链技术与产业发展研究会
3	送医下乡，助力乡村振兴科普培训活动	陕西省麻风防治与皮肤健康协会
4	面向全学龄段开展航天专家进课堂科普讲座	陕西省宇航学会
5	开展服务乡村振兴系列科普活动	陕西省自然科学学会研究会
6	2022年科普进校园活动	陕西省老科学技术教育工作者协会
7	园艺科技助力乡村振兴系列活动	陕西省园艺学会
8	陕西省农作物主要病害绿色防控技术服务	陕西省植物病理学会
9	石油科普，你我同行——城乡学校科普系列活动	陕西省石油学会
10	疫情常态化下的健康照明	陕西省照明学会
11	"艾在行动"健康促进行动	陕西省针灸学会
12	运动与健康科普知识系列讲座	陕西省微运动健康学会
13	科学健身科普讲座	陕西省体育科学学会
14	"科学家进项目、工程师进高校、大学生进工地"系列科普活动	陕西省土木建筑学会
15	示范助力振兴乡村	陕西省地理学会
16	陕西省野生动植物保护宣传项目	陕西省野生动植物保护协会

6. 2022 年省科协科普机制体制研究课题

根据《陕西省科协科普机制体制研究项目课题选题评审办法》和《陕西省科协科普机

制体制研究项目课题选题投票办法》，2022 年省科协科普机制体制研究项目课题工作严格按照课题征集、课题公开申报、形式审查、会议评审、省科协党组会议审议等程序，最终确定委托课题 5 个、自拟选题 10 个。

科普机制体制研究项目委托课题

序号	项目负责人	项目名称	项目管理单位（项目申请单位）
1	孙昊亮	《陕西省科学技术普及条例》修订立法调研	西北政法大学
2	李佼瑞	陕西省科普产业现状调查与产业发展前景研究	西安财经大学
3	沙清华	陕西省科学技术协会科普发展规划（2021—2025 年）	陕西水木数字经济创新研究院有限公司
4	蔺宝钢	科普标准化体系建设（评价体系）研究	陕西省公众科学素质与建筑艺术创新研究中心（西安建筑科技大学）
5	何得桂	陕西省农业专家服务站（科技小院）助力乡村振兴研究	西北农林科技大学

科普机制体制研究项目自拟选题

序号	项目负责人	项目名称	项目管理单位（项目申请单位）
1	胡　鹏	公众灾害史素质教育研究	西北大学
2	马　俊	基于知识图谱与地理信息融合的历史名人事迹知识科普服务研究	西京学院
3	魏修建	强化自媒体科普传播、加快提升陕西公民科学素质	西安交通大学
4	刘　雯	汉字信息化技术应用与古代文献整理能力培养	西安建筑科技大学
5	上官亦卿	科普工作评价分析与科普方案探索——以陕西省为例	陕西省科学院
6	王瑞月	移动体验式化学科普平台建设	榆林学院
7	侯　颉	音乐、芭蕾艺术与科学的交汇推动科普的机制与实践研究	西安音乐学院
8	杜永峰	陕西高校科普工作体制机制创新与实现路径研究——以教科研一体化协同育人创新机制为例	西安石油大学
9	呼兴华	中医药科普进校园模式现状与实践	陕西省中医医院
10	曹晓仪	全媒体时代提升媒介素养实践策略研究	陕西师范大学

7. 2022 年陕西省企业"三新三小"创新竞赛评审结果

为深入贯彻习近平总书记来陕考察重要讲话精神，助力秦创原创新驱动平台建设，深化"两链"融合，坚持创新驱动，在全省企业营造良好的创新生态，陕西省科学技术协会、陕西省工业和信息化厅、陕西省人民政府国有资产监督管理委员会在全省企业中开展 2022 年陕西省企业"三新三小"创新竞赛。根据省科协《关于举办 2022 年陕西省企业"三新三小"创新竞赛的通知》（陕科协发〔2022〕事企字 7 号）要求，经初评推荐、形式审查、复赛选拔和决赛评审，共评出一等奖 50 项、二等奖 100 项、三等奖 150 项、优胜奖 200 项。

2022 年陕西省企业"三新三小"创新竞赛评审结果名单

序号	获奖等级	参赛成果名称	申报人所在单位	主要完成人
1	一等奖	强力复合污水化学除磷药剂"益维磷"	西安益维普泰环保股份有限公司	齐泽宁、宋小文、赵胜美
2	一等奖	固井用高抗拉耐腐蚀改性碳纳米管水泥浆	陕西延长石油（集团）有限责任公司	王涛、窦倩
3	一等奖	风、光储兆瓦级全钒液流电池储能装备集成系统技术与工程示范	陕西五洲矿业股份有限公司	左恒、汪虎、张新胜
4	一等奖	YTF100NQ/NS超高压强阻尼（安全型）压力表	秦川机床集团宝鸡仪表有限公司	郭娜、杨华、李乐
5	一等奖	再生SCR脱硝催化剂（钒钛系）催化剂应用	陕西环保新能源有限公司	张宝宝、吴婷、高成鹏
6	一等奖	一体化自交联乳液型压裂液	延安双丰集团有限公司	兰飞燕、刘小江、梁俊琴
7	一等奖	生物质基矿用浓缩液	榆林市金世源矿用油品有限公司	张宵、刘著著、周奋蝼
8	一等奖	页岩气套管高性能特殊螺纹抗疲劳振动评价技术	宝鸡石油钢管有限责任公司	汪强、魏耀奇、田永强
9	一等奖	电性源瞬变电磁探测关键技术研发	西安西北有色物化探总队有限公司	郭文波、陈靖、薛国强
10	一等奖	金尾矿全集料水泥基建筑材料技术	陕西宏城矿业科技有限公司	杨振、刘竞怡
11	一等奖	混凝土预拌厂污水与废渣协同循环再利用系统	中建西部建设北方有限公司	邰炜、童小根、刘林林
12	一等奖	起动用深循环蓄电池技术	陕西凌云蓄电池有限公司	杨巨鹏、李晨旗、曹云鹏
13	一等奖	一种冶炼废水中回收贵重金属铼的新工艺	金钼股份冶炼分公司	符新科、徐元博、周永星

续表

序号	获奖等级	参赛成果名称	申报人所在单位	主要完成人
14	一等奖	基于技术融合的天然气液化过程氢能回收提纯工艺	陕西液化天然气投资发展有限公司	崔少军、段大少、刘进龙
15	一等奖	隐身天线罩透波性和成型技术	铜川煜力机械制造有限公司	张建坤、张伟伟、王记平
16	一等奖	大吨位特种设备、矿用设备液力自动变速器关键技术开发	陕西法士特齿轮有限责任公司	马星宇、王凯峰、冯浩成
17	一等奖	重型国六燃气车中冷装置自动除水系统开发及产业化	陕西重型汽车有限公司	冶金鑫、樊于朝、吴宗海
18	一等奖	某型机大部件对接工艺方法改进	陕西飞机工业有限责任公司	张莹、封璞加、王平
19	一等奖	钒氮合金新型分选方法及设备	陕西华银科技股份有限公司	王得臣、吴爱东、方明
20	一等奖	适用于少量硫化氢工况的CT80S抗硫连续管	宝鸡石油钢管有限责任公司	李鸿斌、王亮、赵博
21	一等奖	超声波高效率金属粉末筛分系统的研发与应用	陕西峻逸三维增材科技有限公司	郝君、拓雷锋、耿亮
22	一等奖	齿轨轮免维护	陕西赫力机械工程有限责任公司	孔岸、赵妍、孔祥国
23	一等奖	新型纳米析出强化非调质钢在商用汽车零部件上的应用	陕西德仕汽车部件（集团）有限责任公司	严超峰、徐强、赵伟锋
24	一等奖	磨齿蜗杆砂轮加工关键技术及设备研发和应用	陕西法士特汽车传动工程研究院工艺所	乔茂、王景、寇超航
25	一等奖	大规格高强度钢丝钢绞线用YL82Bϕ14规格生产关键技术	陕钢集团产业创新研究院有限公司	樊宝华、支旭波、成泽强
26	一等奖	隧道防水板焊接质量检测技术研究	陕西省铁路投资（集团）有限公司	李新龙、侯广伟、赖金星
27	一等奖	铼酸铵生产中铼及各项杂质元素分析方法研究及应用	金堆城钼业股份有限公司	谢明明、王波、柴玉青
28	一等奖	Φ820mm大规格Candu堆用Zr2.5Nb合金开发	国核宝钛锆业股份公司	贾宇航、袁瑞、刘晓宁
29	一等奖	十二钼酸铵制备新工艺开发及其粉冶特性研究与应用	金堆城钼业股份有限公司	厉学武,李晶,席莎
30	一等奖	低能耗长浇次优质碳素结构钢45钢关键技术及产业化	陕钢集团产业创新研究院有限公司	卢春光、金培元、张俊璐
31	一等奖	煤矿超长斜井全断面敞开式掘进机智能掘进控制技术	陕西延长石油榆林可可盖煤业有限公司	汪青仓、刘全辉、王文忠

续表

序号	获奖等级	参赛成果名称	申报人所在单位	主要完成人
32	一等奖	超高破断拉力工程机械钢丝绳生产新工艺	咸阳宝石钢管钢绳有限公司	韩非、秦万信、吴佩军
33	一等奖	国六自卸车进气系统零部件开发	陕西华臻车辆部件有限公司	刘阿龙、侯峨明、赵全伟
34	一等奖	一种核反应堆用包壳管矫直方法及应用	西安西部新锆科技股份有限公司	王旭峰、张伟、雷江
35	一等奖	轻质土在路面基层中的应用	西安市市政建设（集团）有限公司	齐红涛、全群力、刘嘉
36	一等奖	新型耐高温耐腐蚀材料研发及金属镁精炼锅的应用示范	府谷县旭丽机电技术有限公司	王旭东、王惠
37	一等奖	核用锆合金板材冷轧工作辊配置工艺优化	西安西部新锆科技股份有限公司	董鸽芝、王宏星、马海宁
38	一等奖	工业废渣制备油井水泥技术	陕西北元化工集团股份有限公司科技研发中心	曾宪军、朱先均、闫巧峰
39	一等奖	回转减速机测试系统开发与试验方法研究项目	陕西法士特汽车传动工程研究院实验中心	田珂、张孟锋、王强
40	一等奖	提高融雪剂上料效率	陕西交通控股集团有限公司汉宁分公司	何其浩、张红锐、赵峰
41	一等奖	钢件CMT耐磨铜合金无熔深复合成形工艺	庆安集团有限公司	刘斌、闫晓锋、雷鹏程
42	一等奖	苹果抗盐碱矮化自根砧筛选及无病毒苗木规模化繁育	陕西种苗集团有限公司	梁建军、梁彬、高小霞
43	一等奖	生猪无抗养殖微生态制剂研制的关键技术	陕西麦可罗生物科技有限公司	潘忠成、陈豪、杨宏勃
44	一等奖	硬质支气管镜封堵器	咸阳市中心医院	高亭、李晨曦、刘小伟
45	一等奖	AI视频事件检测系统	陕西交通电子工程科技有限公司	孙楠、田龙、朱海明
46	一等奖	智盾——多模复合干扰雷达智能感知对抗系统	陕西黄河集团有限公司	王欢、侯育星、宫健
47	一等奖	基于人口-环境系统监测的乡村韧性管控技术	陕西地建土地工程技术研究院有限责任公司	刘思琪、周吉喆、李健锋
48	一等奖	服务端多任务处理系统	陕西省交通规划设计研究院有限公司	刘长江、白锐鸽、赵昕
49	一等奖	基于异地同场虚拟现实交互的融媒体平台内容生成技术	西安宏源视讯设备有限责任公司	黄姗姗、黄民主

续表

序号	获奖等级	参赛成果名称	申报人所在单位	主要完成人
50	一等奖	智慧水务运维管理平台	陕西丰水源水务科技有限公司	赵波山、刘泽山
51	二等奖	一种河道水体流量控制结构	陕西地建土地工程技术研究院有限责任公司	叶胜兰、舒晓晓、刘天成
52	二等奖	壳体类零件清洁工艺技术研究与应用	陕西法士特齿轮有限责任公司	杜云龙、张福利、张超
53	二等奖	LNG工厂闪蒸气（BOG）回收再利用技术	陕西液化天然投资发展有限公司	刘进龙、党怀强、张博
54	二等奖	钒基新型纳米电极材料的制备	西安西北有色地质研究院有限公司	姚谷敏、张尼、周团坤
55	二等奖	基于大数据平台的光伏电站设备智能诊断预警系统	中国大唐集团科学技术研究总院有限公司西北电力试验研究院	顾然、姚杰、张智勇
56	二等奖	可逆光响应润湿性滤网用于智能油水分离	陕西地建土地工程技术研究院有限责任公司	杨晨曦、王健、周航
57	二等奖	燃气轮机余热利用除霜系统	陕西省天然气股份有限公司	吕悦、王祥飞、冯驰原
58	二等奖	用于危险废酸废碱处置的连续运行装置	陕西新天地固体废物综合处置有限公司	王金博、赵卫强、胡碧荣
59	二等奖	"脱稳法+平板膜"矿井水深度处理工艺的应用	陕西中能煤田有限公司	张晓刚、马景国、高增胜
60	二等奖	一种应用于DMTO装置的浓缩水除油系统	蒲城清洁能源化工有限责任公司	田玉民、张海锋、许云峰
61	二等奖	循环流化床锅炉大比例煤泥掺烧技术研究与应用	陕煤电力集团有限公司	南华兴、范建林、李刚
62	二等奖	一种冲击地压周期性预警方法	陕西彬长孟村矿业有限公司	马小辉、吕大钊、王冰
63	二等奖	S-zorb装置节能增效工艺改造	陕西延长石油（集团）有限责任公司延安石油化工厂	王继宏、李永军、李江波
64	二等奖	发电机励磁端碳粉收集装置应用与研发	陕西延长中煤榆林能源化工有限公司	赵建荣、惠建新、赵向明
65	二等奖	一种盐碱地土壤改良用施肥装置	陕西地建土地工程技术研究院有限责任公司	王娜、罗玉虎、张兆鑫
66	二等奖	一种用于脱氢原料中二氧化硫的吸附装置	陕西延长石油集团延安石油化工厂	巩文博、马建、郭峰

序号	获奖等级	参赛成果名称	申报人所在单位	主要完成人
67	二等奖	烧结矿还原性影响因素研究与应用	陕西省龙门钢铁有限责任公司	程西亚、刘晓军、李斌宜
68	二等奖	高机动越野车混合动力变速器关键技术研发	陕西法士特汽车传动工程研究院智能传动研究所	冯永明、王凯峰、冯浩成
69	二等奖	火炬低碳减排研究与应用	陕西液化天然气投资发展有限公司	胡敏、李永冲、李增辉
70	二等奖	一种应用于磨煤机出口滚筒筛自动冲洗的方法	蒲城清洁能源化工有限责任公司	邱郝俊、张卿、杨京
71	二等奖	空冷岛喷雾降温技术改造	陕煤电力集团有限公司	米卫军、李星、冯吉
72	二等奖	氰化物处置创新	榆林市德隆环保科技有限公司	鱼勋伟、罗倩、郑祎
73	二等奖	烧结矿生产优化控制技术	陕西龙门钢铁有限责任公司	唐晓东、彭元飞、宁春明
74	二等奖	电石炉料共成型技术	陕西北元化工集团股份有限公司科技研发中心	曾宪军、柳玉、熊磊
75	二等奖	锌冶炼延长沸腾炉运行周期关键技术研究与应用	汉中锌业有限责任公司	何全龙、鲁延平、张多
76	二等奖	配电室温湿度控制系统开发及应用	陕西重型汽车有限公司	陈文磊、吕红卫、王龙
77	二等奖	高压蒸汽管线改造创新在化工装置试车过程中的应用	陕西延长中煤榆林能源化工有限公司	徐向东、贾裕、马宏
78	二等奖	一种废旧电池回收粉碎筛选辅助装置	派尔森环保科技有限公司	蔡建荣、李虎林、李毅
79	二等奖	一种装配式组合结构波纹钢腹板箱梁及其施工方法	陕西路桥集团有限公司	任万鹏、马浪、吴奇
80	二等奖	超百米地下室外墙防裂关键技术研究及应用	中建西部建设北方有限公司	罗作球、童小根、张凯峰
81	二等奖	一拖八复合式联动夹紧装置	陕煤集团神南产业发展有限公司	李磊、张秋、张二虎
82	二等奖	通透外廊陶棍泛光遮阳与玻璃幕墙复合体建造技术	陕西华山建设集团有限公司	姬翔、王恒、翟罗剑
83	二等奖	自动监控量测系统应用	陕西交通控股集团有限公司安岚高速公路建设管理处	李昕、韩帅、陈童

序号	获奖等级	参赛成果名称	申报人所在单位	主要完成人
84	二等奖	分体式行星架与传力齿轮焊接成型技术	陕西法士特汽车传动工程研究院智能传动研究所	郑泽奇、赵伟伟、王凯峰
85	二等奖	一种渐变式混匀矿堆料方法	陕钢集团汉中钢铁有限责任公司	王建鹏、王轶韬、邓波
86	二等奖	BLOCK堆料取样技术应用	陕钢集团汉中钢铁有限责任公司	成继勋、王轶韬、邓波
87	二等奖	HXF-240无卤阻燃环保型环氧电子包封料	咸阳新伟华绝缘材料有限公司	徐文辉、雷颖、刘念杰
88	二等奖	材料微观组织检测分析用光学显微镜畸变校准技术研究	西安汉唐分析检测有限公司	房永强、余泽利、杨军红
89	二等奖	某型发动机高压涡轮叶片接长用材料和工艺开发	国营四达机械制造公司	康凯、武德安、黄婷婷
90	二等奖	纳米石墨烯聚硅氧烷复合涂料	甘泉科汇防水涂料有限责任公司	贾生斌、高国新、刘小平
91	二等奖	碾压混凝土坝无人驾驶碾压系统	陕西省引汉济渭工程建设有限公司	刘福生、张昕、党康宁
92	二等奖	基于碳循环的土壤呼吸气体采集装置研发及应用	陕西地建土地工程技术研究院有限责任公司	郭振、曹婷婷、花东文
93	二等奖	高品质钒铝合金制备工艺研究	陕西五洲矿业股份有限公司	汪虎、左恒、郝文彬
94	二等奖	换挡及驻车机构仿真分析及测试系统开发	陕西法士特汽车传动工程研究院智能传动研究所	杨瑄、丁斌、张晨光
95	二等奖	YL82B自然时效与人工时效关系的探讨	陕钢集团汉中钢铁有限责任公司	冯文博、冯紫萱、黄欢
96	二等奖	利用热机械控制工艺布置形式轧制低碳合金钢盘条的方法	陕钢集团产业创新研究院有限公司	王兴、陈宗乐、黄鹏
97	二等奖	受限空间内多级漫反射复合式采光天窗建造技术	陕西华山建设集团有限公司	王恒、姬翔、翟罗剑
98	二等奖	裂解油生物沥青制备及其混合料应用研究	陕西高速机械化工程有限公司	王立路、王海年、成高立
99	二等奖	回线源全域多分量瞬变电磁探测技术	西安西北有色物化探总队有限公司	郭文波、刘敏、刘银爱
100	二等奖	气化炉渣口疏通工装及浮头式换热器试压工装开发应用	陕西兴化集团有限责任公司	贾连兴、李粉、张孟

续表

序号	获奖等级	参赛成果名称	申报人所在单位	主要完成人
101	二等奖	高功率密度油冷扁线电驱系统研发及应用	陕西法士特汽车传动集团有限责任公司	姚栓、王铭康、侯圣文
102	二等奖	提高燃气轮机高熵合金零件塑韧性的工艺技术创新及应用	西安赛隆增材技术股份有限公司	王新锋、向长淑、姚甜
103	二等奖	82B钢微观组织结构关键技术研究及探索实践	陕钢集团汉中钢铁有限责任公司	冯文博、向小龙、冯紫萱
104	二等奖	驱动桥差速器润滑关键技术研究与应用	陕西汉德车桥有限公司	杨博华、巩占峰、席飞
105	二等奖	锆合金残料回收及应用	西安西部新锆科技股份有限公司	袁波、严宝辉、魏统宇
106	二等奖	一种全空间E-Emn广域电磁法及装置	西安西北有色物化探总队有限公司	王宏宇、郭文波、冯凡
107	二等奖	材料力学性能测试用非接触式视频引伸计校准技术研究	西安汉唐分析检测有限公司	房永强、余泽利、白新房
108	二等奖	一次上反坎工具式模板安装工艺创新	陕西省建工集团股份有限公司	石卓玮、牟晓辉、张万社
109	二等奖	机压仿石材路缘石新工艺的创新与应用	西安市市政建设（集团）有限公司	徐泽众、邵伟、门勃涛
110	二等奖	采煤机中心水路高耐磨性绿色制造技术研究应用	西安煤矿机械有限公司	史仁贵、谢杰、杨方超
111	二等奖	一种边坡生态修复结构	陕西省引汉济渭工程建设有限公司	苏岩、康斌、王博
112	二等奖	液压阀块发展	陕西法士特汽车传动工程研究院智能传动研究所	张晨光、杨瑄、丁斌
113	二等奖	采煤机用高强度铸钢材料行星架研究与应用	西安煤矿机械有限公司	周督、张宏帅、李阳
114	二等奖	一种建筑施工用临时楼梯防护结构	陕西华山建设集团有限公司	侯亚凌、孙建锋、祁朝阳
115	二等奖	立式/卧式/端面齿拉床自动去屑装置及控制方法	陕西法士特齿轮有限责任公司	张福利、杜云龙、张超
116	二等奖	高强度管线钢埋弧用BG-SJ101H2烧结焊剂研发与应用	宝鸡石油钢管有限责任公司	赵红波、刘斌、黄晓辉
117	二等奖	液力自动变速器整箱寿命计算系统	陕西法士特汽车传动工程研究院智能所	冯浩成、王凯峰、马星宇

序号	获奖 等级	参赛成果名称	申报人所在单位	主要完成人
118	二等奖	基于物联网流量调节阀的智能供热系统应用	西安新港分布式能源有限公司	常会军、王自强、李攀
119	二等奖	零信任网络智能数字单兵项目	安康鸿天科技股份有限公司	郝立鸿
120	二等奖	基于国产自主可控处理器的计算机研究项目	陕西长安计算科技有限公司	曹若洋、肖桐、程志鹏
121	二等奖	铁路运输调度管理系统开发与应用	宝鸡石油钢管有限责任公司	杨建辉、曹宇航、周晓妮
122	二等奖	绿色低碳物料智能管控系统与物料采制化设备智慧协同核心技术研究	陕西陕煤黄陵矿业有限公司	史丽超、杨增增、王鹏
123	二等奖	智能无线防灭火预警系统的研究及应用	陕西建新煤化有限责任公司	王斌、孙刘咏、李文会
124	二等奖	一种农林生态遥感监测装置	陕西地建土地工程技术研究院有限责任公司	黎雅楠、何靖、张庭瑜
125	二等奖	变电所3D可视化动环监测平台	西安咸阳国际机场股份有限公司	张毅、王黎、李涛
126	二等奖	征地拆迁管理平台	陕西省交通规划设计研究院有限公司	曹皓、刘二洋、姚慧
127	二等奖	一种收费站备用车道拦道机与通行信号灯远程同步启闭装置	陕西交通控股集团有限公司咸铜分公司照金管理所	邹云龙、王彬、罗振
128	二等奖	滤波器多工位单个多用绝缘测试工装	陕西华经微电子股份有限公司	郑莉、温博超、冯枫
129	二等奖	液体动力动态仿真模型库（Tulips）	西安航天动力研究所	胡海峰、李舒欣、李晨沛
130	二等奖	新能源变速器电机驱动单元单体试验系统设计	陕西法士特汽车传动工程研究院智能传动研究所	赵伟伟、王凯峰、郑泽奇
131	二等奖	可重构导管柔性定位/检测技术及其装置	陕西飞机工业有限责任公司	黄卫、杨建鹏、秦海军
132	二等奖	修形修缘硬质合金车齿刀	汉江工具有限责任公司	李小娥、郑潘妥、何猛
133	二等奖	基于新能源商用车整控平台的流程闭环开发	陕西汽车控股集团有限公司技术中心	王芸芳、苏婷、王鹏翔
134	二等奖	高速数字钻床研发升级及推广	陕西群力电工有限责任公司	冉盼伟、薛旭辉、宋奇
135	二等奖	多驱动型式商用车底盘系统	陕西重型汽车有限公司	范养强、刘强、申伶
136	二等奖	智能数控裁剪机	陕西黄河集团有限公司	屈柯斌、张小军、郭晨曦

续表

序号	获奖等级	参赛成果名称	申报人所在单位	主要完成人
137	二等奖	三万三车间精益物流项目	陕西法士特汽车传动工程研究院	喻君月、谢世凯、刘念龙
138	二等奖	一种基于安全防护的多功能LNG空温式气化器	陕西燃气集团交通能源发展有限公司	杨卫涛、赵磊、白佳飞
139	二等奖	船舶爬壁喷砂机器人	紫阳德迫机器人科技有限公司	胡甲平、赵宗涛、龚世俊
140	二等奖	三轴向舰船姿态角仿真模拟试验平台	陕西科瑞迪机电设备有限公司	郁南、乔岐安、胡军文
141	二等奖	登机桥及桥载设备保护报警装置	西安咸阳国际机场股份有限公司	李侃、卢芬、李路宇
142	二等奖	智能回转定位机	陕煤集团神南产业发展有限公司	唐程理、贺华、马君
143	二等奖	25MN快锻制坯机组	西安百润重工科技有限公司	潘兆楠、张劲、李伟
144	二等奖	多维度智能AI环保检测与应急机器人集成系统	陕西环保产业研究院有限公司	王清艺、纪峰、王俊东
145	二等奖	一种线性恒流的LED养殖照明灯具	陕西电子信息集团光电科技有限公司	张秩皓、朱少锋、王思云
146	二等奖	肉羊规模化快速育肥综合技术	榆林市"三农"养殖服务有限公司	刘锦旺、李新春、刘娇容
147	二等奖	多抗霉素B分离纯化工艺的研究	陕西麦可罗生物科技有限公司	张楠、李皓瑜、杨宏勃
148	二等奖	一种猕猴桃高枝牵引架	汉中市农业技术推广与培训中心	付伟伟、肖萍、蒙天俊
149	二等奖	一种果园防冻简易弥雾装置的研发和推广	洛川县苹果产业研发中心	李前进、李坪、刘向阳
150	二等奖	气压弹道式体外压力波治疗仪	陕西秒康医疗科技有限公司	杨黄龙、刘迎川、苏春迎
151	三等奖	一种利用建筑废弃物进行生态重构的土体结构	陕西地建土地工程技术研究院有限责任公司	魏雨露、齐丽、王晶
152	三等奖	一种新型移动式污泥减量服务车	陕西环保集团水环境有限公司	马文伟、祁涛、张敏
153	三等奖	消防水箱水蓄冷技术改造	陕西燃气集团新能源发展股份有限公司	张坤、马刚、刘旸
154	三等奖	基于土地整治工程的景观生态评价模式	陕西地建土地工程技术研究院有限责任公司	熊宇斐、张静、宋珍珍

序号	获奖等级	参赛成果名称	申报人所在单位	主要完成人
155	三等奖	适用于经济型作物的植物照明LED生长灯	陕西电子信息集团光电科技有限公司	李玉蔻、高璇、刘大为
156	三等奖	LNG工厂高温导热油泵技术优化	陕西液化天然气投资发展有限公司	李鱼鱼、杨庆威、陈晓丹
157	三等奖	燃气轮机控制系统易受干扰的解决装置	陕西省天然气股份有限公司	王佳、叶庆凡、张越
158	三等奖	一种多功能煤层气湿法除尘装置及其控制	陕西铭泽易昇能源技术有限公司	聂彦龙、庞继凡、杨晓
159	三等奖	煤化工污水深度处理用作锅炉补水的应用	陕西延长中煤榆林能源化工有限公司	高树仁、贺旺盛、何宗玮
160	三等奖	生产废水回用干法乙炔发生装置研究与实践	陕西北元化工集团股份有限公司生产技术部	曹国玉、鲁尚高、陈菲
161	三等奖	一种发电机集电环通风装置	陕煤电力集团有限公司	张旭升
162	三等奖	水电站增力耙斗清污机效能改造与运用	陕西省水务清洁能源集团汉中鑫鹏投资有限公司	贾勇、陈浩、张庆玮
163	三等奖	基于高瓦斯矿井智能可视化打钻系统研究与工程实践	陕西陕煤黄陵矿业有限公司	高亮、薛国华、焦稳锋
164	三等奖	一种梳齿形偏心法兰的密封堵漏结构	陕西延长中煤榆林能源化工有限公司	薛剑、李新和、雒焕焕
165	三等奖	铁矿石亲水性研究与应用	陕西龙门钢铁有限责任公司	吴战林、原波、路东锋
166	三等奖	浅层致密油藏压裂液环保、降本增效技术	延长油田股份有限公司	张建成、童长兵、焦伟杰
167	三等奖	风井工业场地瓦斯抽放泵站系统消缺及优化改造	陕西建新煤化有限责任公司	张伟、韩红文
168	三等奖	一种聚氯乙烯树脂粉料输送装置	陕西北元化工集团股份有限公司	韩云峰、徐玮、白林
169	三等奖	320MW亚临界机组掺烧高挥煤的运行优化调整技术	陕煤电力集团有限公司	曹焱、周立国、周新成
170	三等奖	氨法脱硫后烟气冷凝—再热深度处理技术	陕西陕化煤化工集团有限公司	边利利、翟琛
171	三等奖	精馏尾气深度处理工艺	陕西北元化工集团股份有限公司	张隆刚、李江、徐柯
172	三等奖	"井上下"立体防治冲击地压技术新模式	陕西彬长孟村矿业有限公司	相里海龙、马小辉、吕大钊

序号	获奖等级	参赛成果名称	申报人所在单位	主要完成人
173	三等奖	LNG工厂无功补偿系统技术优化	陕西液化天然气投资发展有限公司	贾飞、胡敏、车锐媚
174	三等奖	金电解阳极泥绿色处理工艺研究与应用	陕西黄金集团西安秦金有限责任公司	倪迎瑞、宁创路、李佳诚
175	三等奖	湿法炼锌系统压滤机自动化大型化升级改造	汉中锌业有限责任公司	谢苏龙、胡波、李永
176	三等奖	一种多功能机场专用清扫车的开发研究	陕西核昌机电装备有限公司	曹金龙、赵健
177	三等奖	"双碳"目标下一种新型电力系统外部供电装置	国网陕西省宝鸡供电公司	张凯、郭昕瑜
178	三等奖	硝铵废水处置与回收利用技术改造	陕西兴化集团有限责任公司	高伟、李明伟、张宇
179	三等奖	污水SBR池脱除总磷总氮	蒲城清洁能源化工有限责任公司	孙振江、郭根有、王超
180	三等奖	一种有机酸焚烧炉回转窑预处理设备	陕西新天地固体废物综合处置有限公司	范增华、吕晓武、章建博
181	三等奖	一种组合式多功能专业切割装备	科技研发中心	韩慧珏
182	三等奖	一种自动连接装置	陕西有色天宏瑞科硅材料有限责任公司	张少军、韦武杰、李治峰
183	三等奖	一种用于螺杆空压机双级精密分离器组件	陕西液化天然气投资发展有限公司	杨明明、胡敏、朱章平
184	三等奖	一套用于空冷风机的叶片调整装置	陕西能源电力运营有限公司	衡鑫、张小锋、武红幸
185	三等奖	一种新型智能组合夹腔式气密油挡在汽轮机轴承外油挡中的应用	填陕煤电力集团有限公司	邓志远、徐志强、田晓康
186	三等奖	空调水系统集成运行节能改造创新项目	西安咸阳国际机场股份有限公司	陈蓉、栾珂
187	三等奖	一种重力流圆形水管道的流量测量装置	蒲城清洁能源有限责任公司	宁欣、吕江、王婕
188	三等奖	供热管道冷热同网综合利用	西安新港分布式能源有限公司	李攀、马刚、常会军
189	三等奖	一种开启式落煤斗堆煤保护装置	陕西煤业化工集团孙家岔龙华矿业有限公司	申飞、杨宝军、赵鹏晋
190	三等奖	多功能检测华宁闭锁线装置	陕西小保当矿业有限公司	王东、秦煜哲

续表

序号	获奖等级	参赛成果名称	申报人所在单位	主要完成人
191	三等奖	空冷凝汽器喷雾装置	陕西煤业化工集团神木能源发展有限公司	张玉龙、刘玉智
192	三等奖	CNG加气站加气机加气软管收纳装置	陕西城市燃气产业发展有限公司	关磊、高强、刘龙龙
193	三等奖	一种提高低温甲醇洗循环气压缩机气密效率的系统	蒲城清洁能源化工有限责任公司	张俊辉、李红、宋建平
194	三等奖	一种型钢混凝土柱内构造钢筋的固定工具	陕西建工第一建设集团有限公司	王志宏
195	三等奖	一种由裂缝控制开启的地质灾害监控装置	陕西工程勘察研究院有限公司	杜明、袁湘秦、陈创
196	三等奖	基于单片机控制的制导雷达液压自动调平系统	陕西黄河集团有限公司	王炳龙、朱宏标、兰涛
197	三等奖	一种锂离子电芯短路测试装置	陕西煤业化工技术研究院有限责任公司	李文涛、何博、李煜煜
198	三等奖	一种升降式底模系统	陕西路桥集团第一工程有限公司	杨阳、李宝地、王琦
199	三等奖	共直流母线技术在塔机变频控制中的应用	陕西建设机械股份有限公司	王启超、王剑颢、邓延舜
200	三等奖	配电室防水远程报警装置	陕煤集团神南产业发展有限公司	刘艳帮、任永峰
201	三等奖	一种污染修复型矿物基改性多孔材料	陕西地建土地工程技术研究院有限责任公司	李燕、闫波、张兆鑫
202	三等奖	高纯高致密二硫化钼靶材制备关键技术研究及产品开发	金堆城钼业股份有限公司	崔玉青、席莎、张晓
203	三等奖	电弧焊用焊条钢H08A产品研发及产业化应用	陕钢集团产业创新研究院有限公司	成泽强、支旭波、王兴
204	三等奖	双扁钢箱—混凝土组合梁通用图集与设计方法	陕西省交通规划设计研究院有限公司	杨欣、袁春莉、傅震
205	三等奖	自动化土壤饱和导水率仪研发及其在洪水预测模拟中的应用	陕西地建土地工程技术研究院有限责任公司	魏静、孙增慧、夏龙飞
206	三等奖	一种管道标识喷绘固定装置	陕西液化天然气投资发展有限公司	马跃、徐磊、高星星
207	三等奖	一种撞击式喷头	神木泰和煤化工有限公司	王廷、赵宏伟、王福平
208	三等奖	中空轻量化传动轴开发	陕西蓝通传动轴有限公司	杜绍权、马生平、于磊

序号	获奖等级	参赛成果名称	申报人所在单位	主要完成人
209	三等奖	空心薄壁高墩外爬内吊式爬模施工装置	陕西建工机械施工集团有限公司	唐良、王永吉、王仁民
210	三等奖	卷材立式真空退火炉生产能力提升	西安西部新科技股份有限公司	权继锋、席波涛、刘杰
211	三等奖	一种乳化沥青储存稳定性测定评价方法	西安公路研究院有限公司	弓锐、韩瑞民、弥海晨
212	三等奖	高品质绿色低碳棒线材模块化精炼技术研究及应用	陕钢集团产业创新研究院有限公司	卢春光、李博、史永刚
213	三等奖	一种土壤熟化的煤基型土壤调理剂	陕西地建土地工程技术研究院有限责任公司	张静、雷娜、熊宇斐
214	三等奖	水带背架设计	西安咸阳国际机场股份有限公司	夏云轩
215	三等奖	多功能综合杆	陕西电子信息集团光电科技有限公司	雷媛、朱琳、韩立江
216	三等奖	"110工法"留巷"三区"判定成果及应用	陕西陕北矿业韩家湾煤炭有限公司	冯泽伟、霍军鹏、马小宁
217	三等奖	自主设计真空电磁起动器检测平台	陕西陕北矿业韩家湾煤炭有限公司	史义存、张辉、白岗
218	三等奖	高效率高承载长寿命变速器关键技术研究及应用	陕西法士特汽车传动工程研究院设计研究所	董凡、钟华、吕文彻
219	三等奖	空气压缩机冲洗泵管小创新	陕西建工第九建设集团有限公司	崔雄飞、曹珣、杨成宾
220	三等奖	一种具有自冷却功能的干灰空压机	陕煤电力集团有限公司	郭溪彬、杨国强、赵先银
221	三等奖	一种干灰空压机及其油气分离器	陕煤电力集团有限公司	郭溪彬、赵剑、杨国强
222	三等奖	高耐磨性导向滑靴自动化焊接技术研究与应用	西安煤矿机械有限公司	李瑞春、皮忠敏、侯军
223	三等奖	低压压气机叶片光整加工	国营四达机械制造公司	王佳、李鹏飞、欧阳升
224	三等奖	CT扫描技术在探测采空区中的应用	金堆城钼业股份有限公司	陈华青、谷祎、吕文超
225	三等奖	新型纳米陶瓷球在VTM-300立磨机中的应用研究	金堆城钼业汝阳有限责任公司	姚伟、白晓卿、叶益良
226	三等奖	烧结圆辊布料器耐磨衬板改造优化与研究	陕西龙门钢铁有限责任公司	许佩、杨卫锋、高斌
227	三等奖	压敏反应型聚合物热熔胶制防水卷材的研制与开发	渭南科顺新型材料有限公司	杨朋威、葛云尚、高子华

序号	获奖 等级	参赛成果名称	申报人所在单位	主要完成人
228	三等奖	一种输气场站管道设备法兰缝隙填充型防腐材料制备及其应用	陕西省天然气股份有限公司	张勇
229	三等奖	提高绿化物修剪垃圾处理效率	工作单位陕西交通控股集团有限公司汉宁分公司	何其浩、张红锐、赵峰
230	三等奖	一种真空磁力启动器保护器检测仪	陕煤集团神木张家峁矿业有限公司	聂炜炜、何忠雄、巨坤
231	三等奖	一种车床加工90°弯头坡口的工装夹具	陕西派思燃气产业装备制造有限公司	符浩、慕家福、桑川
232	三等奖	便携式套管定位辅助工具	陕西建工第八建设集团有限公司	王锋良、魏浩男、刘强
233	三等奖	一种用于电线施工的五轴放线车	陕西建工第八建设集团有限公司	郭超、高拴强、费浩东
234	三等奖	二氧化碳转化一氧化碳工艺技术	陕西北元化工集团股份有限公司	柳玉、熊磊、马长长
235	三等奖	氮氧传感器电控单元测试系统	西安创研电子科技有限公司	张愉、钱璐、张龙飞
236	三等奖	小方坯与矩形坯冷却装置快速切换技术	陕钢集团汉中钢铁有限责任公司中厚板项目部	段少平、周详、吕磊
237	三等奖	预应力混凝土钢棒用30MnSi非精炼工艺研究	陕钢集团产业创新研究院有限公司	姜新岩、支旭波、成泽强
238	三等奖	MG600级锚杆用热轧带肋钢筋生产工艺	陕钢集团产业创新研究院有限公司	史永刚、王小东、王仲凯
239	三等奖	选矿一厂钼回收率提高试验研究与应用	金堆城钼业股份有限公司	白建敏、李苏玲、白晓卿
240	三等奖	基于锚杆的锚索张拉安装装置	陕西省引汉济渭工程建设有限公司	党建涛、赵力、李晓峰
241	三等奖	鼓式单销凸轮轴式制动器	陕西汉德车桥有限公司	高力强、惠永勇、王宇鹏
242	三等奖	薄壁筒体纵缝自动焊接技术及装置的研制	陕西飞机工业责任有限公司	黄卫、秦海军、王楠
243	三等奖	烟化炉炉底耐材工艺技术优化	汉中锌业有限责任公司	郭立庆、宁天庆、沈海华
244	三等奖	一种防止现浇板带处漏浆的加固工件	陕西建工第一建设集团有限公司	陈佩、张毅、王攀
245	三等奖	自移式液压支架侧护板平衡推进装置	西安重装铜川煤矿机械有限公司	王增荣、史延龙

序号	获奖等级	参赛成果名称	申报人所在单位	主要完成人
246	三等奖	一种隧道管幕钢顶管间支撑装置	西安市市政建设（集团）有限公司	何芳、曹莘、朱明浩
247	三等奖	仿古建筑新型檐口结构	陕西建工集团股份有限公司	赵浩、尤卓、袁杰
248	三等奖	一种地下室挡土墙后浇带施工用封闭模板	陕西建工第八建设集团有限公司	蔡冰、闫炳君、岳娜斌
249	三等奖	某型弹链成型工艺研究	庆安集团有限公司	李金涛、赵阿萍、王向东
250	三等奖	提升线切割导电块使用率的装置及方法	国核宝钛锆业股份公司	王伟、王家斌、麻凯
251	三等奖	自动点胶粘片机在厚膜混合集成电路中的应用	陕西华经微电子股份有限公司	李晋哲、柳明华、邓林
252	三等奖	MTJ8596BSC型ARINC429驱动器	陕西长岭迈腾电子股份有限公司	齐文、薛晨晖、贾毓
253	三等奖	基于圆形基板厚膜印刷设计的高精度耐高温陶瓷印刷治具	陕西华经微电子股份有限公司	岳晴瑞、薛静蓉、贺小悦
254	三等奖	电石炉电容器增加测温技术应用	陕西北元集团锦源化工有限公司	崔顺利、王大伟
255	三等奖	成膜基片（自动化生产用）印刷一致性工艺研究	陕西华经微电子股份有限公司	南阳、范捷、李娜
256	三等奖	电力管线地理位置信息管理系统应用项目	西安咸阳国际机场股份有限公司	张行宇、韩亚安、石小龙
257	三等奖	一种新型智能机柜消防系统开发及应用	陕西液化天然气投资发展有限公司	段大少、马跃、刘江涛
258	三等奖	竞品应该成本分析模型建设及信息化应用	陕西法士特汽车传动工程研究院实验中心	强革涛、李超、卢汉瑭
259	三等奖	CD4047低功耗，单稳态/无稳态多谐振荡器电路优化	陕西电子信息集团西安天光西安研发中心	卢思汀
260	三等奖	一种制备高强度的微波用陶瓷介质覆铜板制作装置	陕西泰信电子科技股份有限公司	王金龙、李铁柱、严小雄
261	三等奖	塔机远程操作平台	陕西建设机械股份有限公司	樊治平、王阳阳、王启超
262	三等奖	基于Java技术的供电系统智能管理一体化数字平台的设计与开发	西安咸阳国际机场股份有限公司	李琪、杨小娟、冯栋
263	三等奖	大型企业防疫监管平台研发与应用	陕煤电力集团有限公司	易宏东、滕云、邓高俊
264	三等奖	公路桥梁标准化智能设计BIM系统	陕西省交通规划设计研究院有限公司	赵昕、宋飞、张喆

序号	获奖等级	参赛成果名称	申报人所在单位	主要完成人
265	三等奖	温感轮廓标的研发	陕西交控集团白泉分公司旬阳管理所	王岩、赵高锋、贾军
266	三等奖	安康市汉滨区汪垭村发展规划展示系统	安康市自然资源信息科技有限公司	黄光俊、曾旭华、胡宁
267	三等奖	模糊控制算法的电石炉炉压自动控制	陕西北元集团锦源化工有限公司	贺建建、刘英飞
268	三等奖	无线通风管道清洁消毒机器人	陕西中建建乐智能机器人股份有限公司	杨剑乐、张三、周耘锋
269	三等奖	12.12剧场飞机卷帘幕控制限位改造	陕西华清宫文化旅游有限公司	汪晓松
270	三等奖	倾斜试验台自主研发项目	陕西法士特汽车传动工程研究院实验中心	张巧英、王强、宋媛媛
271	三等奖	某型飞机DOME顶罩装配及整体运输姿态控制设计技术	陕西飞机工业有限责任公司	陈卫红、左文宝、王波
272	三等奖	步进马达注塑一体+铁心铆合方式	陕西轩意光电科技有限公司	江妙丰、冉明平、张仁伟
273	三等奖	装配式硬质合金渐开线拉刀	汉江工具有限责任公司	张银行、吕垚、邢旭东
274	三等奖	伺服电机极低速抗扰控制技术研究与应用	陕西华通机电制造有限公司	肖海峰、许宇豪、曹晶
275	三等奖	精密线轨气动压机与SMP工装	陕西华达通信技术有限公司	李涛、梁莎、林梦婷
276	三等奖	商用车倒车后视镜调节技术	陕西重型汽车有限公司	刘涛涛、陈润龙
277	三等奖	法兰盘自动加工单元仿真与构建	陕西法士特汽车传动工程研究院智能制造研究所	王文、郭广学、杜超
278	三等奖	某型飞机主起落架支柱镗孔关键技术研发	国营四达机械制造公司	李永杰、任寿伟、杨召
279	三等奖	电石厂出炉机器人技术研究与应用	陕煤电力集团有限公司	米卫军、李琪、张文斌
280	三等奖	CAN总线网络故障快速检修装置开发	陕西重型汽车有限公司	杨硕天、颉延萌、张肖
281	三等奖	一种浮动式数控转台安全锁紧结构	宝鸡机床集团有限公司	杨红军、刘雪鹏、王媛媛
282	三等奖	小模数齿轮HRC52-58硬齿面加工技术应用	庆安集团有限公司	张红妮、韩录、王健
283	三等奖	一种多功能阀体加工夹具	西安重装澄合煤矿机械有限公司	徐云龙、邱攀、徐文军

续表

序号	获奖等级	参赛成果名称	申报人所在单位	主要完成人
284	三等奖	一种条状零件夹持装置	中航西飞汉中航空零组件制造有限公司	马立军、梁斌、尹张航
285	三等奖	航空发动机构件3D打印技术研究及应用	国营四达机械制造公司	阮诗飞、武德安、黄婷婷
286	三等奖	电子温压修正防拆智能燃气表	陕西派思燃气产业装备制造有限公司	姚合宁、刘辉、石磊
287	三等奖	航空钛合金类零件的喷丸强化	中航西飞汉中航空零组件制造有限公司	刘聪、文林、苏鹏予
288	三等奖	车辆智能防碰撞系统	陕西龙门钢铁有限责任公司	张涛、何阳军、卢睿智
289	三等奖	一种安全型塔机无线操作装置	陕西建设机械股份有限公司	王阳阳、樊治平、李梦丹
290	三等奖	用于人员消毒的智能雾化消杀门	西安咸阳国际机场股份有限公司	彭兆晨、王晨晨、支乐乐
291	三等奖	航空金属零件喷丸强化手动编程的工艺改进	中航西飞汉中航空零组件制造有限公司	文林、刘聪、谢军
292	三等奖	一种改良式支气管镜检查供氧装置	咸阳市中心医院	党焱、何小鹏
293	三等奖	氧化型低密度脂蛋白磁定量快速检测系统	西安金磁纳米生物技术有限公司	马乐、张秦鲁、骆志义
294	三等奖	羊肚菌大棚立体栽培技术	杨凌恒桑农业专业合作社	张恒、姚淑芬
295	三等奖	一种检测白酒风味物质效提升的方法	陕西西凤酒股份有限公司	胡瑾、马一飞、罗佳雪
296	三等奖	思壮赤菇的高产种植方法	陕西北方仕达高新技术设计院有限责任公司	陈曦之、陈斌、李紫钰
297	三等奖	板栗X射线辐照杀虫抑芽防霉保鲜技术	杨凌核盛辐照技术有限公司	蔚江涛、李奎、白俊青
298	三等奖	一种黄芪茶及其配制方法	绥德县强盛农业科技有限公司	张强、贺学林、田艳梅
299	三等奖	小剂量口服液灌装生产线收率提升的研究与应用	陕西步长制药有限公司	谭红薇、张卫民、郭洁
300	三等奖	一种具有过滤功能的表层灌溉水取用装置	陕西地建土地工程技术研究院有限责任公司	申江龙、张盼盼、孙语彤
301	优胜奖	高负荷率10KV进线开关柜冷却系统控制回路优化改造	蒲城清洁能源化工有限责任公司	李海容、董存新、李亮

序号	获奖等级	参赛成果名称	申报人所在单位	主要完成人
302	优胜奖	光伏组件灰尘覆盖趋势分析及自动清洗装置	陕西君创智盈能源科技有限公司	刘瑞、张小锋、罗建科
303	优胜奖	一种油吸收塔尾气回收利用的技术	蒲城清洁能源化工有限责任公司	孙振江、刘恒、田涛
304	优胜奖	一种压力容器自动排污装置	陕西液化天然气投资发展有限公司	周晨、郑朝、常锐芳
305	优胜奖	多层系油藏生产数据分析及管理系统	陕西延长石油（集团）有限责任公司研究院	王锰、管雅倩、高涛
306	优胜奖	一种DMTO装置凝液系统改造	蒲城清洁能源化工有限责任公司	张海锋、许云峰、杜全亮
307	优胜奖	一种电站锅炉送风电机冷却系统	陕煤电力集团有限公司	江开拓、陈永飞、董满利
308	优胜奖	进口超低温球阀配件国产化在LNG装车平台应用	陕西液化天然气投资发展有限公司	杨庆威、王森、王敏娟
309	优胜奖	运输上山掘锚一体机临时支护升级改造	陕西澄合百良旭升煤炭有限责任公司	陈如意、雷博、李彦
310	优胜奖	西卓煤矿主、副立井井筒淋水治理技术	陕西陕煤澄合矿业有限公司西卓煤矿	党江磊、胡晓亮
311	优胜奖	600MW汽轮机高压调门控制方式优化	陕煤电力集团有限公司	张晓刚、王鹏、陈强
312	优胜奖	一种物料传送管	陕西有色天宏瑞科硅材料有限责任公司	朱丹丹、陈玺羽、王佳莉
313	优胜奖	地面空压机房低温热源"变废为宝"改造	陕西涌鑫矿业有限责任公司	王剑、张勇、乔振
314	优胜奖	重金属污染土壤调查与差异化修复技术	陕西地建土地工程技术研究院有限责任公司	王璐瑶、彭飚、刘思琪
315	优胜奖	人居适宜的水环境生态重构技术研究及工程应用	陕西地建土地工程技术研究院有限责任公司	张璐璐、郭超、彭飚
316	优胜奖	一种甲醇合成装置热量回收延长运行时间系统及方法	陕煤集团榆林化学有限责任公司	李万林
317	优胜奖	神府半焦制备活性炭优化研究	陕西煤业新型能源科技股份有限公司神木分公司	侯志勇、王振平、白世刚
318	优胜奖	一种地埋中、低压燃气管道泄漏监测装置	陕西城市燃气产业发展有限公司	朱俱君
319	优胜奖	特厚煤层顺层长钻孔水力压裂瓦斯抽采技术	陕西彬长大佛寺矿业有限公司	张永涛、窦成义、李建华

序号	获奖等级	参赛成果名称	申报人所在单位	主要完成人
320	优胜奖	大疆精灵4RTK成果应用转化	西安荣岩地质勘探有限公司	刘振海、梁玉森、陈依民
321	优胜奖	甲醇合系统增加脱铁剂应用研究	蒲城清洁能源化工有限责任公司	李红、茹杨伟、朱中正
322	优胜奖	大佛寺矿"套铣钻杆+筛管护孔"下管技术	陕西彬长大佛寺矿业有限公司	张永涛、窦成义、李建华
323	优胜奖	制酸系统废水及污酸减排技术创新	汉中锌业有限责任公司	何全龙、张多、李敏
324	优胜奖	硅烷流化床反应器的控制方法	陕西有色天宏瑞科硅材料有限责任公司	马文军、杨振中、韦武杰
325	优胜奖	气密式油挡在汽轮机上的应用	陕西北元化工集团股份有限公司热电分公司	王磊、李军业、梁虎伟
326	优胜奖	加热炉可控硅快速检测方法创新	金堆城钼业股份有限公司	康冲、冀酉、何江山
327	优胜奖	一种齿轮润滑装置	陕西有色天宏瑞科硅材料有限责任公司	张少军、王智永、马久甜
328	优胜奖	离心式压缩机组回流阀的电磁阀升级改造	陕西省天然气股份有限公司	张越、王少波、张嘉
329	优胜奖	气化装置LNG增压泵变频改造	陕西液化天然气投资发展有限公司	贾飞、党怀强、李增辉
330	优胜奖	一种亚硝酸钾尾气处理加压系统	陕煤集团榆林化学	李成科、王冠之、赵强
331	优胜奖	煤气化专用高效除氧器	陕煤集团榆林化学有限责任公司	李自恩、张庆、吴小军
332	优胜奖	一种变送器密封接头紧固用扳手套装	陕西能源电力运营有限公司	屈晓言、赵宝伟、孟辉
333	优胜奖	挤压式堆煤保护在选煤厂预湿筛上应用	陕煤集团神木柠条塔矿业有限公司	高君、郭立文、王瑞
334	优胜奖	一种尾气中的烃类回收系统	蒲城清洁能源化工有限责任公司	封建利、孙鹏飞、韦鹏
335	优胜奖	燃气发电机缸套水预加热系统改造	陕西省天然气股份有限公司	马智湖、潘晓东、皮明星
336	优胜奖	聚丙烯装置科倍隆挤压机开车模式控制优化	蒲城清洁能源化工有限责任公司	秦克学、毕建新、潘锦
337	优胜奖	板式换热器快速修复组装再利用技术	汉中锌业有限责任公司	卜龙飞、万龙飞、张多
338	优胜奖	一种新型物化废水三效蒸发系统	陕西新天地固体废物综合处置有限公司	赵卫强、张花娟、唐金月

序号	获奖等级	参赛成果名称	申报人所在单位	主要完成人
339	优胜奖	制酸系统沸腾炉排渣流量调节器设计与应用	汉中锌业有限责任公司	鲁延平、万龙飞、李敏
340	优胜奖	电解锰无铬化后处理技术的研究与应用	陕西省紫阳县湘贵锰业有限公司	李习、薛从顺、刘京
341	优胜奖	粉煤高效循环利用实践探索	陕煤集团榆林化学有限责任公司	李自恩、张胜梅、雷尚敏
342	优胜奖	大地静力场综放工作面主回撤通道支护工艺的研究与实践	陕煤集团神南产业发展有限公司	杨晓斌、殷博超、温利刚
343	优胜奖	一种缩短贫甲醇水冷器检修时间的系统	蒲城清洁能源化工有限责任公司	张俊辉、宋建平、成庚良
344	优胜奖	一种MTBE装置的新型生产系统的创新改造及开车方法	陕西延长石油（集团）有限责任公司延安石油化工厂	赵强、陈张友、刘长庆
345	优胜奖	一种机组发变组保护柜非电量保护出口跳闸回路	陕煤电力集团有限公司	郭洋、雷啸吟
346	优胜奖	一种整体集装式串联机械密封	陕西北元化工集团股份有限公司科技研发中心	韩慧珏、王福金
347	优胜奖	一种催化剂抽翻装置	陕西北元化工集团股份有限公司	刘建、陈树培、熊磊
348	优胜奖	雨水综合利用系统产品化设计	陕西地建土地勘测规划设计院有限责任公司	强辉强、买超、李萌
349	优胜奖	智能火车装车系统	陕煤集团神木红柳林矿业有限公司	郭奋超、刘欣、何坐楼
350	优胜奖	一种新型环保氨水气体吸附装置	陕西北元集团锦源化工有限公司	黄治国、魏辉、陆飞
351	优胜奖	一种新型脱乙烷塔冻塔处理方法	蒲城清洁能源化工有限责任公司	阎伟华、彭浩、田涛
352	优胜奖	一种反应器进口的流量控制系统	蒲城清洁能源化工有限责任公司	孙鹏飞、杨永胜
353	优胜奖	3PE管端涂层车削工艺研究及成功应用	宝鸡石油输送管有限公司	王治波、赵锐锋、李宝平
354	优胜奖	专用清理煤气管道套丝扳手工具	陕西黄陵煤化工有限责任公司	李仲
355	优胜奖	一种适用于工业废硫酸资源化综合利用工艺的研究	陕西华浩轩新能源科技开发有限公司	刘彦仁、贺捷、米海刚

续表

序号	获奖等级	参赛成果名称	申报人所在单位	主要完成人
356	优胜奖	一种煤矿工作面运输机机头辅助破矸装置	陕西小保当矿业有限公司	王晓鹏、王小军、乔海军
357	优胜奖	企业照明系统实现光控和时控协同控制优化改造	蒲城清洁能源化工有限责任公司	朱文昊、陈健、马鑫
358	优胜奖	适用于振动环境下控制阀门附件可靠运行装置	蒲城清洁能源化工有限责任公司	雷鸣、刘林宇、代龙
359	优胜奖	基于"碳减排"的绿色均质烧结技术研究与应用	陕钢集团汉中钢铁有限责任公司	相里军红、王轶韬、邓波
360	优胜奖	BBF管定位定型支架	陕西建工第一建设集团有限公司	张建辉、李颜荣、杜海东
361	优胜奖	一种可移动涂装板快速贴纸机装置	陕西建工建材科技有限公司	刘江、田思佳
362	优胜奖	一种铝合金垫架镀铝锌钢板挂瓦条螺钉挂瓦施工方法	陕西建工第十四建设有限公司	罗刚、刘婷
363	优胜奖	高性能氮化用钢稀土微合金化研究	陕西法士特汽车传动工程研究院材料成型理化中心	桂伟民、何亮亮、张晓菊
364	优胜奖	特种纤维增强酚醛树脂复合材料的开发	陕西华特新材料股份有限公司	程旭艳、许联联、王银科
365	优胜奖	核用锆材高压气相渗氢设备与方法	西安西部新锆科技股份有限公司	梁伟、李帆、惠泊宁
366	优胜奖	材料热处理用真空退火炉校准技术研究	西安汉唐分析检测有限公司	余泽利、张兵、鲁文婧
367	优胜奖	高速公路天桥分幅交替快速拆除施工工艺	西安理工大学	段新鸽、李艳恺、杨强
368	优胜奖	安全环保药剂清洗陶瓷过滤机	金堆城钼业股份有限公司矿山分公司	刘迎春、王勇闯、郗波
369	优胜奖	露天采场爆破参数优化	金堆城钼业股份有限公司	谷祎、吕文超、罗尔浩
370	优胜奖	水切割废砂高效清除系统及方法	金堆城钼业股份有限公司	张怡、刘宏亮、张焜
371	优胜奖	一种原子荧光光度计用气液分离器	西安西北有色地质研究院有限公司	展向娟、冯玉怀、张浏波
372	优胜奖	土壤有效态砷-汞检测仪	西安西北有色地质研究院有限公司	马熠罡、孙冬娥、张浏波

序号	获奖等级	参赛成果名称	申报人所在单位	主要完成人
373	优胜奖	立柱缸筒旋转冲洗机	西安重装铜川煤矿机械有限公司	王增荣、拓小宝
374	优胜奖	可伸缩调节式泵管支架	陕西建工第一建设集团有限公司	梁岩、贾文强、薛义飞
375	优胜奖	一种挂靠式连铸中间包工作层均热装置	陕钢集团产业创新研究院有限公司	史永刚、李博、卢春光
376	优胜奖	一种分离极性化合物的功能化硅胶固定相	陕西地建土地工程技术研究院有限责任公司	石海兰、李日升、魏样
377	优胜奖	一种钒氮合金钒含量快速、低误差检测方法	陕西华银科技股份有限公司	叶作平、夏波、杨小华
378	优胜奖	基于自动搅拌测定土壤机械组成技术标准及配套装置	西安西北有色地质研究院有限公司	周团坤、张尼、姚谷敏
379	优胜奖	特长富水隧道涌水突泥灾害防控体系	陕西交通控股集团有限公司安岚高速公路建设管理处	陈旭、刘辉、李鹏飞
380	优胜奖	消失模铸造球墨铸铁件激冷系统设计	陕西法士特汽车传动工程研究院材料成型理化中心	周瑞、张维江、淡瑶
381	优胜奖	一种路面养护的铣刨测量方法	陕西高速机械化工程有限公司	成高立、李许峰、雷雪鹏
382	优胜奖	减速机壳体零件加工技术研究及应用	陕西法士特汽车传动工程研究院工艺所	李培超、程彦容、舒志强
383	优胜奖	一种具有温湿度监测功能园林绿化灌溉装置	西安市市政建设（集团）有限公司	刘艳艳、杨帆、刘浩
384	优胜奖	渗碳层碳元素含量的EPMA测定	陕西法士特汽车传动工程研究院材料成型理化中心	张晓菊、桂伟民、刘守江
385	优胜奖	化工装置区检修安全带挂口器开发研究与应用	工作单位陕西兴化集团有限责任公司	张孟、贾连兴、赵新建
386	优胜奖	新型高防腐铆钉的开发应用	陕西汽车控股集团有限公司车架厂	董婷、王旸
387	优胜奖	异形悬挑钢结构整体同步提升及健康监测施工工法	陕西建工第九建设集团有限公司	王晓翔、李杨杨、乔廷廷
388	优胜奖	一种预制砼窗拱的安装装置	陕西建工（延安）新型建材有限公司	张保荣、王弘起、李大卫

序号	获奖等级	参赛成果名称	申报人所在单位	主要完成人
389	优胜奖	一种螺杆眼防水材料自动涂刷机	陕西建工第一建设集团有限公司	王峰、张文博、籍旭辉
390	优胜奖	研制车辆最小转弯直径测量系统	陕西重型汽车有限公司	谭浩、袁月、苗小建
391	优胜奖	一种可观察地下空洞的便携装置	陕西工程勘察研究院有限公司	陈创、袁湘秦、董洁
392	优胜奖	机器人触觉感知皮肤	陕西中建建乐智能机器人股份有限公司	杨剑乐、张三、周耘锋
393	优胜奖	一种圆钢自动送料下料装置	西安重装澄合煤矿机械有限公司	姚志杰、杨帅、王晓亮
394	优胜奖	熨平板机械快速连接装置	陕西建设机械股份有限公司	杨华、赵力铭、黄志力
395	优胜奖	一种T型机器人焊接平台的设计与应用	西安重装铜川煤矿机械有限公司	王雨、刘永建、负旭昆
396	优胜奖	一种测定锆合金中锑含量的方法	国核宝钛锆业股份公司	王杰、李瑞、赵旭东
397	优胜奖	一种野外实验取样样品冷藏暂存箱	陕西地建土地工程技术研究院有限责任公司	舒晓晓、叶胜兰、孙路
398	优胜奖	HPTEM18瞬变电磁仪应用成果转化	西安荣岩地质勘探有限公司	王才进、梁玉森、王岩峰
399	优胜奖	一种风门闭锁装置	陕西煤业化工集团孙家岔龙华矿业有限公司	王力、申飞
400	优胜奖	一种综采工作面带式输送机保护支架	陕西煤业化工集团孙家岔龙华矿业有限公司	申飞、杨宝军
401	优胜奖	实心灌浆轻钢复合墙体	陕西建科节能发展有限公司	董良、杨宝文、晏霞
402	优胜奖	一种40mmHRB500钢筋丝头保护工具	陕西建工第一建设集团有限公司	陈宝鑫、袁林、朱涛
403	优胜奖	后浇带混凝土浇筑载具	陕西建工第一建设集团有限公司	宋洛、张党军、杨阿江
404	优胜奖	燃气管道内进空气的处理办法及燃气管道内进空气处理装置	铜川市天然气有限公司	姜成、张一士、黄胜利
405	优胜奖	用于棒线材头尾剪切的控制方法	陕钢集团汉中钢铁有限责任公司	蔡仁吉、李勇强、赵国徽
406	优胜奖	长恨歌演出看台提升	陕西华清宫文化旅游有限公司	齐磊、赵旺旺
407	优胜奖	一种电力驱动的便携土壤环境检测取样装置	陕西地建土地工程技术研究院有限责任公司	王迎国、王嘉炜、吴雪莹

序号	获奖等级	参赛成果名称	申报人所在单位	主要完成人
408	优胜奖	三角花键齿槽角度检测方法的研究	陕西法士特汽车传动工程研究院工艺所	王荣、舒志强、罗毅
409	优胜奖	一种40T刮板校正装置	陕西陕北矿业韩家湾煤炭有限公司	丁佳、周竹峰、常亮亮
410	优胜奖	一种园林绿化用改良土壤的园林设备	西安市市政建设集团有限公司	负田力、刘运强、闫思敏
411	优胜奖	一种新型市政组合式检查井井筒	西安市市政建设（集团）有限公司	王芳、梁思远、王成
412	优胜奖	基于JDSoft-ArtForm对采煤机模型的研究与应用	西安煤矿机械有限公司	何亚军、赵晓辉、田博
413	优胜奖	一种燃气管网泄漏检测方法	铜川市天然气有限公司	姜成、李剑
414	优胜奖	S变速器直线轴承拆卸工具研制	陕西法士特汽车传动工程研究院实验中心	郑乐、张孟锋、强中伟
415	优胜奖	一种国六氮氧传感器保护罩	西安创研电子科技有限公司	黄正林、侯佳伟
416	优胜奖	缩短隔音墙清洗时间	汉宁分公司	孙婕、欧阳文捷、何其浩
417	优胜奖	一种抽油机曲柄衬套拔出装置	靖边采油厂	席雷雷、席涛、冯伟洋
418	优胜奖	浮选柱尾矿阀定位器优化气路气水分离装置及供气系统	金堆城钼业股份有限公司	杜凤梅、康建雄、杨耿
419	优胜奖	（新型）汽车装饰条和密封胶条加热设备	陕汽集团商用车有限公司	李哲、宋海刚、韩刘勇
420	优胜奖	一种钢制管线内壁清理装置的发明与应用	陕西延长石油（集团）有限责任公司延安石油化工厂	王继宏、李金男、贾佳
421	优胜奖	外墙保温一体化施工工艺	陕西建工第九建设集团有限公司	胡国瑞、王辉、王鑫
422	优胜奖	一种角钢起重吊钳工具	陕西省东庄水利枢纽工程建设有限责任公司	陈梦、刘松、边文
423	优胜奖	一种适用于各种隧道断面的衬砌台车	陕西省东庄水利枢纽工程建设有限责任公司	李少宜、吴迪、康杰
424	优胜奖	一种用于PVC纳米吸能模块高周波封装的模具	陕西煤业化工技术研究院有限责任公司	汪佩、梁晓成、杨立峰
425	优胜奖	防撕裂输送带芯胶贴网的工艺技术创新	西安重装渭南橡胶制品有限公司	李永超、董斌、杨晓晓
426	优胜奖	路灯安装辅助装置及缆线保护装置在施工中的应用与研究	西安市市政建设（集团）有限公司	张明、昝福虎、余春丽

序号	获奖等级	参赛成果名称	申报人所在单位	主要完成人
427	优胜奖	路缘石毫米级缝宽无填料精致安装施工技术	西安市市政建设（集团）有限公司	刘恒、杨凯、宋奋有
428	优胜奖	三机弧形压链体、拨链器耐磨层新材料应用	陕煤集团神南产业发展有限公司	焦阳、陈瑞、冀旭昺
429	优胜奖	一种带式输送机托带装置	陕煤集团神木张家峁矿业有限公司	朱聿顺、李玖安、王冠华
430	优胜奖	布袋智能检测技术应用	陕钢集团汉中钢铁有限责任公司炼铁厂喷煤车间主任	贾振锋、雷云鹏、段晓康
431	优胜奖	一种管材划线用管材夹具的研究	西安汉唐分析检测有限公司	余泽利、张艺新、贾梦琳
432	优胜奖	集成式转向节研究与应用	陕西汉德车桥有限公司	丁炜琦、童宁娟、王党青
433	优胜奖	一种托辊更换装置	陕煤集团神木张家峁矿业有限公司	刘志文、刘宝明、陈瑞泽
434	优胜奖	平面调车设备信号盲区治理措施的研究与应用	陕西榆横铁路有限责任公司	刘榆欣、孙林峰、张爱民
435	优胜奖	一种电平转换电路输入结构优化	陕西电子信息集团西安天光西安研发中心	张郑汀
436	优胜奖	一种避免数据竞争的高可靠三态D锁存器的设计	陕西电子信息集团天光半导体有限责任公司	赵转平、卢宇、张玲玲
437	优胜奖	基于ARIMA模型和BP模型的卡车销量预测研究	陕汽集团商用车有限公司	刘静静、雷金程、徐志辉
438	优胜奖	PDF设计图纸批量矢量签名自动加载软件	陕西省交通规划设计研究院有限公司	白锐鸽、张浩、李明
439	优胜奖	热电偶测量扩散炉温不确定度分析及改进	天水天光半导体有限责任公司	郑吉春
440	优胜奖	管控一体化平台技术管理系统	陕西华臻车辆部件有限公司	王晨
441	优胜奖	西安咸阳国际机场航站楼UPS及蓄电池在线监控系统项目	西安咸阳国际机场股份有限公司	房博、陈宝、李垚
442	优胜奖	航拍三维成像地面岩移观测技术研究与应用	陕西建新煤化有限责任公司	孙超、郭凤景、王斌
443	优胜奖	桌面点胶机的应用	陕西华经微电子股份有限公司	冯枫、李娜、郑莉
444	优胜奖	智慧专用线运输管理系统	陕西彬长矿业集团有限公司铁路运输分公司	周朝阳、周宏利、秦跃

序号	获奖等级	参赛成果名称	申报人所在单位	主要完成人
445	优胜奖	恒定加速度模具设计及应用	陕西华经微电子股份有限公司	范捷、南阳、李娜
446	优胜奖	主通风机云报警装置的应用	陕西陕北矿业韩家湾煤炭有限公司	白铭波、白伟东、蒋鹏
447	优胜奖	煤气核心参数远传控制系统	陕西龙门钢铁有限责任公司	李刚、朱帅、薛飞
448	优胜奖	一种结合动态航班信息实现机场信息显示屏的智能化控制研究软件	西安咸阳国际机场股份有限公司	庞翔峰、刘烨、房伟东
449	优胜奖	一种提高带隙基准负载能力的电路模块	天水天光半导体有限责任公司	卢靖
450	优胜奖	（数字信息技术在仓储管理中的应用）WMS系统	陕西中能煤田有限公司	潘琰、安晓侠、解在军
451	优胜奖	十进制约翰逊计数器电路的改进	陕西电子信息集团西安天光西安研发中心	文叶叶
452	优胜奖	安检飞行区生产运行调度的创新研发	西安咸阳国际机场股份有限公司	王智超、李龙、韩彬
453	优胜奖	CD4019的ESD优化	陕西电子信息集团西安天光西安研发中心	杨玉瑶
454	优胜奖	一种解决华夫饼LVS问题的设计	天水天光半导体有限责任公司	张志琦
455	优胜奖	54LVC系列产品静电保护结构的设计	陕西电子信息集团天光半导体有限责任公司	赵转平、卢宇、李应龙
456	优胜奖	壁薄高光深腔精密零件的加工技术	陕西长岭电气公司	伍海龙、李宏智、唐晓东
457	优胜奖	电石分厂除尘风机电机控制节能改造	陕西煤业化工集团神木电化发展有限公司	刘丽、刘小军
458	优胜奖	油缸缸筒反焊接变形的工艺方法	西安重装铜川煤矿机械有限公司	申雪荣、姚亮、白育波
459	优胜奖	一种铭牌激光刻字用周向角度调整装置	陕西长岭电子科技有限责任公司	王翔、陈虎、张明常
460	优胜奖	某国产五坐标高速电主轴设备应用	中航西飞汉中航空零组件制造有限公司	何亿、刘鹏
461	优胜奖	复杂条件下掘锚一体化远程智能控制系统	陕西黄陵二号煤矿有限公司	易瑞强、杨波、朱科强
462	优胜奖	一种慢走丝加工高精度分度齿盘的加工方法	陕西渭河工模具有限公司	陈博锐、张彦君、杨应锁
463	优胜奖	薄壁筒体—一次焊接成型	庆安集团有限公司	王帆、周云飞、张磊

续表

序号	获奖等级	参赛成果名称	申报人所在单位	主要完成人
464	优胜奖	橡胶工艺链接智能输送系统	西安重装渭南橡胶制品有限公司	雷彬、肖雄、刘峰
465	优胜奖	球形滚道精密加工的滚压装置	庆安集团有限公司	王卓岗、黄遥、张旭
466	优胜奖	一种具有减震装置儿童平衡车	宝鸡欧亚金属科技有限公司	李晓鹏、马俊峰、雷晓军
467	优胜奖	数控加工中控制变形与提升效率的应用	中航西飞汉中航空零组件制造有限公司	董喆、刘劲争、惠建荣
468	优胜奖	自锁作动器装配线设计与实施	庆安集团有限公司	张鑫、张宁盾、贺卫平
469	优胜奖	液晶玻璃基板工艺液位测量设备研制开发	陕西彩虹工业智能科技有限公司	邢波、李文胜、王小军
470	优胜奖	飞机驾驶杆上部内机构接头装配的工艺技术改进及检测技术	中航西飞汉中航空零组件制造有限公司	胥旸、余红宣、王帆
471	优胜奖	一种AMT怀挡集成技术	陕西重型汽车有限公司	陈润龙
472	优胜奖	小回转类零件车削批生产新工艺	庆安公司	王锋强、张浩、邓强
473	优胜奖	飞机地板类零件数控加工优化方案	中航西飞汉中航空零组件制造有限公司	李兴华、杨军、刘劲争
474	优胜奖	不锈钢筒体内腔镀硬铬新工艺	陕西长岭电气有限责任公司	陈俊伊、韩峰、朱世昶
475	优胜奖	关于采用某三轴设备加工五轴工件的工艺改进	中航西飞汉中航空零组件制造有限公司	何亿、彭一峰
476	优胜奖	基于专家规则的摄像机故障综合诊断告警系统	西安咸阳国际机场股份有限公司	王冕、王涛、金志超
477	优胜奖	市政道路3D智能摊铺应用	西安市市政建设（集团）有限公司	全群力、齐红涛、连笠鉴
478	优胜奖	高精度远程俯仰控制调试工装	陕西黄河集团有限公司	李彧东、赵勇、魏识宇
479	优胜奖	壁板类零件T型槽加工工艺改进	中航西飞汉中航空零组件制造有限公司	杨洪洪、王俊、文林
480	优胜奖	异形结构件的一种高效加工方式研究	庆安集团有限公司	向瑞超、盖永亮、林春秧
481	优胜奖	V型波导加工技术与工艺探索	陕西长岭电气公司	刘冠群、唐晓东、李宏智
482	优胜奖	某型机"前襟X肋"类零件的优化提升	中航西飞汉中航空零组件制造有限公司	李兴华、董喆、刘劲争
483	优胜奖	防爆铲运机货叉横向自移装置	陕煤集团神木柠条塔矿业有限公司	李鑫、周宇、钟翔
484	优胜奖	多角度划线装置设计应用	庆安集团有限公司	王宏、王刊国、张红妮

序号	获奖等级	参赛成果名称	申报人所在单位	主要完成人
485	优胜奖	继电器引出端电镀挂具改进	陕西群力电工有限责任公司	樊永红、刘艳艳、孙瑜
486	优胜奖	发动机钛合金筒体工艺技术	庆安集团有限公司	高萌、宋宝龙、王维博
487	优胜奖	平板硫化机可调式牵引纠偏和卷取纠偏装置	西安重装渭南橡胶制品有限公司	董斌、张强、高林
488	优胜奖	恒充式液力耦合器拆、装工装设计	陕煤集团神南产业发展有限公司	马晓燕、焦阳、张挺
489	优胜奖	超频震动着水机	陕西天山西瑞面粉有限公司	李向阳、张洪博、王锐
490	优胜奖	一种中药材挥发油提取装置	陕西步长制药有限公司	郭洁、沈锡春、张卫民
491	优胜奖	一种安装有除异物装置的胶囊填充机	陕西步长制药有限公司	雷亚贤、张卫民、郭洁
492	优胜奖	魔芋切块繁殖技术	汉中市农业技术推广与培训中心	吴建静、薛莲、荆丹
493	优胜奖	直立式聚丙烯输液袋	西安利君康乐制药有限责任公司	范少杰、张静
494	优胜奖	造福一方的"神奇仙草"	平利县飞燕茶业有限公司	凌洋阳、凌飞
495	优胜奖	一种新型多维度创面观察测量尺	咸阳市中心医院骨三科	刘迎梅、申春霞、刘温温
496	优胜奖	漂浮育苗技术	太白县农业技术推广服务中心	赵丹、赵志国、谭明权
497	优胜奖	"天露柿肺清"达到对新冠病毒灭杀率为99.99%的创新产品推	陕西天路通生物科技有限公司	边疆
498	优胜奖	绞股蓝金花茯茶	平利县八仙龑坪茶叶专业合作社	汪涛、肖桂莉、冉龙海
499	优胜奖	麸皮散装发放	陕西天山面粉有限公司	万锦程、张洪博、王锐
500	优胜奖	中药—药浴—药罐—熏洗联合治疗寻常性银屑病推广应用	陕西省中医医院	郭蛟、闫小宁、解豫苑

三、创新活动先进单位及个人

1. 第36届陕西省青少年科技创新大赛获奖名单

第36届陕西省青少年科技创新大赛于2022年4月17日在西安举办。本届大赛分为青少年科技创新成果竞赛、科技辅导员创新成果竞赛、青少年科技实践活动比赛、少年儿童科学科幻画比赛，共收到各15家单位申报的参赛作品892项。通过项目征集、竞赛评审委员会评审，青少年科技创新成果竞赛赛道共评出一等奖 24 项、二等奖 61 项、三等奖 128 项，科技辅导员创新成果竞赛赛道共评出一等奖 7 项、二等奖 14 项、三等奖 23 项、优秀奖 11 项，青少年科技实践活动赛道共评出一等奖 15 项、二等奖 28 项、三等奖 41 项，少年儿童科学科幻画赛道共评出一等奖 60 项、二等奖 136 项、三等奖 192 项。

（1）青少年科技创新成果竞赛获奖名单

序号	项目名称	学科分类	项目类型	竞赛组别	作者	代表队	就读学校	辅导教师	奖项
1	全自动羽毛球穿球机	技术	个人	小学	张天硕	西安	西安建筑科技大学附属小学	张琴英	一等奖
2	智能感应式高层建筑物坠物安全网	技术	个人	小学	林乐山	西安	西安高新第一小学	褚楚续妮	一等奖
3	智能手感自动粉笔盒	技术	个人	小学	冯一娇	西安	陕西师范大学大兴新区小学	姜欣欣	一等奖
4	公交车智能防夹装置	技术	个人	小学	侯伊睿	西安	西安航天城第一小学	王羽	一等奖
5	"新冠肺炎疫情后，我更爱国了"新冠肺炎疫情对学生人生观价值观的影响	行为与社会科学	个人	小学	刘睿轩	西安	西安高新第二小学	李土	一等奖
6	全运会主场馆周边疏解效率分析与研究	行为与社会科学	个人	小学	王姿涵	西安	西安高新第一小学	褚楚麻丹	一等奖
7	智能时光盒（智能化分类多格存取保险箱装置）	工程学	集体	初中	李昶玮 樊怡佳 张浩堃	西安	西安铁一中分校西安爱知初级中学西安铁一中分校	胡琳 强志科 胡西朋	一等奖
8	以旧换新智能口罩机	工程学	个人	初中	赵禾钰	西安	西工大附中分校	徐攀登	一等奖
9	弘扬农民画之精粹，构建脱贫新样态——对新常态下户县农民画的调查研究	行为与社会科学	集体	初中	黄荷轩 姜宸瑄 王芊予	西安	西安爱知初级中学西安爱知初级中学西安爱知初级中学	李敏 骆颖 宋珊珊	一等奖
10	化学转转通	化学	个人	初中	韩蹊原	西安	西安市第八十九中学	李敏 韩树团	一等奖
11	基于图像识别的地面漫水检测系统	计算机科学	个人	初中	单思瑶	西安	西安铁一中分校	傅淑颖 潘程莹 骆豆豆	一等奖
12	一种无需电源的可穿戴式微波探测器	物理与天文学	个人	高中	单昊航	西安	西安高新第一中学	张朋诚	一等奖
13	无影多功能无线模块	工程学	个人	高中	董欣霖	西安	西安市第八十五中学	房嫄媛	一等奖

序号	项目名称	学科分类	项目类型	竞赛组别	作者	代表队	就读学校	辅导教师	奖项
14	不同生长环境下的小白菜苗生长情况研究	生命科学	个人	小学	段杨祥月	宝鸡	太白县咀头小学	缑永玲 段安成	一等奖
15	黄柏塬山货销售现状调查与发展研究	行为与社会科学	个人	高中	童怡月	铜川	耀州中学	王文娟 刘益涛	一等奖
16	家庭废水再利用装置	物理与天文学	个人	高中	李卓轩	榆林	绥德中学	刘晓宇	一等奖
17	会飞的课本	工程学	个人	高中	常振宇	榆林	榆林高新中学	张　欣	一等奖
18	时区"旋转器"	行为与社会科学	集体	初中	赖馨怡 薛佳雨	延安	延安市甘泉县初级中学	康　利 常　霞 李　琳	一等奖
19	滑轮自动关门器	物理与天文学	集体	初中	周源昊 王郁婷 李婉婷	汉中	汉中市汉台区徐望镇望江初级中学	曹　浩 舒　红 胡天祥	一等奖
20	二级分离水汽动力混合火箭	物理与天文学	集体	高中	王奕超 谢梦威 蔡曾志鹏	汉中	汉中市汉台中学	韩昕彤	一等奖
21	基于AOA协议的野外通信与救援求生系统	工程学	集体	高中	王梓俊 王鈜炜	安康	宁陕县宁陕中学	张红伟 蒙　伟	一等奖
22	仿生关节喷头智能鼻炎水疗仪	工程学	个人	高中	张晨曦	英才	陕西师范大学附属中学	郭宏宇	一等奖
23	智能预警安全插板	技术	个人	小学	唐启恒	基地	西安高新国际学校	朱　珠 王　帆 王毅刚	一等奖
24	探究两种植物在沙漠治理中的重要作用	环境科学与工程	集体	高中	傅泽芃 孟晨瑄 梁宇宽	基地	西安市铁一中学、西安铁一中国际合作学校	蔡　敏	一等奖
25	转弯盲区交通信号灯	技术	个人	小学	胡溪苒	西安	西北核技术研究院子女学校	樊瑞芸 贺　飞 陈小燕	二等奖
26	一种用于主动长期教室防疫消毒的装置	技术	个人	小学	刘明康	西安	西安建筑科技大学附属小学	张琴英	二等奖
27	一种简易的洁厕宝缓释控制装置	技术	个人	小学	贺子旋	西安	西安高新第二小学	付小轩	二等奖
28	关于轿车追尾运输货车减少伤亡的安全防撞箱	技术	个人	小学	王峥皓	西安	鄠邑区新区小学	杨　婷 马　维	二等奖

序号	项目名称	学科分类	项目类型	竞赛组别	作者	代表队	就读学校	辅导教师	奖项
29	浅谈黄河流域生态环境保护	地球环境与宇宙科学	个人	小学	贺子懿	西安	西安航天城第一小学	王　羽	二等奖
30	新型路障智能遥控装置	工程学	个人	初中	王婕妤	西安	西安爱知初级中学	杨晒波 付永强	二等奖
31	一种模块化快速应急救援清障工具的创新设计	工程学	个人	初中	林欣怡	西安	西安电子科技大学附属中学	袁　丽 谭　燕 秦琴琴	二等奖
32	一种排球训练多功能红外计数器	工程学	集体	初中	张可书 郭楚晗	西安	西安爱知初级中学西安爱知初级中学	李　敏 郝　毅	二等奖
33	小型自动喷雾消毒机器人	工程学	个人	初中	张颖治	西安	西工大附中分校	/	二等奖
34	隧道积水检测器	工程学	个人	初中	黄家程	西安	西安市第七十中学	马鸿雁	二等奖
35	基于物联网的"我爱我家"云平台智能家居系统	计算机科学	个人	初中	李瑞阳	西安	西安市西航二中	王晓瑛	二等奖
36	智能称重餐桌报警监控系统	计算机科学	个人	初中	喻子瀛	西安	西工大附中分校	杨　敏	二等奖
37	数学教具——直角三角量角器	数学	集体	初中	郭品妍 师　范	西安	西安高新第一中学初中校区、西安市含光中学	张　骞	二等奖
38	多功能电磁加速器	工程学	个人	高中	李子昂	西安	西安外国语大学附属西安外国语学校	何　辉 王楠楠 李　帖	二等奖
39	基于物联网技术的测温智能穿戴手环	工程学	个人	高中	张济麟	西安	西安交通大学附属中学航天学校	邓　涛	二等奖
40	节能型智能插座	工程学	个人	高中	杨润轩	西安	西安市铁一中学	蔡　敏	二等奖
41	烟头污染对生物环境的影响及烟头收集处理器的改进	环境科学与工程	个人	高中	闫张其	西安	陕西省西安中学	马小勇	二等奖
42	关于西安公共自行车系统运营及调度方法研究	行为与社会科学	个人	高中	吴煜健	西安	西安交通大学附属中学航天学校	杜　琳	二等奖
43	基于人工智能垃圾自动分类垃圾桶	技术	个人	小学	严　瑾	宝鸡	宝鸡高新第三小学	苗　斌 张　婷 刘宝科	二等奖

序号	项目名称	学科分类	项目类型	竞赛组别	作者	代表队	就读学校	辅导教师	奖项
44	2022年北京冬残奥会智能升降式领奖台	技术	个人	小学	邓茗泽	宝鸡	宝鸡高新第三小学	苗　斌 朱闫钰 张　婷	二等奖
45	基于树莓派的疫情防控专用电梯	技术	个人	小学	张易卓	宝鸡	宝鸡高新第三小学	苗　斌 刘宝科 朱闫钰	二等奖
46	高精度电子水平仪	物理与天文学	集体	初中	林泽龙 林泽豪 张　鹤	宝鸡	岐山县马江中学	张鸿飞 刘晓东 侯　波	二等奖
47	连通器式液体压强与深度关系实验器	物理与天文学	个人	初中	苟晨阳	宝鸡	岐山县西机学校	王海军 何晓锋 巨永妮	二等奖
48	宝鸡市金台区家庭饮用水纯净度调查及治理建议	环境科学与工程	集体	初中	裴如意 陈婷婷 张馨瑶	宝鸡	金台区店子街中学	李少华 刘宝田	二等奖
49	《疫情期间中学生睡眠质量与网络依赖的关系调查研究》	行为与社会科学	个人	初中	杨谨菡	宝鸡	渭滨区金陵中学	张晓梅 张小英 朱芬莉	二等奖
50	新型节能环保太阳能热水器	物理与天文学	个人	高中	苏章远	宝鸡	宝鸡中学	刘　香	二等奖
51	隐形式高层防坠跌窗栏	工程学	集体	高中	张祎航 曹　攀	宝鸡	陇县第二高级中学	闫永锋 李青粉	二等奖
52	极端天气汽车红绿灯提示装置	工程学	个人	高中	杨卓睿	宝鸡	凤翔县凤翔中学	宋文斌	二等奖
53	有毒气体的制取、性质实验的改进装置	化学	个人	高中	龙馨仪	宝鸡	宝鸡南山中学	李　乐 白　莹	二等奖
54	光盘卫士	计算机科学	集体	高中	陈隽逸 王佳音	宝鸡	陈仓区东关高中	高永刚 贾　伟 王　艳	二等奖
55	全自动化跟随书包	技术	个人	小学	黄梓乔	咸阳	咸阳市实验学校	刘登科	二等奖
56	智能捡球器	技术	个人	小学	朱子昊	咸阳	咸阳市实验学校	刘登科	二等奖
57	具有更高效率的多级磁阻式线圈炮	物理与天文学	个人	高中	马彧轩	咸阳	咸阳彩虹学校	秦　霞	二等奖
58	链条式高层逃生装置	物理与天文学	个人	高中	张旭驰	咸阳	咸阳市实验中学	邓航斌	二等奖
59	对电磁轨道炮的尝试研制	物理与天文学	个人	高中	唐　健	咸阳	咸阳市实验中学	邓航斌	二等奖

序号	项目名称	学科分类	项目类型	竞赛组别	作者	代表队	就读学校	辅导教师	奖项
60	太阳高度角测量	物理与天文学	个人	高中	韩雨童	咸阳	咸阳市实验中学	邓航斌	二等奖
61	关于雾霾检测与防护	工程学	集体	高中	杜雨璁 王艺锦	咸阳	咸阳彩虹学校	陈永林	二等奖
62	高空坠物的危害与应对策略	行为与社会科学	集体	初中	胡盛裔 师子瑄 卢　旭	铜川	铜川市第一中学	陈园利 张小雷	二等奖
63	武功旗花面制作创新与推广研究	行为与社会科学	个人	高中	刘孟琛	铜川	耀州中学	王文娟 刘益涛	二等奖
64	巧解三角形仪	数学	个人	高中	朱继文	铜川	陕西省煤炭建设公司第一中学	和　力 殷彦伟 裴　茹	二等奖
65	未来新能源汽车模型	工程学	个人	高中	白志杰	榆林	榆林高新中学	张　欣	二等奖
66	海底地形演示学具	环境科学与工程	集体	初中	雷佳乐 胡　悦 王文涛	延安	延安市甘泉县初级中学	李　强 孙占峰 乔虹霞	二等奖
67	拓扑网络构建与海明校验的实验探究	计算机科学	个人	高中	王国栋	安康	宁陕县宁陕中学	张红伟	二等奖
68	省力除草锄头	技术	个人	小学	席梦阳	商洛	丹凤县武关镇北赵川九年制学校	周眈宏	二等奖
69	冉冉APP手机遥控无人车	物理与天文学	集体	高中	李荣涛 詹小民	商洛	陕西省镇安中学	张远锋 宁远栋 李　楠	二等奖
70	磁敏感应自动控制器	物理与天文学	个人	高中	权怡欣	商洛	山阳中学	肖　锋 胡慧霞 雷建设	二等奖
71	延时自动断电电动车充电器	工程学	个人	高中	冯安平	商洛	洛南县西关中学	李卫平	二等奖
72	太阳能钟摆	地球环境与宇宙科学	个人	小学	任怡凡	杨凌	杨凌恒大小学	王　震	二等奖
73	"神奇助手"智能家居系统	计算机科学	个人	初中	王舒凡	杨凌	西北农林科技大学附属中学	陈忠强	二等奖
74	关于教室黑板照明与反光问题的研究与解决	工程学	个人	高中	白佳伟	杨凌	西北农林科技大学附属中学	江荣娟	二等奖

序号	项目名称	学科分类	项目类型	竞赛组别	作者	代表队	就读学校	辅导教师	奖项
75	植物人智能复苏护理系统	工程学	个人	高中	窦家伟	英才	陕西师范大学附属中学	郭宏宇	二等奖
76	一种具有测温功能的空调遥控器	工程学	个人	高中	郝健辉	英才	陕西省西安中学	马小勇	二等奖
77	公交车"爱心座椅"智能识别系统	行为与社会科学	个人	高中	焦一轩	英才	西安交通大学附属中学	张　新廖泽松刘全铭	二等奖
78	银杏外种皮生物质合成银纳米颗粒及其生物活性研究	生物化学与分子生物学	个人	高中	杨逸飞	英才	西安市铁一中学	蔡　敏	二等奖
79	中草药绵马贯众杀灭鱼类指环虫的研究	植物学	个人	高中	陈瑾豪	英才	西安市铁一中学	蔡　敏	二等奖
80	医用一氧化碳释放分子的合成研究	化学	个人	高中	武钰涵	英才	西安高新第一中学	张伟强赵小妹杨新轩	二等奖
81	基于ROS网络通信架构的残疾人语音控制智能车	计算机科学	个人	高中	成津行	英才	陕西师范大学附属中学	刘宝瑞	二等奖
82	儿童便携式散热水杯	技术	集体	小学	徐崧源唐锦澜杨美图	基地	西安高新国际学校	虞锦鹏闫玮琦穆瑞娟	二等奖
83	儿童音乐导电检测仪	技术	个人	小学	李侯凌嘉	基地	西安高新国际学校	赵晓慧曹卜丹张向梨	二等奖
84	基于人工智能技术的无人超市购物车	工程学	个人	高中	曹育赫	基地	陕西省西安中学	马小勇	二等奖
85	物联网在智能路灯系统中的应用	计算机科学	集体	高中	强柄皓高天佑	基地	西安市铁一中学	蔡　敏	二等奖
86	小区便捷共享停车位	技术	个人	小学	尚思锦	西安	西安航天城第一小学	门敏敏	三等奖
87	便携式智能防撞预警卫士	技术	个人	小学	张凯翔	西安	西安航天城第一小学	王　羽	三等奖
88	一种校园机动车的安全预防系统	技术	个人	小学	龙泽瑜	西安	西安市曲江第二小学	张　航	三等奖
89	校园安全监测系统	技术	个人	小学	孟泰颉	西安	大雁塔小学	鲁　姗	三等奖
90	我的STEM智能化小区	技术	个人	小学	王昱涵	西安	西安市莲湖区远东第二小学	张媛媛	三等奖

序号	项目名称	学科分类	项目类型	竞赛组别	作者	代表队	就读学校	辅导教师	奖项
91	一种负压阻绝式防护用具保护系统	工程学	个人	初中	马子路	西安	西安电子科技大学附属中学太白校区	赵觅	三等奖
92	一种盲人智能避障拐杖	工程学	个人	初中	姜欣潼	西安	临潼区骊山初级中学	邢晓荣	三等奖
93	节能型冰箱分层控温制冷系统	工程学	个人	初中	周梓淇	西安	陕西师范大学附属中学分校	邹宁	三等奖
94	西安城市小区消防通道堵占成因及有效解决途径探究	行为与社会科学	个人	初中	陈熙临	西安	西安爱知初级中学	李敏	三等奖
95	建筑外墙立面的新型防火构造系统	工程学	个人	高中	高旻	西安	西安交通大学附属中学	张新 王雪峰	三等奖
96	高层火灾应急逃生智能救援系统	工程学	个人	高中	郑俊杰	西安	陕西师范大学附属中学	郭宏宇	三等奖
97	感应性车门开关自控装置	工程学	个人	高中	朱铭琪	西安	西安交通大学附属中学	张新	三等奖
98	多功能手推式轮椅的设计	工程学	个人	高中	任可心	西安	陕西省西安中学	马小勇	三等奖
99	3D打印无线充电笔筒	工程学	个人	高中	冯浦晨	西安	西安电子科技大学附属中学	雷战斌	三等奖
100	现实与虚拟元素结合方式上的思路革新	行为与社会科学	个人	高中	白晨晨	西安	西北大学附属中学	/	三等奖
101	矩阵相乘的信息加密新方法	数学	个人	高中	刘童	西安	陕西省西安中学	马小勇	三等奖
102	曲一校园植物分布及乔木植物名录	植物学	集体	高中	陈奕妃 杜若萌 王瑾	西安	西安市曲江第一中学 西安市曲江第一中学 西安市曲江第一中学	贾荣荣 赵静	三等奖
103	行人过斑马线行车安全提醒设备	技术	集体	小学	张梦寒 田子青 张乐豪	宝鸡	扶风县午井镇第二小学	杨小岗	三等奖
104	果树拉枝辅助器	技术	个人	小学	赵文卿	宝鸡	眉县第一小学	王亚宁 田银萍	三等奖
105	简易扎笤帚的用具	技术	个人	小学	李易寒	宝鸡	凤翔县页渠学校	赵永忠 李向博	三等奖
106	宝鸡市"光盘行动"的现状及对策调查研究	行为与社会科学	个人	小学	周子晗	宝鸡	金台区石油小学	梁晓静	三等奖

续表

序号	项目名称	学科分类	项目类型	竞赛组别	作者	代表队	就读学校	辅导教师	奖项
107	一种多适应性的生物学标本切片器	工程学	个人	初中	赖梦涵	宝鸡	凤翔县页渠学校	赵永忠	三等奖
108	陇县民俗文化特色资源建设研究	行为与社会科学	集体	初中	姚　婷 朱陇丽 张玉柱	宝鸡	陇县杜阳中学	李大刚 杨　刚 程永强	三等奖
109	落叶为什么总是背面朝上	环境科学与工程	个人	初中	贾海青	宝鸡	陇县曹家湾中学	李培恩 邢林强 李斐	三等奖
110	我家"车"的40年变迁史	行为与社会科学	个人	初中	曹文杰	宝鸡	陇县曹家湾中学	曹会明 边　涛 李　刚	三等奖
111	《植物色素提取以及变色情况的实验探究》	化学	个人	初中	何泽旻	宝鸡	渭滨区金陵中学	张晓梅 祁锐娟	三等奖
112	秤式安培力测定仪	物理与天文学	个人	高中	杨佳颖	宝鸡	眉县槐芽中学	祁君锋 杨鹏斌	三等奖
113	隐形簸箕	物理与天文学	个人	高中	梁一涵	宝鸡	眉县槐芽中学	祁君锋 秦　芳	三等奖
114	三角板的改装及在教学中的应用	物理与天文学	个人	高中	张毅权	宝鸡	宝鸡中学	段雪妮 贾文俊	三等奖
115	"陇州之声"回荡在山川田野——陇州小调传承与保护	行为与社会科学	个人	高中	李馨瑶	宝鸡	陇县第二高级中学	张雪云 尚志刚 薛小军	三等奖
116	陇州鹦鹉的历史分布及灭绝原因初探	环境科学与工程	集体	高中	荀昊轩 闫博远	宝鸡	陇县第二高级中学	尚志刚 苏小明 刘利军	三等奖
117	石蜡油分解实验的改进创新	化学	个人	高中	魏以卓	宝鸡	眉县槐芽中学	段红涛 孙西娟 邵慧琴	三等奖
118	社交距离提醒器	技术	个人	小学	黄子轩	咸阳	咸阳市实验学校	刘登科	三等奖
119	光控路灯车	技术	个人	小学	陈思润	咸阳	渭城区金旭学校	孙宁娟	三等奖
120	太阳能台灯	物理与天文学	个人	初中	杜锦天	咸阳	渭城区第二初级中学	荀密果	三等奖
121	创意凳	物理与天文学	个人	初中	卜一搏	咸阳	淳化县冶峪中学	姚文星	三等奖
122	永不停歇的喷泉	物理与天文学	个人	初中	张伟聪	咸阳	永寿县马坊中学	唐小军	三等奖

序号	项目名称	学科分类	项目类型	竞赛组别	作者	代表队	就读学校	辅导教师	奖项
123	厨房材料制取甲烷并分析火焰颜色变化	化学	集体	高中	李欣阳 李笃时	咸阳	咸阳彩虹学校	李朝	三等奖
124	多功能救援智能车	工程学	个人	初中	胡昊晨	铜川	铜川市第一中学	张小雷	三等奖
125	厨房防干烧安全报警器	物理与天文学	个人	高中	宁静	铜川	陕西省煤炭建设公司第一中学	万祎龙	三等奖
126	太阳能热水器瞬间出热水装置	工程学	集体	高中	苟源泉 舒心运	铜川	陕西省煤炭建设公司第一中学	周新辉	三等奖
127	酿酒用樱桃核浆分离一体机	工程学	个人	高中	马斌	铜川	陕西省煤炭建设公司第一中学	徐斌 万祎龙 方晓妮	三等奖
128	行唐条编草编技艺的现状分析与发展研究	行为与社会科学	个人	高中	王梦娇	铜川	耀州中学	王立平 蔺静	三等奖
129	耀州面塑现状调查与非遗传承研究	行为与社会科学	个人	高中	张骏	铜川	耀州中学	雷国盈 刘益涛 张斌鹏	三等奖
130	"叫不醒的人"3D模型的制作	计算机科学	个人	高中	朱子晔	铜川	陕西省煤炭建设公司第一中学	徐芳芳 杜锋涛	三等奖
131	书写习惯提醒器	技术	个人	小学	姜懿书	榆林	榆林高新区第三小学	曹瑞峰	三等奖
132	神奇的影子	物质科学	集体	小学	姬宇杰 李奇鹏	榆林	榆林实验小学	郭巧玲	三等奖
133	迷你攻城投石器	物理与天文学	个人	初中	姜佳瑜	榆林	米脂县第三中学	贺西宁	三等奖
134	神木一中在疫情期间八年级学生戴口罩情况调查报告	行为与社会科学	个人	初中	张艺星	榆林	神木一中	牛伟	三等奖
135	对神木市剪纸工艺现状的调查报告	行为与社会科学	个人	初中	刘轶洺	榆林	神木一中	马文生	三等奖
136	点线面转动学具	数学	个人	初中	高宇翔	榆林	榆林市横山中学	高万宝	三等奖
137	红外报警装置	物理与天文学	个人	高中	刘泰江	榆林	绥德县第一中学	陆星星	三等奖
138	滑轮动力快船	物理与天文学	个人	高中	曹建兴	榆林	横山中学	高万宝 刘普银 雷子义	三等奖
139	涡流演示仪	物理与天文学	个人	高中	崔涣岩	榆林	绥德中学	刘晓宇	三等奖

序号	项目名称	学科分类	项目类型	竞赛组别	作者	代表队	就读学校	辅导教师	奖项
140	家庭板电路	物理与天文学	个人	高中	李媛媛	榆林	绥德县第一中学	刘永林	三等奖
141	磁悬浮手工	物理与天文学	个人	高中	冯力元	榆林	绥德县第一中学	延娜娜 宋雷军	三等奖
142	水式过山车	技术	个人	小学	宋雨泽	延安	延安市宝塔区实验小学	宁丽萍	三等奖
143	皮影机器人	技术	集体	小学	马聿博 杨云开	延安	延安市职业技术学院创新实验小学	李泽柠 李子霞 王 晓	三等奖
144	共享式心脏病急救药盒的探究	工程学	个人	初中	张浩博	延安	陕西延安中学	党艳红 姚丽娟 刘 芳	三等奖
145	智慧座椅	技术	个人	小学	吕庹菱	汉中	汉中市宁强县北关小学	吕 慧 庹建国 李春元	三等奖
146	遥控式半自动滴灌机	工程学	个人	初中	祝九渊	汉中	汉中市第四中学	史 亮 吴 珊 马 岚	三等奖
147	碘遇淀粉为什么不变蓝	化学	个人	初中	徐寅丹	汉中	汉中市第四中学	鲁晓丽	三等奖
148	基于人机交互的画板Canvas的设计研究	计算机科学	集体	高中	李若晖 黄雍凯	汉中	陕西省汉中中学	邓国瑞	三等奖
149	全球日期变更演示模型	工程学	个人	高中	段永橘	安康	宁陕县宁陕中学	周荣攀	三等奖
150	远程智能控制电热毯	工程学	个人	高中	高屹立	商洛	洛南县西关中学	李卫平	三等奖
151	触点控制抽水自动演示器	工程学	集体	高中	戴雨熙 朱美霖	商洛	山阳中学	虞华林 肖 锋 雷建设	三等奖
152	预防新型冠状病毒感染疫情防控宣传器	工程学	集体	高中	徐乾艺 胡奥立 雷 雨	商洛	山阳中学	雷建设 刘丹锋 肖 锋	三等奖
153	回旋水车	地球环境与宇宙科学	个人	小学	杨可欣	石油普教	长庆泾渭小学	刘广德 袁 骋	三等奖
154	戴在地基下的建筑物"安全帽"	工程学	个人	高中	陈奕煊	英才	陕西省西安中学	马小勇	三等奖

序号	项目名称	学科分类	项目类型	竞赛组别	作者	代表队	就读学校	辅导教师	奖项
155	基于电桥电路的房屋地下陷自动报警系统研究	工程学	个人	高中	冯轶群	英才	陕西省西安中学	马小勇	三等奖
156	昆虫振翅的振动频率、幅值测量装置研究	工程学	个人	高中	邵以恒	英才	西安市铁一中学	蔡　敏	三等奖
157	基于Keras框架与爬虫技术的万能图像分类器	计算机科学	个人	高中	梁睿尧	英才	陕西师范大学附属中学	刘宝瑞	三等奖
158	蓝牙技术在数字校园中的应用研究	计算机科学	个人	高中	张恒瑞	英才	西安交通大学附属中学	张　新	三等奖
159	"进步曲线模型"的探讨	数学	个人	高中	寇诗煜	英才	陕西省西安中学	张银芳马小勇	三等奖
160	货车盲区预警改进装置	技术	集体	小学	何宇博张行之徐佑祺	基地	西安高新国际学校	王　西刘　男范雨佳	三等奖
161	防冬季路面结冰自动化处置系统	技术	集体	小学	甘栩生张婧初	基地	西安高新国际学校	李　明但　璐任馨怡	三等奖
162	预防风机叶片覆冰的吸能超双疏涂层	物理与天文学	个人	高中	李添锦	基地	西安铁一中国际合作学校	蔡　敏	三等奖
163	地铁车厢曲环手扶柱设计方案	工程学	集体	高中	王美华汤　鹏张泽嘉	基地	陕西省西安中学	马小勇	三等奖
164	关于智能马桶基于人体工程学的研究与改进	工程学	个人	高中	郭宇航	基地	陕西省西安中学	马小勇	三等奖
165	西安城市内涝状况调查分析及解决方案探讨	环境科学与工程	个人	高中	张珺雅	基地	陕西省西安中学	马小勇	三等奖
166	治沙植物长柄扁桃生产生物柴油的研究	化学	集体	高中	杨欣悦李泽玮林中豪	基地	西安市铁一中学	蔡　敏	三等奖
167	缓解接触性皮肤过敏口罩内衬材料优选	物质科学	个人	小学	胡涵天	西安	西安高新第二小学	李　土	优秀奖

序号	项目名称	学科分类	项目类型	竞赛组别	作者	代表队	就读学校	辅导教师	奖项
168	基于激光测量的输液吊瓶液位无线网监测方法	物理与天文学	个人	高中	程翘楚	西安	西安高新唐南中学	王　峰	优秀奖
169	城市云共享饮用水系统	工程学	个人	高中	范启轩	西安	陕西师范大学附属中学	郭宏宇	优秀奖
170	用多项式拟合方法计算弧形闸门开度	工程学	个人	高中	石瑞欣	西安	陕西省西安中学	房继红	优秀奖
171	$Mn0.6Zn0.4Fe_2O_4/TiO_2$对刚果红吸附的研究	化学	个人	高中	王宜凯	西安	西安高新第一中学	赵小妹 常　薇	优秀奖
172	温室效应气体二氧化碳加氢甲烷化催化剂及其应用	化学	个人	高中	杨郅栋	西安	西安高新第一中学	程海丽	优秀奖
173	蔬菜插杆助力器	技术	个人	小学	张衍然	宝鸡	眉县第一小学	何玲娟 葛　宁	优秀奖
174	疫情下的病菌知识探究——病菌无处不在，教你科学防护	生命科学	个人	小学	庞舒涵	宝鸡	陈仓区实验小学	李小芳 贾平生	优秀奖
175	空中充电器	工程学	个人	初中	张谨严	宝鸡	千阳县红山初级中学	李启科 张继峰 邓小虎	优秀奖
176	校园金丝柳何去何从	环境科学与工程	个人	初中	吴俊兰	宝鸡	陇县曹家湾中学	闫周平 赵　忠 任维超	优秀奖
177	校园防疫测量消毒装置	物理与天文学	个人	高中	孙春蕾	宝鸡	宝鸡中学	刘　香	优秀奖
178	寻迹避障救助车	物质科学	个人	小学	柯李芮璇	咸阳	渭城区八方小学	南亚娣	优秀奖
179	互字悬浮结构	技术	个人	小学	来致远	咸阳	兴平市秦岭小学	李　红	优秀奖
180	太阳能浇花器	技术	个人	小学	刘紫涵	咸阳	兴平市秦岭小学	郭　娟	优秀奖
181	立体显示	物理与天文学	个人	初中	宁佳璇	咸阳	武功县南仁乡初级中学	袁　春	优秀奖
182	基于视觉识别和语音交互的智能图书分类系统	计算机科学	个人	初中	席胡静琳	咸阳	西北工业大学咸阳启迪中学	刘　婷	优秀奖

序号	项目名称	学科分类	项目类型	竞赛组别	作者	代表队	就读学校	辅导教师	奖项
183	有关非牛顿流体的研究性学习	物理与天文学	集体	高中	王竞梓 李柳君 武夏文媚	咸阳	咸阳彩虹学校	罗欣娟	优秀奖
184	铜川市第一中学新区校区植物种类及分布研究	植物学	个人	初中	贺梓玥	铜川	铜川市第一中学	张小雷	优秀奖
185	小学生传统游戏的搜集整理与传承研究	行为与社会科学	个人	高中	白佳钰	铜川	耀州中学	张斌鹏 刘益涛 雷国盈	优秀奖
186	耀州居民对鸡蛋壳的处理方式调查研究	行为与社会科学	个人	高中	卢成龙	铜川	耀州中学	罗锦红 刘益涛	优秀奖
187	2020年中鸣超级轨迹赛的得分策略研究	计算机科学	集体	高中	李泽玖 许祎晨	铜川	铜川市第一中学	刘彤 马克 白转玲	优秀奖
188	EnjoyAI普及赛的小车创新搭建研究	计算机科学	集体	高中	董培琳 封嘉歆	铜川	铜川市第一中学	刘彤 杨原原	优秀奖
189	插电式小型投币机	行为与社会科学	个人	小学	米垚宇	榆林	子洲县第一小学	王静	优秀奖
190	神木市大棚蔬菜病害虫调查	生命科学	个人	小学	段淞超	榆林	神木市第四小学	李丽	优秀奖
191	探究款冬花的奥秘	生命科学	个人	小学	何锦帆	榆林	神木市第一小学	吴艳芬	优秀奖
192	火龙果种植基地调查报告	生命科学	集体	小学	高菲阳 周瑜昂 谢明钊	榆林	榆林高新第五小学 榆林市第四小学 榆林市第一小学	姜林	优秀奖
193	伯努利之眼	工程学	个人	初中	高鑫城	榆林	靖边县第四中学	杨保刚 周春艳	优秀奖
194	压强差水杯	物理与天文学	个人	高中	刘姝妤	榆林	绥德县第一中学	周建峰	优秀奖
195	探究匀变速直线运动	物理与天文学	个人	高中	刘哲	榆林	绥德县第一中学	马海	优秀奖
196	太阳能自主浇花器	技术	个人	小学	范意旋	延安	延安市宜川县城关小学	贺梅	优秀奖
197	陆地地形演示模型	环境科学与工程	个人	初中	郭博辉	延安	延安市甘泉县初级中学	徐灵 惠琪 王治保	优秀奖

序号	项目名称	学科分类	项目类型	竞赛组别	作者	代表队	就读学校	辅导教师	奖项
198	佩戴式青少年视力监测纠正预警系统	技术	个人	小学	徐惠志	汉中	汉中东辰外国语学校	李　辉	优秀奖
199	空巢独居老人警报台灯	技术	个人	小学	谷雨星	汉中	汉中市汉台区东塔小学	刘　婧	优秀奖
200	无线电动抽水机	工程学	个人	初中	王绘雯	汉中	汉中市第四中学	吴　珊 黄　军 陈康利	优秀奖
201	下雨报警器	化学	个人	初中	方玉涵	汉中	汉中市第八中学	边红晨 邓耘蕴	优秀奖
202	可编程积木挖掘机	计算机科学	个人	高中	李　寒	安康	安康市第二中学	吴　杰	优秀奖
203	快速软化猕猴桃的"妙招"	植物学	个人	高中	沈子怡	安康	宁陕县宁陕中学	李小杰 王　丽	优秀奖
204	动物感应式饮水机	工程学	集体	高中	陈文宇 杨文涛	商洛	商南县职业技术教育中心	贺建哲	优秀奖
205	热红外线感应捕鼠器	工程学	个人	高中	虞茗荃	商洛	山阳中学	虞华林 雷建设 刘丹锋	优秀奖
206	保安镇土地资源利用浅析	环境科学与工程	个人	高中	杨思晨	商洛	陕西省商洛中学	马珺琰	优秀奖
207	秋去冬来万事休唯有商柿挂枝头——商州区柿子树考察初探	植物学	个人	高中	苏兰西	商洛	陕西省商洛中学	马珺琰 刘　慧 梁　皎	优秀奖
208	书写工具自己的"窝"	工程学	集体	高中	陈傲然 李昊泽 万宇航	杨凌	西北农林科技大学附属中学	江荣娟	优秀奖
209	固定新型手电筒的研究设计	工程学	个人	高中	陶治平	杨凌	西北农林科技大学附属中学	江荣娟	优秀奖
210	国产龙伯球天线的研发及在特殊覆盖场景需求中的应用	工程学	个人	高中	刘昱晨	英才	西安高新第一中学	赵小妹	优秀奖
211	基于物联网技术的开放式图书馆研究	计算机科学	个人	高中	薛晰文	英才	西安市铁一中学	蔡　敏	优秀奖
212	应急信息精准发布系统	计算机科学	个人	高中	吴林锡	英才	西安高新第一中学	赵小妹 王红熳	优秀奖

续表

序号	项目名称	学科分类	项目类型	竞赛组别	作者	代表队	就读学校	辅导教师	奖项
213	大型飞机智能接口装置	计算机科学	个人	高中	李欣宇	基地	西安铁一中国际合作学校	蔡 敏	优秀奖

（2）少年儿童科学幻想绘画比赛获奖名单

序号	所在学校	作品名称	组别	作者	代表队	指导教师	奖项
1	西工大附中分校	希望生物研究基地	初中	王彤祯	西安	常 媛	一等奖
2	西安市第十二中学	未来最强大脑	初中	荆语航	西安	谷复嬰	一等奖
3	高新区第十一初级中学	太空城市	初中	李若溪	西安	黄田宝	一等奖
4	西安交大阳光中学	智能隔离室	初中	邱铁楠	西安	梁晓楠	一等奖
5	西安经开第一学校	太空城市	小学	王邵北	西安	张 娜	一等奖
6	西安航天城第三小学	移动的消毒、治愈帐篷	小学	张润斌宸	西安	刘依蕾	一等奖
7	富力城黄河国际小学	太空养老院	小学	张睿瑶	西安	焦 赓	一等奖
8	陕西师范大学附属小学	智慧云健康生活小管家	小学	梁梓萌	西安	乔际宾	一等奖
9	西安铁一中滨河学校小学部	空中医疗中心	小学	杨佳呼延	西安	李雅唯	一等奖
10	西安市未央区红旗小学	海底转换器——二氧化碳变成天然气	小学	徐亚儒	西安	周艳梅	一等奖
11	西安市浐灞第十六小学	人造可再生能源——高科技赋能转换站	小学	胡瑞鹏	西安	孙建盈	一等奖
12	西安市未央区南康村小学	植物保护机	小学	魏伊晨	西安	张 娜	一等奖
13	长安兴国小学	空中城市	小学	许泽晴	西安	冯 岱	一等奖
14	西安市未央区团结小学	空气循环净化器	小学	罗亚东	西安	黄晨阳	一等奖
15	西安市莲湖区青年路育红幼儿园	抗疫实验室	幼儿	鲜诗婕	西安	周 月	一等奖
16	白桦林居幼儿园	超级新冠治疗仪	幼儿	李雨萱	西安	徐 妍	一等奖
17	西安市新城区黄河幼儿园	我来了——能量化世界	幼儿	李茗曦	西安	高 娅	一等奖
18	西安海伦幼儿园	全智能儿童牙齿治疗仪	幼儿	黄子芮	西安	罗春荣	一等奖
19	金台区新福园中学	病毒消除机	初中	林叶琪	宝鸡	刘秀玲	一等奖
20	宝鸡高新中学	病毒消除器	初中	李睿娜	宝鸡	尚亚勤	一等奖
21	凤翔县虢王镇中学	臭氧层修补机	初中	谢雨萌	宝鸡	谢少杰	一等奖
22	陈仓初级中学	视力治疗仪	初中	赵鑫怡	宝鸡	宋小英	一等奖

序号	所在学校	作品名称	组别	作者	代表队	指导教师	奖项
23	陈仓区虢镇小学	高科技骨细胞再生消灭人类顽疾	小学	李菲儿	宝鸡	刘丽鸿	一等奖
24	陈仓区虢镇小学	盲人速食视力复明蛋白肽	小学	吴晟睿	宝鸡	刘丽鸿	一等奖
25	渭滨区神农镇峪泉小学	海底能源收集开采机	小学	彭子轩	宝鸡	李文娟	一等奖
26	陈仓区实验小学	能折叠的智能共享汽车	小学	张轶涵	宝鸡	贾　静	一等奖
27	金台区东仁堡小学	未来的海底城市	小学	宋昱娴	宝鸡	刘　静	一等奖
28	渭滨区钢管厂子校	太阳能落叶清扫造纸机	小学	麻瑞盈	宝鸡	梁宏亮	一等奖
29	陈仓区新街镇中心小学	阿尔茨海默病多功能耳机	小学	杨馨予	宝鸡	任建文	一等奖
30	陈仓区虢镇小学	病毒智能防护口罩	小学	李锦航	宝鸡	田小慧	一等奖
31	陈仓区虢镇小学	"移动型"空中传染病医院	小学	白乐桦	宝鸡	韩芳梅	一等奖
32	金台区蟠龙镇南皋小学	多功能安全校车	小学	车　丹	宝鸡	海丽娜	一等奖
33	陈仓区中心幼儿园	健康"糖"专家	幼儿	刘柏然	宝鸡	赵　丽	一等奖
34	陈仓区示范幼儿园	垃圾分类机器人	幼儿	贺予琼	宝鸡	贾小晶	一等奖
35	渭城区文林学校	众志成城抗击疫情	小学	曲高歌	咸阳	乌　倩	一等奖
36	渭城区道北小学	生态能源转换器	小学	郭嘉萱	咸阳	倪红英	一等奖
37	陕西师范大学金泰丝路花城学校	地球改造机器人	小学	周宸铭	咸阳	胡　锋	一等奖
38	陕科大强华学校	资源重利用自动化的畅想	小学	余曜桢	咸阳	张　路	一等奖
39	铜川市印台区方泉小学	月球探索者之大国崛起	小学	石骁扬	铜川	姜　乐	一等奖
40	铜川市新区鱼池中小学	未来医学战士	小学	周雨菲	铜川	郑春瑞	一等奖
41	陈仓区中心幼儿园	健康"糖"专家	幼儿	刘柏然	宝鸡	赵　丽	一等奖
42	陈仓区示范幼儿园	垃圾分类机器人	幼儿	贺予琼	宝鸡	贾小晶	一等奖
43	渭城区文林学校	众志成城抗击疫情	小学	曲高歌	咸阳	乌　倩	一等奖
44	渭城区道北小学	生态能源转换器	小学	郭嘉萱	咸阳	倪红英	一等奖
45	陕西师范大学金泰丝路花城学校	地球改造机器人	小学	周宸铭	咸阳	胡　锋	一等奖
46	陕科大强华学校	资源重利用自动化的畅想	小学	余曜桢	咸阳	张　路	一等奖
47	铜川市印台区方泉小学	月球探索者之大国崛起	小学	石骁扬	铜川	姜　乐	一等奖
48	铜川市新区鱼池中小学	未来医学战士	小学	周雨菲	铜川	郑春瑞	一等奖
49	汉中市龙岗学校	农业施肥机械蚂蚁	初中	马淑涵	汉中	童　静	一等奖
50	汉中市汉台区黄家塘小学	抗疫鸟1号	小学	罗彩霞	汉中	王　瑛	一等奖
51	汉中市龙岗学校	中药材提纯新冠患者诊疗室	小学	冯璟雯	汉中	邢　洁	一等奖

序号	所在学校	作品名称	组别	作者	代表队	指导教师	奖项
52	汉中市城固县朝阳小学	未来实景课堂教室	小学	李雅琪	汉中	龚雨涵	一等奖
53	汉中市略阳县接官亭镇中心小学	神奇消气仪	小学	温雅欣	汉中	戴　颜	一等奖
54	汉中市龙岗学校	进口海鲜新冠病毒检测灭火站	小学	王雯璐	汉中	邢　洁	一等奖
55	汉中市勉县勉阳街道办西坝幼儿园	传染病全能治疗仪	幼儿	张艺堃	汉中	郑　鸿	一等奖
56	石泉县喜河镇中心小学	未来无菌医院	小学	候　镜	安康	汪　莹	一等奖
57	安康市第一小学高新校区	改造与共生	小学	曹瑀瑄	安康	郑爱丽	一等奖
58	洛南仓颉九年制学校	智能导盲拐杖	初中	张涵烨	商洛	方　艳	一等奖
59	洛南县古城镇中心小学	动物翻译帽	小学	任坷洋	商洛	陈军宏	一等奖
60	洛南县灵口镇中心小学	病毒捕捉器	小学	何　茹	商洛	李嘉怡	一等奖
61	西安市第三十中学	仿生机器	初中	张佑祺	西安	钱杨媚	二等奖
62	西安市曲江第一中学	另一个"地球"	初中	田家铭	西安	孙　蕾	二等奖
63	西安交大附中雁塔校区	遗失的亚特兰蒂斯	初中	雷雨晨	西安	程　蕊	二等奖
64	西安高新第二学校	未来家园	初中	冯琪然	西安	段婷婷	二等奖
65	西安高新第一中学初中校区	快乐之都	初中	朱仕彤	西安	吕　霞	二等奖
66	高新区第十一初级中学	全能笔	初中	吴静薇	西安	黄田宝	二等奖
67	西安高新区第十初级中学	海底城市	初中	陈子千	西安	赵珂萱	二等奖
68	西安交大附中雁塔校区	麦田里的机器虫	初中	支赵嘉浩	西安	程　蕊	二等奖
69	西安市曲江第一中学	地球No.2	初中	郭馨乐	西安	孙　蕾	二等奖
70	西安市曲江第一中学	糖果大宇宙关爱自闭症儿童	初中	关子钰	西安	张艺洋	二等奖
71	西安市未央区团结小学	智能垃圾分类能源转换机	小学	蓝天悦	西安	黄晨阳	二等奖
72	西安市碑林区何家村小学	紧急救援飞行物	小学	张宸源	西安	夏　青	二等奖
73	西安建筑科技大学附属小学	爱心送信鸟	小学	权何梓涵	西安	祁　季	二等奖
74	蓝田县教师进修学校附属小学	未来的新能源城市	小学	贺泽睿	西安	张广涛	二等奖
75	长安兴国小学	落叶处理器	小学	尚铭萱	西安	尚星玮	二等奖
76	莲湖区远东第一小学	未来的农家院子	小学	赵炫杰	西安	杨艳娥	二等奖
77	西安航天城第一小学	城市管理——生活垃圾处理器	小学	邱禹霖	西安	王　琦	二等奖
78	陕西师范大学实验小学	果园里的多功能收割采摘机	小学	孙皓轩	西安	李蒙蒙	二等奖

序号	所在学校	作品名称	组别	作者	代表队	指导教师	奖项
79	西安高新第二学校	智能环保青蛙	小学	罗欣瑶	西安	田鸣华	二等奖
80	西安航天城第一小学	田地中的舞裙战士——足粮宝	小学	孙亦煊	西安	周　旋	二等奖
81	西安市未央区红旗小学	未来生物国防	小学	袁淑涵	西安	周艳梅	二等奖
82	西安工业大学附属小学	河道、湖水清洁、净化搭档（神龙与净化机器人）	小学	周书影	西安	闫银霞	二等奖
83	西安交通大学附属小学	绿色智能保健中餐厅	小学	任天娇	西安	李　琳	二等奖
84	西安工业大学附属小学	科技创造奇迹——未来的城市与交通	小学	张艺泽	西安	闫银霞	二等奖
85	西北大学附属大学城学校小学部	未来星际旅行	小学	王禹程	西安	吴雨晨	二等奖
86	莲湖区远东第一小学	空中智能吸尘器	小学	高欣妍	西安	杨翠艳	二等奖
87	西安交大附小金辉分校	未来城市超级赛车	小学	杜宇	西安	王　渊	二等奖
88	西安市碑林区东关南街小学	天舟一号	小学	李雨泽	西安	胡月琳	二等奖
89	西安高新区第二十七小学	超级新型智能全自动空中校车	小学	滑杜清	西安	王贝贝	二等奖
90	西安外国语大学附属西安外国语学校	未来智能建设器	小学	康　玮	西安	高瑾瑜	二等奖
91	临潼区幼儿园	疫苗实验室	幼儿	蒋子涵	西安	刘蕊娟	二等奖
92	西安市未央区佳乐幼儿园	病毒治疗仪	幼儿	周雨萌	西安	郭园源	二等奖
93	西安莲湖庆安民航幼儿园	共同守护我们的家园	幼儿	孔维芊浔	西安	石天雨	二等奖
94	西安市新城区黄河幼儿园	沙漠植树	幼儿	付　帅	西安	安　鹏	二等奖
95	眉县马家中学	粮食节约节能转化器	初中	王琳清	宝鸡	齐晓青	二等奖
96	金台区新福园中学	眸间盛世——在VR虚拟科技里梦回汴京	初中	李　阳	宝鸡	李勤让	二等奖
97	金台区新福园中学	热能植物空气净化仪	初中	李嘉龙	宝鸡	刘秀玲	二等奖
98	陈仓初级中学	疫苗研究基地	初中	杨梓萌	宝鸡	祁海荣	二等奖
99	陈仓区实验小学	移动的智能方舱医院	小学	马泽瑛	宝鸡	袁亚妮	二等奖
100	陈仓区虢镇小学	近视眼智能治疗系统	小学	张玥萱	宝鸡	李　平	二等奖
101	陈仓区渭阳小学	青山绿水行动系统	小学	王昭琪	宝鸡	刘文涛	二等奖
102	陈仓区渭阳小学	超能口罩	小学	闫珵尧	宝鸡	毕云龙	二等奖
103	金台区东仁堡小学	机器人——瓦力	小学	谢海星	宝鸡	杜琴思	二等奖

序号	所在学校	作品名称	组别	作者	代表队	指导教师	奖项
104	渭滨区烽火中学小学部	章鱼洪灾营救仓	小学	席卿雅	宝鸡	张蔚	二等奖
105	扶风县第三小学	美酒速成机器	小学	张佳	宝鸡	刘巧会	二等奖
106	凤翔县东关逸夫小学	新冠治疗室	小学	翟一诺	宝鸡	张晓宁	二等奖
107	金台区东仁堡小学	海上河豚急救队	小学	王成瑞	宝鸡	杜琴思	二等奖
108	陈仓区实验小学	抑郁症治疗仪	小学	郭紫宁	宝鸡	赵莉红	二等奖
109	陈仓区天悦小学	森林卫士	小学	李昱泽	宝鸡	罗亚琴	二等奖
110	渭滨区神农镇峪泉小学	网瘾消除机	小学	赵志阳	宝鸡	李晓卫	二等奖
111	渭滨区龙山小学	智能抗疫特种兵	小学	王璐	宝鸡	孙芳芳	二等奖
112	渭滨区经二路小学	水利转换机	小学	赵子瑜	宝鸡	尚利萍	二等奖
113	渭滨区清姜小学	果实收割机	小学	武悦	宝鸡	景丽红	二等奖
114	陈仓区虢镇小学	超强防欺诈手机追踪芯片	小学	王钰斐	宝鸡	田小慧	二等奖
115	渭滨区经二路小学	化妆造型机器人	小学	唐一涵	宝鸡	仝帆	二等奖
116	麟游县招贤镇中心小学	平行世界	小学	赵浩晶	宝鸡	王蕊	二等奖
117	陈仓区茗苑幼儿园	病毒吸附防护伞	幼儿	高梓瑞	宝鸡	牛芹芹	二等奖
118	渭城区第一初级中学	智能水中救护医疗机器人	初中	冯雨欣	咸阳	韩竹莹	二等奖
119	长武县昭仁街道初级中学	抗疫机器人	初中	陈艳	咸阳	谭晓燕	二等奖
120	秦都区空压小学	多功能农业号	小学	于妙妍	咸阳	刘娟	二等奖
121	渭城区道北小学	沙漠能源转化仪	小学	张羽珊	咸阳	倪红英	二等奖
122	彬州市公刘小学	宇宙捍卫队	小学	王乐	咸阳	李卓	二等奖
123	渭城区果子市小学	贴心的拐杖	小学	李好玥	咸阳	万丽萍	二等奖
124	渭城道北小学	食品生产仓	小学	陈梦圆	咸阳	杨勃文	二等奖
125	渭城区文汇路小学	自动环保洗手机	小学	马梦彤	咸阳	杨洋	二等奖
126	渭城区道北小学	智能神犬	小学	李佳蓓	咸阳	倪红英	二等奖
127	铜川市耀州区锦阳路街道寺沟初级中学	灵城	初中	张子筱	铜川	杨国英	二等奖
128	铜川市第一中学	星际抗疫	初中	任鑫悦	铜川	刘丽	二等奖
129	铜川市耀州区锦阳路街道寺沟初级中学	科技之城	初中	徐紫妍	铜川	杨国英	二等奖
130	铜川市耀州区天宝路街道塔坡小学	落叶改造机	小学	焦奕昕	铜川	温新	二等奖
131	铜川市印台区方泉小学	科技铜川幸福之城	小学	赵诗哲	铜川	姜乐	二等奖
132	铜川市新区金谟小学	新一代植物种子	小学	姬子轩	铜川	田娜	二等奖
133	铜川市耀州区锦阳新城小学	精准无痛自动采血器	小学	杨嘉蕾	铜川	吴华翠	二等奖

序号	所在学校	作品名称	组别	作者	代表队	指导教师	奖项
134	铜川市新区鱼池中小学	多功能笔	小学	陈佳瑜	铜川	郑春瑞	二等奖
135	铜川市新区鱼池中小学	消防搜救机	小学	文月婷	铜川	刘凤霞	二等奖
136	铜川市新区鱼池中小学	超级消防队	小学	文艺萱	铜川	刘凤霞	二等奖
137	延安市宜川县宜川中学教育集团朝阳校区	未来的树屋	初中	强梓馨	延安	孙莹	二等奖
138	延安市富县城关小学	空中城市	小学	曹恪研	延安	李婷	二等奖
139	延安市吴起县宜兴希望小学	空间移动教室	小学	蔡学熠	延安	王建玲	二等奖
140	子长市涧峪岔镇中心学校	未来太空站的生活	小学	张雅萱	延安	沙佩佩	二等奖
141	子长市瓦窑堡街道刘家沟小学	探索宇宙	小学	孙逸凡	延安	白焕梅	二等奖
142	延安市吴起县宜兴希望小学	抗击疫情科幻画	小学	胡顺航	延安	齐丽霞	二等奖
143	子长市齐家湾幼儿园	会飞的特种车	幼儿	郭颜硕	延安	贺巧	二等奖
144	子长市齐家湾幼儿园	新型冠状病毒消除器	幼儿	白子横	延安	马娟	二等奖
145	神木市第五小学	机器人采摘茶叶	小学	白紫娴	榆林	郭晓英	二等奖
146	神木市第六中学	爱心收枣机	小学	刘铭泽	榆林	白霞霞	二等奖
147	神木市第十一小学	开发新能源环保车	小学	王可欣	榆林	冯红艳	二等奖
148	神木市第一小学	未来城	小学	刘欣森	榆林	李琪	二等奖
149	神木市第六中学	银河护士环保机	小学	白禹乐	榆林	武娟	二等奖
150	神木市第三中学	智能服装机	小学	崔鑫雨	榆林	阮慧芳	二等奖
151	榆林高新区第三小学	我心中的世界	小学	郭家荣	榆林	刘兰宇	二等奖
152	汉中市勉县新铺镇初级中学	学生安全胸针	初中	蒋依然	汉中	关培新	二等奖
153	汉中市龙岗学校	安全逃生袋	初中	王芊羽	汉中	童静	二等奖
154	汉中市勉县新铺镇初级中学	安全气囊感应系统	初中	陈李飞	汉中	郑旭	二等奖
155	汉中市第八中学	诉说心声头盔	初中	石梦雪	汉中	邓蕴耘	二等奖
156	汉中市勉县新铺镇初级中学	磁悬浮书包	初中	袁洁	汉中	郑旭	二等奖
157	汉中市勉县新铺镇初级中学	植物营养液	初中	刘洪景	汉中	郑旭	二等奖
158	汉中市龙岗学校	新冠病毒检测机器人	小学	覃怡燃	汉中	邢洁	二等奖
159	汉中市龙岗学校	仿太阳光COVID-19病毒消杀飞行器	小学	周骏泽	汉中	邢洁	二等奖
160	汉中市汉台区西关小学	深海仿生探测机器鱼	小学	吕唯昊	汉中	曲妙	二等奖
161	汉中市龙岗学校	防护帽	小学	张歆瑶	汉中	付婷	二等奖
162	汉中市城固县五堵镇五堵小学	七彩环保制衣机	小学	万紫薇	汉中	张茹	二等奖
163	汉中市龙岗学校	生命电池	小学	康李晨哲	汉中	付婷	二等奖

续表

序号	所在学校	作品名称	组别	作者	代表队	指导教师	奖项
164	汉中市龙岗学校	智能吸尘器	小学	赵董妤	汉中	张丽莎	二等奖
165	汉中市学校龙岗	再生书	小学	张镒峏	汉中	张丽莎	二等奖
166	汉中市龙岗学校	心脏助手	小学	李思琦	汉中	张丽莎	二等奖
167	汉中市西乡县东关小学	城市垃圾综合管理器	小学	李薪怡	汉中	黄芳芳	二等奖
168	汉中市龙岗学校	"绿色"生命通道"120"救护车	小学	高楠迪	汉中	童　静	二等奖
169	汉中市略阳县接官亭镇中心小学	旧物翻新机	小学	杨语馨	汉中	戴　颜	二等奖
170	汉中市龙岗学校	水母型空气净化机	小学	胡楚涵	汉中	邢　洁	二等奖
171	汉中市龙岗学校	新冠特效药实验室——中药提纯	小学	孙越琪	汉中	邢　洁	二等奖
172	汉中市龙岗学校	快捷检测仪	小学	徐雨瑶	汉中	付　婷	二等奖
173	汉中市勉县幼儿园	动物流感消灭器	幼儿	廖雨菲	汉中	宴薇娜	二等奖
174	汉中市勉县勉阳街道办翠园幼儿园	灭菌鞋	幼儿	李羽涵	汉中	刘映红	二等奖
175	汉中市勉县漆树坝镇中心幼儿园	病毒捕捉器	幼儿	张殊婷	汉中	宁偌娴	二等奖
176	汉中市勉县幼儿园	糖果牙齿机器人	幼儿	杨梦可儿	汉中	王昊清	二等奖
177	汉中市勉县勉阳街道办西坝幼儿园	儿童生气消除罩	幼儿	张雨萱	汉中	燕　子	二等奖
178	汉中市勉县周家山镇黄沙幼儿园	哥哥的智能笔	幼儿	李欣妍	汉中	李　荣	二等奖
179	宁陕县城关初级中学	病毒处理净化器	初中	马荣荣	安康	张鸿斌	二等奖
180	宁陕县城关初级中学	绿色家园	初中	王金汶	安康	张鸿斌	二等奖
181	汉滨区汉滨初中	断尾求生	初中	湛梓瑜	安康	余　宁	二等奖
182	汉滨区江北高中东校区	嘟嘟市的智能转换器	初中	张馨月	安康	赵子悦	二等奖
183	安康市第一小学高新校区	天空的吸尘器	小学	王思齐	安康	徐　雅	二等奖
184	宁陕县第二幼儿园	新冠终结者号智能机器人	幼儿	蒋鸿俊	安康	郭　蕾	二等奖
185	洛南县古城镇中心小学	新型冠状病毒消灭机	小学	吴梓凌	商洛	陈军宏	二等奖
186	洛南县灵口镇中心小学	新型快递车	小学	屈嘉洛	商洛	李嘉怡	二等奖
187	洛南仓颉九年制学校	防洪抗灾UFO	小学	刘嘉烨	商洛	张英英	二等奖
188	洛南县古城镇中心小学	制蜜	小学	苏雨鑫	商洛	李亚珍	二等奖
189	洛南仓颉九年制学校	我的上学神器——悬浮滑板·飞行书包	小学	王程远	商洛	张英英	二等奖

序号	所在学校	作品名称	组别	作者	代表队	指导教师	奖项
190	柞水县城区第一小学	未来图书馆	小学	方雨萱	商洛	潘光梅	二等奖
191	洛南仓颉九年制学校	雾霾处理机	小学	宁丹彤	商洛	方艳	二等奖
192	西北农林科技大学附属中学	生活处处有能源	初中	许思涵	杨凌	邰春旺	二等奖
193	长庆八中	未来快递	小学	张伊诺	石油普教	李凡	二等奖
194	长庆泾渭小学	科技战病毒	小学	申溶轩	石油普教	刘美娟	二等奖
195	陕西师范大学附属中学	旧城改造智慧新能源城市	初中	虞子艺	西安	任小红	三等奖
196	西安市第二十三中学	美丽新世界	初中	王姿以	西安	张瑜	三等奖
197	金光门小学	银河驿站	小学	田奕翔	西安	王力	三等奖
198	西安铁一中滨河学校小学部	修理机器人	小学	郭忆萱	西安	赵阳	三等奖
199	西安工业大学附属小学	空中树木"理发师"	小学	庞鹤洁	西安	闫银霞	三等奖
200	西安电子科技大学附属小学	缤纷DNA	小学	张越涵	西安	王晶晶	三等奖
201	长安兴国小学	新型多功能水果采摘机	小学	刘可欣	西安	赵东璞	三等奖
202	西安理工大学附属小学	清洁汽车	小学	刘祖安	西安	于斐	三等奖
203	西安航天城第三小学	安全防洪、净水系统	小学	李静仪	西安	刘依蕾	三等奖
204	莲湖区大庆路小学	海底居住	小学	罗钰瑄	西安	张蓓	三等奖
205	西安外国语大学附属西安外国语学校	城市交通中转站	小学	王泊轶	西安	路璐	三等奖
206	西安经开第一学校	挥别雾霾阳光世界	小学	徐淼杨	西安	李莹	三等奖
207	西安市灞桥区东城第一小学	多功能能源转换器	小学	刘子莫	西安	张晶	三等奖
208	陕西省西安小学	未来海洋——人类超时空转化能源式居所	小学	张智端	西安	庄媛媛	三等奖
209	西安市碑林区何家村小学	机械蝴蝶	小学	陈奕朵	西安	何楠	三等奖
210	西安经开第十一小学	种子精灵	小学	李子曦	西安	薛尼亚	三等奖
211	西安经开第一学校	未来世界之——时空旅行	小学	马聿嵩	西安	李佩	三等奖
212	西安高新第一小学	中国梦·太空城	小学	邓芊怡	西安	王晓宇	三等奖
213	翠华路小学长大校区	植物加油站	小学	朱翊辰	西安	白洁	三等奖
214	西安市灞桥区纺织城小学	绿色金鱼机	小学	郭若筠	西安	李苏航	三等奖
215	西安市莲湖区希望小学	移动的智能房屋	小学	张郁青	西安	陈洁	三等奖
216	西安市莲湖区希望小学	"科学怪鱼"	小学	谢羽彤	西安	陈洁	三等奖
217	西安高新第一幼儿园	地下的世界	幼儿	李安其	西安	林艳丽	三等奖
218	陇县南道巷中学	小型家用肥料生产机	初中	曹翰良	宝鸡	路瑶	三等奖
219	眉县马家中学	全自动烹调机	初中	张欣怡	宝鸡	李梅	三等奖

续表

序号	所在学校	作品名称	组别	作者	代表队	指导教师	奖项
220	千阳县红山初级中学	全自动空中一一五消防战队	初中	刘淑仪	宝鸡	刘新耀	三等奖
221	凤翔县城关中学	空气净化机	初中	黄　萌	宝鸡	赵矿生	三等奖
222	眉县青化中学	吸病毒树	初中	胡章媛	宝鸡	王瑞英	三等奖
223	陈仓初级中学	未来的消防车	初中	闫文悦	宝鸡	高小兰	三等奖
224	宝鸡市第一中学	手套照相机	初中	魏一平	宝鸡	杨　睿	三等奖
225	岐山县第一初级中学	太空菜园	初中	武昕呈	宝鸡	杨方正	三等奖
226	千阳县红山初级中学	校供直升机	初中	吕佳萱	宝鸡	景俊云	三等奖
227	岐山县第三初级中学	天空之城	初中	李昕茹	宝鸡	廖晓红	三等奖
228	千阳县南寨初级中学	未来海底城市	初中	张博亮	宝鸡	靳　钊	三等奖
229	千阳县红山初级中学	云上城	初中	张子璇	宝鸡	李延祜	三等奖
230	眉县横渠镇青化中心小学	蝾螈骨骼细胞再生	小学	何锦汶	宝鸡	王　娟	三等奖
231	宝鸡市特殊教育学校	智能机器管家	小学	曹明月	宝鸡	杜　晨	三等奖
232	金台区逸夫小学	左膀右臂	小学	罗雨萱	宝鸡	蔡　萍	三等奖
233	渭滨区经二路小学	生态家园	小学	解雯朵	宝鸡	王　迎	三等奖
234	宝鸡实验小学	智能节约型新衣橱	小学	张一果	宝鸡	周建军	三等奖
235	宝鸡市特殊教育学校	"119"消防飞行器	小学	吕梓露	宝鸡	杜　晨	三等奖
236	渭滨区经二路小学	新型疫苗喷洒器	小学	王奕童	宝鸡	邸雯钰	三等奖
237	渭滨区清姜小学	未来医生	小学	翟梓阳	宝鸡	李锦蓉	三等奖
238	宝鸡高新小学	能源1号	小学	冯紫璇	宝鸡	刘志利	三等奖
239	宝鸡实验小学	绿水青山智能新乡村	小学	潘乐萱	宝鸡	周建军	三等奖
240	陈仓区实验小学	共享单车规范停放设施	小学	杜思轩	宝鸡	何文静	三等奖
241	眉县第一小学	太空创想	小学	刘正阳	宝鸡	李敏娟	三等奖
242	陈仓区实验小学	疫情，不可怕	小学	田馥语	宝鸡	刘博英	三等奖
243	渭滨区清姜小学	公共空气净化器	小学	张嘉欣	宝鸡	陈兆鹏	三等奖
244	金台区铁路小学	磁悬浮生态农场培育器	小学	王梓萌	宝鸡	柳苗苗	三等奖
245	麟游县招贤镇中心小学	未来图书馆	小学	李艳妮	宝鸡	王　蕊	三等奖
246	宝鸡实验小学	智能按摩衣	小学	张淑云	宝鸡	何玮华	三等奖
247	宝鸡幼儿园	病毒探测机	幼儿	冯钰清	宝鸡	姚　瑶	三等奖
248	宝鸡幼儿园	星际列车	幼儿	张宸溪	宝鸡	邹荣华	三等奖
249	长武县昭仁街道初级中学	地球卫士	初中	贾子轩	咸阳	谭晓燕	三等奖
250	泾阳县泾干中学初中部	我的未来科幻世界	初中	李佳萌	咸阳	乌艳萍	三等奖
251	彬州市城关初级中学	太空基地	初中	朱子涵	咸阳	彭晶晶	三等奖

序号	所在学校	作品名称	组别	作者	代表队	指导教师	奖项
252	秦都区电建学校	城市清洁卫士	小学	何振强	咸阳	马迪	三等奖
253	兴平市陕柴小学	多功能牙齿清洁护理器	小学	金泽欣	咸阳	翟祺翔	三等奖
254	兴平市陕柴小学	安全公交车系统	小学	张晴心	咸阳	翟祺翔	三等奖
255	渭城区文汇路小学	汽车落水弹射装置	小学	夏晨曦	咸阳	杨洋	三等奖
256	陕科大强华学校	太阳能回收场	小学	郭子涵	咸阳	李维娜	三等奖
257	渭城区道北小学	灾难搜救机	小学	杨心怡	咸阳	杨勃文	三等奖
258	渭城区道北小学	海豚生活馆	小学	朱泽桐	咸阳	易敏	三等奖
259	陕科大强华学校	紫外线储存全方位杀菌移动房	小学	骆宇彤	咸阳	李源	三等奖
260	渭城区文汇路小学	机器蚊子	小学	何依凡	咸阳	杨洋	三等奖
261	兴平市十一建学校	万众一心抗击新冠肺炎疫情	小学	史娜金秋	咸阳	刘伟峰	三等奖
262	武功县第二实验小学	海底世界	小学	董子妍	咸阳	陈淑利	三等奖
263	渭城区道北小学	元素资料创造机	小学	张嘉欣	咸阳	倪红英	三等奖
264	陕科大强华学校	新氧机	小学	魏煦东	咸阳	梁敏	三等奖
265	渭城区道南小学	智能快递车	小学	冯渤涵	咸阳	渭城区	三等奖
266	渭城区文汇路小学	噪音广场舞不扰民	小学	刘郭蕊	咸阳	杨洋	三等奖
267	渭城区道南小学	月球大气层修复器	小学	李俊杰	咸阳	李小玲	三等奖
268	彬州市城关幼儿园	抗疫必胜	幼儿	郑梓玥	咸阳	郑倩倩	三等奖
269	彬州市第二幼儿园	机器人导游	幼儿	田皓轩	咸阳	王玉哲	三等奖
270	彬州市城关幼儿园	智能厨师机器人	幼儿	纪熳晞	咸阳	孙丹丹	三等奖
271	彬州市幼儿园	无污染的城市	幼儿	杨泽宇	咸阳	王秋荣	三等奖
272	彬州市城关幼儿园	地球吸尘器	幼儿	陈姝羽	咸阳	王婷婷	三等奖
273	彬州市公刘幼儿园	中国芯——生活中的所有	幼儿	马骁彤	咸阳	刘婷	三等奖
274	彬州市幼儿园	变废为宝	幼儿	王家欣	咸阳	王艳	三等奖
275	铜川市阳光中学	赤红星河	初中	张泽文	铜川	李平	三等奖
276	铜川市阳光中学	沃托梦·中国宇宙科技梦	初中	段雨欣	铜川	李平	三等奖
277	铜川市阳光中学	漫游海奥华	初中	刘小雯	铜川	井姣姣	三等奖
278	铜川市第一中学	科技点亮未来	初中	姚斯航	铜川	陈飞	三等奖
279	铜川市耀州区锦阳路街道寺沟初级中学	机甲工人	初中	张昕悦	铜川	杨国英	三等奖
280	铜川市新区金谟小学	智能快递派送机	小学	刘涛宁	铜川	田娜	三等奖
281	铜川市红旗街小学	我的时空相机	小学	潘管欣	铜川	白冰	三等奖

续表

序号	所在学校	作品名称	组别	作者	代表队	指导教师	奖项
282	铜川市印台区方泉小学	未来新型理发机器人	小学	王奕迪	铜川	周玮	三等奖
283	铜川市新区鱼池中小学	超级列车	小学	贺怡凡	铜川	郑春瑞	三等奖
284	铜川市第三中小学	月球种植乐园	小学	杨心怡	铜川	尹慧莉	三等奖
285	铜川市印台区方泉小学	不良行为控制器	小学	肖煜澄	铜川	周玮	三等奖
286	王家河街道办事处中心小学	多功能机器人	小学	卫雪婷	铜川	王雅	三等奖
287	铜川市朝阳实验小学	宇宙机器人世界	小学	吕诗语	铜川	支婷	三等奖
288	铜川市七一路小学	病毒转换器	小学	陈芯葳	铜川	屈镘	三等奖
289	铜川市耀州区永安路街道北街小学	未来家园	小学	孙迎福	铜川	王行利	三等奖
290	铜川市新区金谟小学	太阳能蜘蛛机器人	小学	曹子豪	铜川	靳小娟	三等奖
291	铜川市朝阳实验小学	文物保护中心	小学	杨博翊	铜川	段玉星	三等奖
292	铜川市新区裕丰园小学	探索宇宙	小学	杨潇可	铜川	郭珊珊	三等奖
293	铜川市新区金谟小学	彩虹图书馆	小学	孙佳阳	铜川	吕小梅	三等奖
294	铜川市耀州区天宝路街道塔坡小学	自主餐桌	小学	贺语辰	铜川	杨海丽	三等奖
295	铜川市宜君太安镇中心小学	智能灭毒机	小学	周佳蕊	铜川	张润玲	三等奖
296	铜川市耀州区药王山中小学	未来太空世界	小学	万好	铜川	戴小琳	三等奖
297	宜君县太安镇中心幼儿园	多功能环保机器人	幼儿	鲁一帆	铜川	唐燕芝	三等奖
298	王益区王家河中心幼儿园	智能抗疫机器人	幼儿	李思哲	铜川	王静文	三等奖
299	宜君县第三幼儿园	未来的幼儿园	幼儿	曹沐晨	铜川	王文倩	三等奖
300	王益区爱尚幼儿园	海洋宝贝去遨游	幼儿	郑雅萱	铜川	杜李乐	三等奖
301	王益区王家河中心幼儿园	星空之旅	幼儿	陈思洁	铜川	游兰兰	三等奖
302	王益区卓越幼儿园	遨游宇宙	幼儿	张嘉滢	铜川	赵丽娜	三等奖
303	延安中学	宇宙物流站	初中	张芸瑞	延安	刘佳惠	三等奖
304	延安市宜川县宜川中学教育集团朝阳校区	空气转化器	初中	靳思彤	延安	郑婷	三等奖
305	延安市宝塔区第七中学	未来世界之机器人医生	初中	杨静	延安	宋京京	三等奖
306	延安市宜川县宜川中学教育集团朝阳校区	科技之星	初中	赵欣怡	延安	孙莹	三等奖
307	延安市新区第一中学	银河之约	初中	乔杜常乐	延安	李娜	三等奖
308	子长市马家砭镇中心学校	海上世界	初中	杨雨雨	延安	姜雅	三等奖
309	延安市新区第一中学	地球日	初中	刘俊皓	延安	慕萌萌	三等奖

序号	所在学校	作品名称	组别	作者	代表队	指导教师	奖项
310	延安市延长县七里村镇中心小学	太空幻想	小学	冯艳琴	延安	张白慧	三等奖
311	延安市洛川县水利希望小学	我的未来家园	小学	王语桐	延安	李延芹	三等奖
312	延安市新区外国语学校	自动无人研制疫苗系统	小学	屈佳悦	延安	白改霞	三等奖
313	延安市新区外国语学校	科技抗疫	小学	袁梦梓希	延安	孙苗	三等奖
314	子长市杨家园则镇中心学校	智能垃圾处理厂	小学	马子轩	延安	郝丹	三等奖
315	子长市杨家园则镇中心学校	智能家庭	小学	封昊轩	延安	郝丹	三等奖
316	延安市新区外国语学校	理想中的城市	小学	羽星沼	延安	石延霞	三等奖
317	延安市吴起县宜兴希望小学	我的外太空飞行器	小学	白子航	延安	刘江艳	三等奖
318	延安市新区外国语学校	未来学校	小学	曹诗逸	延安	彭静	三等奖
319	子长市齐家湾幼儿园	扫除雾霾与健康同在	幼儿	齐子彤	延安	李莉	三等奖
320	榆林市第六中学	未来的家园	初中	王启蕴	榆林	尹佳梅	三等奖
321	神木市第六中学	万能树	初中	白桓毓	榆林	张晓利	三等奖
322	靖边县第一小学	新时代眼睛保护仪	小学	张予曦	榆林	黄小艳	三等奖
323	神木市第九小学	我的太空梦	小学	武偌萱	榆林	宋婷婷	三等奖
324	靖边县第一小学	未来的4D多功能教室	小学	刘嘉轩	榆林	黄小艳	三等奖
325	米脂县南关小学	美味疫苗取食机	小学	常益帆	榆林	王晓莉	三等奖
326	神木市第六中学	沙蒿加工过滤器	小学	白佳铭	榆林	赵吊芳	三等奖
327	神木市第一小学	万能防感染系统	小学	冯芷涵	榆林	李琪	三等奖
328	神木市锦界第一小学	太空城堡	小学	袁谱欣	榆林	任小刚	三等奖
329	神木市第六中学	新冠病毒抓捕器	小学	刘懿轩	榆林	张飞霞	三等奖
330	神木市第十一小学	未来城市	小学	刘田宇	榆林	刘苗苗	三等奖
331	榆林高新区第三小学	新型冠状病毒过滤机	小学	曹曜玮	榆林	崔忠艳	三等奖
332	榆林高新区第三小学	保卫地球	小学	郭益钶	榆林	刘兰宇	三等奖
333	靖边县第一小学	空间站	小学	何星缘	榆林	黄小艳	三等奖
334	米脂县北街小学	光能源城市	小学	刘慧	榆林	贺琴	三等奖
335	榆林市高新区小学	能量运输空间站	小学	燕俞臻	榆林	杜亮亮	三等奖
336	榆林市高新区小学	海洋垃圾清理机	小学	艾芷羽	榆林	姚婷	三等奖
337	汉中市勉县新铺镇初级中学	近视治疗仪	初中	卢亚诗	汉中	郑旭	三等奖
338	汉中市龙岗学校	未来的厨房	小学	何睿轩	汉中	付婷	三等奖
339	汉中市汉台区汉王九年制学校	"中国"从我做起，做好地球环保	小学	王雅馨	汉中	罗瑞	三等奖

序号	所在学校	作品名称	组别	作者	代表队	指导教师	奖项
340	汉中市城固县朝阳小学	新型太阳系社区	小学	杨景皓	汉中	龚雨涵	三等奖
341	汉中市龙岗学校	纳米机器人	小学	袁乙峰	汉中	张丽莎	三等奖
342	汉中市洋县城南九年制学校	太空旅游基地	小学	康　俊	汉中	任俊兆	三等奖
343	汉中市汉中师范附属小学	智能蜘蛛机器人	小学	王雅茹	汉中	欧　婷	三等奖
344	汉中市龙岗学校	新冠检测头盔	小学	何柏萱	汉中	邢　洁	三等奖
345	汉中市龙岗学校	蝙蝠抗体与疫苗合成	小学	许瑾瑜	汉中	邢　洁	三等奖
346	汉中市龙岗学校	植物血液合成器	小学	熊敏西	汉中	翟伟伟	三等奖
347	汉中市城固县朝阳小学	快乐工程	小学	张可欣	汉中	朱　咪	三等奖
348	汉中市青年路小学	地球吸尘器	小学	韩雨馨	汉中	马小娥	三等奖
349	汉中市龙岗学校	多元世界	小学	陈霖镒	汉中	翟伟伟	三等奖
350	汉中市龙岗学校	基因结合的幻想	小学	李卓遥	汉中	翟伟伟	三等奖
351	汉中市勉县茶店镇中心幼儿园	自动环保洗手机	幼儿	吴亿宁	汉中	蒋红霞	三等奖
352	镇坪县钟宝初级中学	云端上的世界	初中	李玉荣	安康	张　玲	三等奖
353	岚皋县城关小学	宇宙大家庭	小学	刘欣怡	安康	李立瑜	三等奖
354	岚皋县城关镇六口小学	城市空气吸尘器	小学	张语珊	安康	杨思渝	三等奖
355	安康市第一小学高新校区	畅想未来——宇宙移民	小学	张子轩	安康	徐　雅	三等奖
356	安康市第一小学高新校区	我们的新家园	小学	徐子贤	安康	张　静	三等奖
357	安康市第一小学高新校区	疫苗研究所	小学	梅芊羽	安康	徐　雅	三等奖
358	汉滨区鼓楼小学	综合型农作物收割机	小学	杨雨嘉	安康	马乐平	三等奖
359	石泉县两河九年制学校	6G时代	小学	曹语恒	安康	邓　雪	三等奖
360	石泉县城关第一小学	未来世界	小学	李林静	安康	陈小华	三等奖
361	安康市第一小学高新校区	未来的城市	小学	刘雨茜	安康	张　静	三等奖
362	旬阳县蜀河镇兰滩九年制学校	太空城市	小学	黄晓莉	安康	张登爱	三等奖
363	安康高新区第一小学	未来机器城	小学	黄瑞晨	安康	鄢　瑶	三等奖
364	旬阳县吕河镇桂花九年制学校	未来世界	小学	李泽堰	安康	李荣喜	三等奖
365	宁陕县幼儿园	未来城市医院	幼儿	朱子姝	安康	李云娟	三等奖
366	陕西省商南县鹿城中学	森林中的环卫工人	初中	何梦钰	商洛	吴　飞	三等奖
367	洛南县古城镇中心小学	多功能环保机	小学	张艺涵	商洛	秦　丹	三等奖
368	洛南县城关街道中心小学	海空魔方大厦	小学	王静怡	商洛	时　聪	三等奖
369	商州区第一小学	可燃冰发电站	小学	张瑾玉	商洛	周　敏	三等奖
370	丹凤县第一小学	空中灭火器	小学	叶月昕	商洛	刘俊霞	三等奖
371	商州区第三小学	智能垃圾处理机	小学	王梦瑶	商洛	姚　娜	三等奖
372	丹凤县第一小学	智能除霾器	小学	王美姣	商洛	齐莉娜	三等奖

序号	所在学校	作品名称	组别	作者	代表队	指导教师	奖项
373	商洛市幼儿园	蝗虫捕捉器	幼儿	郭懿萱	商洛	胡　婷	三等奖
374	丹凤县第三幼儿园	智能浇灌机	幼儿	王梓熙	商洛	李清莉	三等奖
375	丹凤第一幼儿园	空中体温检测仪	幼儿	杨皓悦	商洛	屈　蕾	三等奖
376	西北农林科技大学附属中学	能量转换器	初中	马艺嘉	杨凌	邰春旺	三等奖
377	西北农林科技大学附属中学	未来的农科城	初中	李馨怡	杨凌	邰春旺	三等奖
378	西北农林科技大学附属中学	蚊虫净皿器	初中	苟琛悦	杨凌	邰春旺	三等奖
379	西北农林科技大学附属中学	种植悬浮飞碟	初中	徐可心	杨凌	邰春旺	三等奖
380	西安市车辆中学	海底采集可燃冰	初中	杨馥源	西咸新区	张文璐	三等奖
381	西安市车辆中学	守护者	初中	彭　程	西咸新区	张文璐	三等奖
382	西北工业大学阳光城小学	有害病毒转换站	小学	任紫瑶	西咸新区	任佳莹	三等奖
383	西北工业大学阳光城小学	科技助力"十四运"	小学	周柏辰	西咸新区	王浩煜	三等奖
384	西北工业大学阳光城小学	神奇的保护罩	小学	李梓荷	西咸新区	郭月月	三等奖
385	长庆八中	海底世界	小学	成墨涵	石油普教	刘春娥	三等奖
386	长庆八中	空中学校	小学	陈兆燚	石油普教	李　凡	三等奖
387	咸阳长庆子弟学校	海底垃圾清理能源转换机	小学	姜文乾	石油普教	刘琪军	三等奖

（3）青少年科技实践活动比赛获奖名单

序号	项目名称	作者	代表队	学校	辅导教师	奖项
1	神木市常见岩石矿物标本采集实践活动	神木市第十二中学	榆林	神木市第十二中学	高志新 姬　和 李　花	一等奖
2	交大附小"名校+'智'造未来，玩转STEAM"科技节系列活动	交大附小"名校+"学生	西安	西安交通大学附属小学	邱　娟	一等奖
3	大熊猫秦岭亚种生活习性初探与生态环境保护教育实践活动	大熊猫秦岭亚种生活习性初探与生态环境保护小组	西安	西安市第三十四中学	韩改凤 贾　筹 田　勇	一等奖
4	"古今大战秦俑情"校园机器人格斗赛	五年级全体学生	西安	陕西师范大学大兴新区小学	姚　欣 郭敏敏 杨　辰	一等奖
5	"走近神经科学，关注神经性老年疾病"科技实践活动	西安高新第一中学脑科学小组	西安	西安高新第一中学	张妙晴 赵小妹	一等奖

序号	项目名称	作者	代表队	学校	辅导教师	奖项
6	揭秘——"发芽的马铃薯是否真的不能吃"	咸阳彩虹学校初中生物兴趣小组	咸阳	咸阳彩虹学校	何鲜绒	一等奖
7	节粮爱粮我践行，绿色文明共彰显	"小小科学家"社团	西安	西安国际陆港第二小学	王萍	一等奖
8	创新引领发展·智慧点亮未来——云端科技实践活动	高新一小科技实践社团	西安	西安高新第一小学	雷琳 文佩华 续妮	一等奖
9	植物考察和种子标本制作——了解种子的结构和萌发	神木市第六中学科技实践活动小组	榆林	神木市第六中学	郝军 姚机艳 郭雪梅	一等奖
10	基于C/C++编程启蒙教育与机器人学习实践活动	浐灞欧亚计算机社	西安	西安市浐灞欧亚中学	张田 姚云娜	一等奖
11	"外卖垃圾对居民生活的影响"科技实践活动	城关镇北关明德小学科技活动小组	宝鸡	陇县城关镇北关明德小学	谢蓉 高小英 张永刚	一等奖
12	模拟大气温室效应	谭瑞玉、杨开拓、董潇阳、马利莹	咸阳	咸阳市实验中学	马丽君	一等奖
13	以机器人竞赛为抓手全面提升创新实践水平——延安市科技馆机器人教育普及实践活动	机器人工作室	延安	延安科技馆	张虎 李子霞 白雪祺	一等奖
14	昆虫短剧表演促进昆虫文化传播的实践活动	昆虫社团	榆林	神木市第四小学	王延红 贺向艳 苏建军	一等奖
15	相遇金凤山——金凤山土壤剖面分析	2023届土壤剖面地理实践小组	商洛	陕西省商洛中学	马珺琰 任丽逾	一等奖
16	"走进科技农业，点燃探索之路"实践报告	百趣科学探究团队	宝鸡	金台区东仁堡小学	张严琼 王新 董昕杭	二等奖
17	"用双手捧起382颗梦想种子"——樱桃萝卜种植实践活动	独具一格创新实践小组	西安	西北工业大学附属小学融侨分校	谢宁 李文青 鹿晓琳	二等奖
18	"虢镇老城区街道道行树树种与秋冬季清洁工工作量关系的探究"科技实践调查报告	虢镇小学六（4）班科技实践小组	宝鸡	陈仓区虢镇小学	刘卫国 刘让霞 王永林	二等奖
19	清爱护人类的朋友	栎阳小学	西安	临潼区栎阳小学	张娜	二等奖
20	探究种子萌发"光之谜"	咸阳彩虹学校初中生物兴趣小组	咸阳	咸阳彩虹学校	成亚丽	二等奖

序号	项目名称	作者	代表队	学校	辅导教师	奖项
21	铜川人工智能教育与学生核心素养提升的实践活动	四维科创工作室科技制作社团	铜川	陕西省煤炭建设公司第一中学	殷彦伟 徐芳芳 万炜龙	二等奖
22	"自制冰淇淋，守护冰淇淋"热学实践综合活动	"开物成务"科技社团	石油普教	西安泾河工业区中心学校	刘亚超	二等奖
23	"中国梦·科技梦·航空梦"科技节实践活动	西安航空基地第一小学	西安	西安航空基地第一小学	乔永智 孔秋菊 高艳红	二等奖
24	"学中做，做中学"体验工匠精神，探究科学真理	新未来科技社团	西安	西安市田家炳中学	黄立锋 王 萌 韩素青	二等奖
25	科普行动	科学组	西安	西北工业大学附属小学	熊 平 薛美茹 金 梦	二等奖
26	关于陕北说书的传承与发展调查报告	延安中学校园电视台	延安	陕西延安中学	官雨婷 杨娟娟 曹奕昕	二等奖
27	爱科技·能制造	西安市曲江第三小学	西安	西安市曲江第三小学	杨宇霞 韩曼俐	二等奖
28	"动手做探究节约奥秘玩中学体验科创魅力"——西安市实验小学第二分校"厉行勤俭节约、反对铺张浪费"	全体师生	西安	西安市实验小学第二分校	赵丽娟 李俊瑛 张西彬	二等奖
29	学标本制作知太白生态	咀头小学科技实践活动小组	宝鸡	太白县咀头小学	缑永玲 安 静 赵小利	二等奖
30	蓝翼航模藏身机制作	蓝衣航模社团	咸阳	旬邑中学	张二虎	二等奖
31	古化石探究——远古的铜川是大海	生物古化石探究社团	铜川	陕西省煤炭建设公司第一中学	徐 斌 李龙江 贺承军	二等奖
32	榆林市第一小学第九届校园科技节实践活动	榆林市第一小学科技社团	榆林	榆林市第一小学	尚晓飞 白美玲 方 宁	二等奖
33	走进非物质文化遗产传承发扬渔鼓文化	柞水县城区第三小学四年级	商洛	商洛市柞水县城区第三小学	石 莉	二等奖
34	由小孔成像引发的思考——系列教学实践活动	建大附小五年级全体学生	西安	西安建筑科技大学附属小学	刘 欢 张琴英	二等奖

序号	项目名称	作者	代表队	学校	辅导教师	奖项
35	物理实践活动之"焕然一新，修旧利废"	"万有引力"物理实践活动小组	西安	西安市航天城第一中学	牛健全	二等奖
36	未来城市立体停车场STEAM项目式实践活动	大兴"智慧"小分队	西安	陕西师范大学大兴新区小学	姜欣欣 王兆琦 杨　辰	二等奖
37	陇县道路边杨树枯死原因分析	曹家湾中学科技实践活动小组	宝鸡	陇县曹家湾中学	王红军 李　刚 罗　欣	二等奖
38	小学STEM课程——桥梁系列	榆林高新区第三小学	榆林	榆林高新区第三小学	程继凤 杨永亮 孟晓勇	二等奖
39	商州区第二小学"机器人拼装挑战赛"	商州区第二小学	商洛	商洛市商州区第二小学	王　波 白锋军 方先发	二等奖
40	守护绿色秦岭，共建美丽西安	守护的力量小组	西安	西安市曲江第一中学	罗红梅 贾荣荣	二等奖
41	"未来的电"科学实践活动	咸阳彩虹学校初中物理兴趣小组	咸阳	咸阳彩虹学校	许　畅	二等奖
42	智能家居——APP灯控系统	人工智能创新小组	榆林	吴堡中学	张　庭	二等奖
43	科学防疫，抗击疫情，健康之路，你我同行	长庆泾渭小学调查小组	石油普教	长庆泾渭小学	董建军 权积良 车俊姗	二等奖
44	"立足生物学科活动，提升科学核心素养"——生物选修课系列总结	初二年级选修课学生	西安	西安铁一中分校	李定瑶 潘程莹 骆豆豆	三等奖
45	体验无线科技遨游电波海洋之无线电测向活动	无线电社团	西安	西安高新第八小学	田　永	三等奖
46	编程积木机器人制作	安康市第二中学创客社团	安康	安康市第二中学	吴　杰	三等奖
47	走丝绸之路，探养蚕奥秘	高新二小科学2组	西安	西安高新第二小学	樊冰纯 李　土 郜安宁	三等奖
48	王莲叶脉结构仿生与力学性质探究	微观生物世界社团	西安	西安市曲江第二中学	魏园媛 谢　斌 胡宇玲	三等奖

序号	项目名称	作者	代表队	学校	辅导教师	奖项
49	"筑梦航空科技同行"研学旅行活动	西安航空基地第一小学	西安	西安航空基地第一小学	乔永智 马 晶 张 莉	三等奖
50	钢桥模型设计与制作	石泉中学高一年级科技小制作兴趣小组	安康	安康市石泉县石泉中学	马平安 苟小军 付贤兴	三等奖
51	汉滨区初级中学学生生物标本制作活动	汉滨初级中学生物社团	安康	汉滨初级中学	柳宝康	三等奖
52	"珍惜水资源，保护水生态"实践活动	"节水行动"兴趣小组全体成员	咸阳	秦岭小学	王桥莉	三等奖
53	关于特斯拉线圈的研究	"锦江—昆明"探究小组	咸阳	咸阳市实验中学	张 渊	三等奖
54	胶体聚沉在食品制作中的应用实践活动	化学与生活兴趣小组	铜川	耀州中学	王 蕾 杨 花	三等奖
55	争当小小烹饪师实践活动	神木市第一小学	榆林	神木市第一小学	刘 元 常光菊	三等奖
56	"美丽的石头会说话"——商南县城关第五小学"石头画"社团科技实践活动	商南县城关第五小学"石头画"社团	商洛	商洛市商南县城关第五小学	阮 艺	三等奖
57	探"衣、住"变革，探寻小康之美	三年级二班、三年级四班	西安	西安高新第一小学麓湾分校	胡满满 蒋 伟	三等奖
58	绿色校园，我在行动，我为垃圾找出路	长安区第一小学科技活动小组	西安	西安市长安区第一小学	何莉明 刘 婵 郭艳维	三等奖
59	农村小学生文明礼仪教育的社会实践调查	"小学生文明礼仪教育"实践小组	咸阳	彬州市义门镇中心小学	梁刚刚 房北平	三等奖
60	对食品添加剂的探究	自由飞翔	咸阳	咸阳市实验中学	王 晶	三等奖
61	熊猫豆着色原因探究	东风镇兴中小学科技实践活动小组	宝鸡	陇县东风镇兴中小学	苟振宁 张慧芳 蒲广平	三等奖
62	垃圾变废为宝科学实践	二年级一班科技小组	西安	莲湖区远东第一小学	张 艳 阎小荣	三等奖
63	和谐共处一世	高新国际学校探秘自然小组	西安	西安高新国际学校	杜 莹	三等奖

续表

序号	项目名称	作者	代表队	学校	辅导教师	奖项
64	"我是渭城小主人，垃圾分类我先行"实践活动	风轮小学科技组	咸阳	渭城区风轮小学	鱼　洋 朱　曼 吴碧云	三等奖
65	神奇的密度计	科技活动实践营	汉中	汉中市勉县致远初级中学	李　丹 王雨萌 崔世胜	三等奖
66	探索安装小型太阳能家用电器系统	柞水县蔡玉窑九年制学校九年级学生	商洛	商洛市柞水县蔡玉窑九年制学校九年级学生	李乾国	三等奖
67	复兴礼仪之邦倡导语言文明	六十六中校园语言文明调查小组	石油普教	西安市第六十六中	薛　仙 任绥海	三等奖
68	远离"玻璃心"拥抱好心情——虢镇小学六年级学生心理问题成因及对策调查研究报告	虢镇小学六（7）六（8）中队	宝鸡	陈仓区虢镇小学	焦红文 卢晓婷	三等奖
69	关于铜川大樱桃产业现状的调查报告	STEAM社团	铜川	陕西省煤炭建设公司第一中学	杜锋涛 方小妮 和　力	三等奖
70	培养小学生动手能力与科技创新能力的实践研究	陕西师范大学御锦城小学科技一组	西安	陕西师范大学御锦城小学	莫　颖	三等奖
71	科学选择健身步道	曹家湾中学七年级科技活动小组	宝鸡	陇县曹家湾中学	任维超 杨喜山 廖天贵	三等奖
72	城市发展过程中"停车难"问题的调查与研究	陈仓区实验小学四年级科技实践小组	宝鸡	陈仓区实验小学	何文静 郭　晶 谢宁波	三等奖
73	走进秋天畅享丰收	定边县第十二小学	榆林	定边县第十二小学	尚　娜 崔艳梅 白　旭	三等奖
74	学生睡眠不足情况调查	高中生睡眠情况不足调查小组	石油普教	西安市第六十六中	任绥海 牛文琴	三等奖
75	关于消毒剂的实践探究活动	学兴趣小组	铜川	耀州中学	杨　花 王　蕾	三等奖
76	放学路上为什么这么堵——以枣园路为例	延安科技馆青少部	延安	延安科技馆	尹胜仕 王　晓	三等奖
77	会唱歌的地球仪	印斗镇九年一贯制学校科技社团	榆林	米脂县印斗镇九年一贯制学校	赵　耀	三等奖

续表

序号	项目名称	作者	代表队	学校	辅导教师	奖项
78	关于家乡"自然水域"的调查报告	科技兴趣小组	汉中	汉中市镇巴县泾洋中心小学	饶朝文	三等奖
79	在实践活动中融入STEM理念，提升学生核心素养	神武路小学科技二组	宝鸡	金台区神武路小学	田艳霞 杨海东 柴玲玲	三等奖
80	"燕子掌嫁接长寿花"的探究	洋县马畅中学生物科技社团	汉中	汉中市洋县马畅初级中学	白晓霞 李新霞 刘小民	三等奖
81	西安市第六十六中学学生饮食习惯调研报告	饮食习惯调研小组	石油普教	西安市第六十六中	薛　仙 任绥海	三等奖
82	插花开放期科学延长法的实践探究	金陵寺中学九年级二班科技活动小组	商洛	商州区金陵寺中学	张　星 晏　英 陈　萍	三等奖
83	废旧生活物品在初中物理探究活动中的应用	汉中市第八中学物理社团	汉中	汉中市第八中学	杨　静 何　萍 陈建玲	三等奖
84	中学睡眠不足问题的思索	睡眠调查小组	汉中	汉中市第四中学	张建慧 朱小军 朱　铎	三等奖

（4）科技辅导员科技教育创新成果竞赛获奖名单

序号	项目名称	项目分类	作者	所在单位	代表队	奖项
1	小学中高段生命科学领域教学实践活动预设方案	科教方案类	张红军	西安经开第一学校	西安	一等奖
2	"你好!萤火虫"生命教育融合课程	科教方案类	张　倩	西安市曲江南湖小学	西安	一等奖
3	科学战疫，"肺"常健康	科教方案类	杨　力	西安航天城第一小学	西安	一等奖
4	一种采用万花筒的声音振动演示教具	科教制作类	金　梦	西北工业大学附属小学	西安	一等奖
5	像处理技术改善学生学习习惯的管控仪	科教制作类	李宁远	西安交通大学附属中学航天学校	西安	一等奖
6	低段视障生单词拼写教玩具	科教制作类	王亚丽	宝鸡市特殊教育学校	宝鸡	一等奖
7	Heron's喷泉演示模型（系列）创新设计与制作	科教制作类	任绥海	西安市第六十六中学	石油普教	一等奖

续表

序号	项目名称	项目分类	作者	所在单位	代表队	奖项
8	大熊猫秦岭亚种生活习性初探与生态环境保护教育实践活动	科教方案类	韩改凤	西安市第三十四中学	西安	二等奖
9	乡土艺术美化生活实践研究	科教方案类	吴剑戈	鄠邑区石井初级中学	西安	二等奖
10	初中分层式全员创新教育模式报告	科教方案类	曹列彦	西安高新逸翠园学校	西安	二等奖
11	"我给小鸟安个家"校园综合实践活动	科教方案类	杨宇霞	西安市曲江第三小学	西安	二等奖
12	"菌"临天下——走进秦岭奇妙的蘑菇世界	科教方案类	雷　琳	西安高新第一小学	西安	二等奖
13	远古回声，半坡聚落快乐行	科教方案类	任晓芸	西安铁一中分校	西安	二等奖
14	科学防疫，你我同行	科教方案类	薛美茹	西北工业大学附属小学	西安	二等奖
15	"月明星稀"现象演示盒	科教制作类	赵　妍	西安市碑林区大学南路小学	西安	二等奖
16	气象观测、模拟综合实验仪	科教制作类	卫　雯	西北大学附属小学	西安	二等奖
17	四指智能方笛	科教制作类	熊　平	西北工业大学附属小学	西安	二等奖
18	高一化学铜在氯气中燃烧实验的改进	科教制作类	袁尚丽	岐山麦禾营初级中学	宝鸡	二等奖
19	创新设计"乙醇的催化氧化实验"	科教制作类	葛秋萍	咸阳市实验中学	咸阳	二等奖
20	疫情防控鞋底快速消毒垫	科教制作类	高万宝	榆林市横山中学	榆林	二等奖
21	三极管放大开关原理演示器	科教制作类	雷建设	陕西省山阳中学	商洛	二等奖
22	"力臂"教学仪	科教制作类	刘亚超	西安泾河工业区中心学校	石油普教	二等奖
23	于新异模型的3D建模教学方案	科教方案类	姚云娜	西安市浐灞欧亚中学	西安	三等奖
24	"昆虫的生命周期"项目式学习	科教方案类	闫　怡	西安铁一中湖滨小学	西安	三等奖
25	"植物的私生活"实践活动方案	科教方案类	张　蓓	西安铁一中分校	西安	三等奖
26	神奇的王莲	科教方案类	魏园媛	西安市曲江第二中学	西安	三等奖
27	由秦岭大熊猫引发的生态保护思考	科教方案类	吴燕泽	临潼西泉中心麦王小学	西安	三等奖
28	一种基于Arduino的有害气体检测报警装置	科教制作类	刘　瑞	西安市浐灞丝路中学	西安	三等奖
29	温湿度报警系统	科教制作类	梅　飞	西工大锦园实验小学	西安	三等奖
30	"探究熊猫豆着色原因"科技教育方案	科教方案类	任维超	陇县曹家湾中学	宝鸡	三等奖
31	一种声音方位（立体声）感知测试装置	科教制作类	赵永忠	凤翔县页渠中学	宝鸡	三等奖
32	证明"空气占据空间"的实验装置	科教方案类	吴碧云	渭城区风轮小学	咸阳	三等奖
33	巡线机器人	科教方案类	董敏博	旬邑中学	咸阳	三等奖

序号	项目名称	项目分类	作者	所在单位	代表队	奖项
34	基于设计思维的小学3D打印创客活动	科教方案类	张换霞	神木市第一小学	榆林	三等奖
35	失重环境下测量物体质量装置	科教制作类	王国强	陕西省神木中学	榆林	三等奖
36	太空太阳能无线输电	科教制作类	霍　雄	绥德县第一中学	榆林	三等奖
37	用传感器测定电容器电容量	科教制作类	苏　宏	绥德县第一中学	榆林	三等奖
38	基于Arduino开发板的创意LED灯设计制作	科教方案类	姚丽娟	陕西延安中学	延安	三等奖
39	沸腾与压强的演示教具	科教制作类	王　正	陕西延安子长市秀延初级中学	延安	三等奖
40	共享自行车太阳能左右灯转向提示系统	科教制作类	吴佳悦	汉中市龙岗学校	汉中	三等奖
41	"探究感应电流产生条件"实验器材的改进	科教制作类	康　凯	汉中市第八中学	汉中	三等奖
42	可拆卸式全自动消毒屋	科教制作类	江　涵	安康市汉滨区五里镇民主九年制学校	安康	三等奖
43	纸飞机飞行轨迹的探究	科教制作类	王　峥	洛南县西街小学	商洛	三等奖
44	弦乐器发声原理演示仪	科教制作类	周眈宏	丹凤县武关镇北赵川九年制学校	商洛	三等奖
45	太阳能自动追光机	科教制作类	付耀红	鄠邑区惠安小学	西安	优秀奖
46	温水镇地域农田水利设施的现状与"钱景"	科教方案类	王志军	陇县温水中学	宝鸡	优秀奖
47	"陇县北河人造景观湖泥沙淤积治理"探究	科教方案类	曹静萍	陇县恒大小学	宝鸡	优秀奖
48	公共场所灾害综合预警报账系统	科教制作类	郭浩利	旬邑县职教中心	咸阳	优秀奖
49	智慧课堂系统在班级管理中应用的研究	科教方案类	张　欣	榆林高新中学	榆林	优秀奖
50	显微镜下、多媒体中、论文纸上探微观世界的奥秘	科教方案类	贾　军	神木市第一小学	榆林	优秀奖
51	流动彩灯小制作	科教制作类	徐　琼	绥德县第三小学	榆林	优秀奖
52	中学数学教学测角仪	科教制作类	杨斌斌	陕西延安子长市秀延初级中学	延安	优秀奖
53	二氧化碳制取与性质自制教具	科教制作类	麻晓霞	陕西延安子长市秀延初级中学	延安	优秀奖
54	"打地鼠"机器人教学方案	科教方案类	薛　仙	西安市第六十六中学	石油普教	优秀奖
55	仙山有春自如意——如意桥模型设计制作	科教制作类	冯淑娟	西安市第六十六中学	石油普教	优秀奖

（5）基层优秀组织单位获奖名单

序号	单位
1	西安市科学技术协会
2	咸阳市科学技术协会
3	延安市科技馆
4	汉中市科学技术协会
5	雁塔区科学技术协会
6	碑林区科学技术协会
7	金台区科学技术协会
8	凤翔区科学技术协会
9	渭滨区科学技术协会
10	兴平市科学技术协会
11	子长市科学技术协会
12	榆阳区科学技术协会
13	洋县科学技术协会
14	宁强县科学技术协会
15	山阳县科学技术协会
16	丹凤县科学技术协会
17	西安航天城第一小学
18	宝鸡市科学技术协会
19	铜川市科学技术协会
20	榆林市科学技术协会
21	商洛市科学技术协会
22	莲湖区科学技术协会
23	高新区教育局
24	陈仓区科学技术协会
25	太白县科学技术协会
26	渭城区科学技术协会
27	彬州市科学技术协会
28	甘泉县科学技术协会

续表

序号	单位
29	汉台区科学技术协会
30	勉县科学技术协会
31	柞水县科学技术协会
32	洛南县科学技术协会
33	西安高新第一小学
34	西安爱知初级中学
35	西安铁一中分校
36	西安铁一中滨河学校
37	咸阳市实验中学
38	铜川市印台区频阳逸夫小学
39	铜川市宜君城关第一幼儿园
40	子长县齐家湾幼儿园
41	绥德中学
42	神木市第四小学
43	长庆八中
44	西安泾河工业区中心学校
45	西安市曲江第一中学
46	咸阳市彩虹学校
47	铜川市耀州中学
48	耀州区永安路街道北街小学
49	延安新区外国语学校
50	榆林高新区第五小学
51	绥德县第一中学
52	榆林市第十二中学
53	咸阳长庆子弟学校礼泉分校

2.2022年"陕西最美科技工作者"名单

省委组织部、省委宣传部、省科技厅、省科协共同组织开展了2022年"寻找陕西最美科技工作者"活动。通过层层推荐选拔，共评选出 52 名长期扎根陕西、服务基层一线、成绩突出的优秀科技工作者代表。经活动组委会审议，决定授予门玉明等 52 名同志 2022年"陕西最美科技工作者"称号。

序号	姓名	工作单位
1	门玉明	长安大学
2	马文哲	杨凌职业技术学院
3	王亚龙	陕西莱特光电材料股份有限公司
4	王周平	陕西省园艺技术工作站
5	王 怡	西安建筑科技大学
6	王家鼎	西北大学
7	王彩红	陕西耀华瓷业有限公司（铜川）
8	韦 静	榆林市第二医院
9	田 泽	航空工业西安航空计算技术研究所
10	白 润	西北有色金属研究院
11	巩玉峰	米脂县植保植检站
12	任晓斌	西安中飞航空测试技术发展有限公司
13	刘兴胜	西安炬光科技股份有限公司
14	刘 涛	安康市平利县茶叶和绞股蓝发展中心
15	杜学斌	中国重型机械研究院股份公司
16	李永红	陕西省杂交油菜研究中心
17	李宏安	陕西鼓风机（集团）有限公司
18	李 英	汉中市农业技术推广与培训中心油菜研究室
19	李春英	空军军医大学第一附属医院
20	李峻志	陕西省微生物研究所
21	李琰君	陕西科技大学
22	杨银堂	西安电子科技大学
23	余 森	西北有色金属研究院
24	宋张骏	陕西省人民医院
25	宋保维	西北工业大学
26	张丽丽	西安大地测绘股份有限公司

序号	姓名	工作单位
27	张治有	商洛市林业科学研究所
28	张秋禹	西北工业大学
29	张养利	渭南市农业科学研究院
30	张首刚	中国科学院国家授时中心
31	张秦鲁	西安金磁纳米生物技术有限公司
32	陈 华	陕西长岭电子科技有限责任公司
33	陈建峰	西安天和防务技术股份有限公司
34	拓 文	宝鸡市中心医院
35	范代娣	西北大学
36	范京道	陕西延长石油（集团）有限责任公司
37	南亚林	工信部电子综合勘察研究院
38	秦红强	中国航天科技集团有限公司航天六院十一所
39	柴 岩	西北农林科技大学
40	党发宁	西安理工大学
41	徐纪茹	西安交通大学
42	郭立新	西安电子科技大学
43	陶 虹	陕西省地质环境监测总站（陕西省地质灾害中心）
44	黄功文	自然资源部大地测量数据处理中心
45	黄 辰	西安交通大学
46	曹虎生	陕西省一八五煤田地质有限公司
47	董文祥	中国兵器工业集团第二〇二研究所
48	傅业伟	陕西航沣新材料有限公司
49	蔡宇良	西北农林科技大学
50	廖芳芳	西安航天宏图信息技术有限公司
51	谭亮成	中国科学院地球环境研究所
52	翟小伟	西安科技大学

3. 陕西省2021年基础教育优秀教学成果自制教玩具类参评作品获奖名单

陕西省2021年基础教育优秀教学成果评选活动从陕西省各市（区）共收集作品414

件，经过专家初评、现场复评和网上公示环节，共评出获奖作品 206 件。其中，教师作品特等奖 21 件、一等奖 39 件、二等奖 61 件、三等奖 77 件；学生作品一等奖 2 件、二等奖 2 件、三等奖 4 件。

（1）陕西省 2021 年基础教育优秀教学成果自制教具类教师获奖名单

序号	市（区）	作者姓名			作品名称	所在单位
幼儿园特等奖						
1	西安市	高　苗	李　苗	李瑞赟	寻秦觅宝	西安市雁塔区文理幼儿园
2	西安市	翟依馨	杨菁华	高　瑜	自由人	西安市第一保育院
3	西安市	张　艳	崔　蕾		STEAM玩教具：5+N管道大玩家	空军军医大学西京医院幼儿园
4	西安市	赵冉阳	郝健宇	谭　盼	洞洞与球球	西安市第五保育院
5	西安市	武丛玲	张　铮	赵　栋	"趣"拼盒	未央区西航天鼎保育院
6	西安市	王　梅	邵欣欣	韩　笑	玩转智力方	西安市第八保育院
7	咸阳市	孟庆莉	刘　婷		神奇的布	兴平市文泉幼儿园
8	汉中市	蒋易霖	黄　倩	万　芸	探秘光影世界	汉中市幼儿园
9	安康市	旬阳市第二幼儿园			竹嬉童年	旬阳市第二幼儿园
10	省直属	李　媛	白芯蕊	王唯燕	魔盒1+1	陕西学前师范学院附属幼儿园
11	省直属	刘宇辰	刘　冲	苏　慧	古建新塔	西北工业大学幼儿园
幼儿园一等奖						
12	西安市	张心苗	袁　琳	殷　娜	风的舞蹈	西安市第一保育院
13	西安市	郑竞翔	王　昆	陈雅倩	百变踏板	西安市第八保育院
14	西安市	耿灵书	马　莎	王　帆	镜面游戏	西安市第五保育院
15	西安市	张　侠	郑雪婷		"棋"乐无穷	西安西缆幼儿园
16	西安市	杜　蕊	梁　笑	张　莉	百变滑溜布	西安航天城第一幼儿园
17	西安市	孙　静	张　欣	姜　峰	智慧"树"	西安市莲湖民族幼儿园
18	西安市	姜西润	杨　莉		我劳动我快乐	西安市教育科学研究院
19	西安市	施　明	夏　萌	李晓红	车库游戏	西安市第二保育院
20	宝鸡市	李涵阁	李　森	曹　瑛	西府小院	宝鸡幼儿园
21	宝鸡市	郑淑秋	梁　婷	张　颖	管，你玩	宝鸡市金台区车站幼儿园
22	宝鸡市	卢　彦	史鹏芳	邵钰博	百变盲盒	宝鸡市陈仓区示范幼儿园
23	铜川市	马　铎	闫　婕		点点探险之旅	铜川市新区第三幼儿园
24	榆林市	高晓焕	曹镁予		智能分类垃圾桶	榆阳区古塔镇中心幼儿园
25	汉中市	张雪婷	李　敏	唐　燕	"布"会变魔术	略阳县幼儿园

续表

序号	市（区）	作者姓名			作品名称	所在单位
26	汉中市	宋俊芳	郭 筠		洋洋幼幼欢乐大篷车	洋县幼儿园
27	安康市	闫丽馨	刘子顺	罗癸癸	太极趣水俱乐部	旬阳市第三幼儿园
28	安康市	唐承芳	彭雪姣	陈 叶	管你玩个够	恒口示范区（试验区）第一幼儿园
29	安康市	余泽珍	姜久菊	陈清芳	玩转紫阳	紫阳县第二幼儿园
30	省直属	连鹏飞	朱 欢	苏 娟	奇妙的视觉暂留	西北工业大学幼儿园
31	省直属	刘沫含	寇思帆	吴晓娣	水波纹模拟器	西北工业大学南山幼儿园
幼儿园二等奖						
32	西安市	郭静云	郗卫霞	张 月	疯狂动物城	西安市灞桥区东城第一幼儿园
33	西安市	刘 红	史 婷	司丹妮	百变帐篷	西北农林科技大学实验幼儿园
34	宝鸡市	陈 超	王秀丽	李红玉	逐帧光影显像机	宝鸡陈仓北路幼儿园
35	宝鸡市	刘 萱	刘 瑶	万冰妮	托马斯奇遇记	中国人民解放军九六六○七部队八一幼儿园
36	宝鸡市	乌 英	张 焕	陈招弟	小纸盒大创意	中国人民解放军九六六○七部队八一幼儿园
37	咸阳市	董妙英	杨亚群		有趣的投球	咸阳市实验幼儿园
38	咸阳市	杨 烨	张 迁	崔海燕	神秘礼盒	秦都区育英名桥幼儿园
39	咸阳市	吕亚荣	吉 园	张 倩	我们的身体	渭城区惠普百禾幼儿园
40	渭南市	吴 庆	王 颖	姜 楠	液压工程团	大荔县洛滨幼儿园
41	渭南市	吴 乐	杜选英	王晓东	西游大闯关	富平县留古镇中心幼儿园
42	渭南市	于丽燕	李娟娟	陈利芳	丝绸之路漫游记	临渭区示范幼儿园
43	渭南市	张 兰	高 笑	张斯嫒	竹之乐	临渭区阳郭镇阳光幼儿园
44	渭南市	陈明利	徐园园	申 瑞	疯狂叮当猫	临渭区政府机关幼儿园
45	延安市	贺香瑜	寇小芳	石玉英	宝塔山下山丹丹花开	宝塔区第十三幼儿园
46	延安市	强 凤	车 婷	王晓辉	六面魔方	宜川县第五幼儿园
47	延安市	任艳丽	杨延芳	王景芳	机器人送惊喜	宜川县第五幼儿园
48	榆林市	米媌媌	马静茹	樊永青	云上音坊	靖边县第三幼儿园第二园区
49	榆林市	吕 恬	郭彩萍	刘 丹	潘多拉魔块	榆林市第九幼儿园
50	榆林市	王 璠			会舞动的乒乓球	子洲县蒲公英幼儿园
51	榆林市	樊 池	李晨标	童宇星	妙妙屋	榆林市第二十六幼儿园
52	榆林市	慕美琪	薛红红	马一畅	木塞乐翻天	榆林高新区第二幼儿园
53	榆林市	孙建玲	张 娜	陈 瑞	奇妙小窑洞	靖边县第三幼儿园

序号	市（区）	作者姓名			作品名称	所在单位
54	汉中市	周　玲	董　萌	王浚锟	"百变立方"教具	城固县第二幼儿园
55	汉中市	李小静	黄晓梅	饶飞飞	掌上区域系列	镇巴县城北幼儿园
56	汉中市	纪　培	吴　婷	靳阿苑	栈道乐园	汉中市幼儿园
57	安康市	吴　玲	李　娟	钱　萌	瓶盖乐翻天	旬阳市第一幼儿园
58	商洛市	党　静	郭祥惠	吴秀丽	新能源汽车	柞水县城区第三幼儿园
59	商洛市	李　华	刘　萍	米德文	瓶盖棋乐园	丹凤县第五幼儿园
60	商洛市	雷文燕	孙　倩	刘　欢	"布"据一格	柞水县城区第一幼儿园
61	韩城市	程冰妮	杨庆宇	刘　洁	米奇妙妙屋	韩城市龙门镇第一幼儿园
62	韩城市	谢　静	师晓彤	牛育贤	管与罐	韩城市新城区铁路幼儿园
63	府谷县	戈慧霞	孙红霞	张　敏	自制玩具书	府谷县第九幼儿园
64	省直属	袁艺秦	杜雨婷		红黄蓝，抱一抱	陕西学前师范学院附属幼儿园
			幼儿园三等奖			
65	西安市	邹琳芝	李艳娜	刘璐妍	当"锡"遇上"电"	西安电子科技大学幼儿园
66	西安市	欧阿卓	高芳霞	杨　洋	拥抱"十四运"萌宝"动起来"——百变运动游戏桌	西安市浐灞第三幼儿园
67	西安市	王佚楠	陈一欣	李浩蕊	玩转小纸箱	西安市莲湖民族幼儿园
68	西安市	王晓蓉			多彩体能空间	西安市新城区东方幼儿园
69	西安市	毛　怡	谷　黎	雷　蹦	天宫之谜	西安航天城中心幼儿园
70	西安市	张　甜	苏　欢	李　忱	自制棋——丝路大挑战	西安市第二保育院
71	西安市	王　怡	陈　兰	王　艺	多功能迷宫	临潼区交口第二幼儿园
72	西安市	宋亚会	郭　颖	雷雨田	奇迹光影房子	西安市曲江第一幼儿园
73	西安市	齐希敏	张　苗	袁　媛	幻彩光桌	陕西省西咸新区沣东新城后卫馨佳苑幼儿园
74	宝鸡市	张美云	罗　艳	杨　兰	移动体育馆	宝鸡市陈仓区示范幼儿园
75	宝鸡市	吕　莹	兰　洁	董　晔	Mini小"汽车"	宝鸡市眉县示范幼儿园
76	宝鸡市	谢　青	于　鑫		我有一个航天梦	宝鸡市眉县示范幼儿园
77	咸阳市	赵　茜			蘑菇小屋	咸阳市实验幼儿园
78	咸阳市	惠　萍			交通探索棋	渭城区文林幼儿园
79	咸阳市	史恒星	窦梦园	刘　凡	塑料瓶狂想曲	兴平市东城办北门幼儿园
80	咸阳市	熊月月	宋瑞丽	张　驰	"布"好玩儿	秦都区育英幼儿园
81	咸阳市	宋　敏	韩　娇	王高建	趣味大翻转	武功县幼儿园
82	咸阳市	迟恩萃	高克军		机器人大作战	咸阳市实验幼儿园

续表

序号	市（区）	作者姓名			作品名称	所在单位
83	咸阳市	张宁侠	张娟娟	马利亚	百变圈圈布	武功县德雅幼儿园
84	咸阳市	郭 婷	杨红霞	王敏庆	自制多功能玩具	武功县实验幼儿园
85	咸阳市	王 健	童巧巧	李宁莉	趣玩"布"	泾阳县幼儿园
86	渭南市	董 莹			彭衙皮影剧场	白水县彭衙幼儿园
87	渭南市	刘 彻			好玩的过滤器	华州区城关小学幼儿园
88	渭南市	陈 琼	王 辉	杜婷婷	玩转积木	大荔县洛滨幼儿园
89	渭南市	成 盼	刘 溪	李 敏	好玩的机器人	大荔县福安幼儿园
90	渭南市	李长征	王博文	曹新蓉	纺布机	蒲城县第三幼儿园
91	延安市	李 阳	张晨苗	古青东	趣味拔萝卜	黄龙县三岔幼儿园
92	延安市	许蒙蒙			洛川等你来	洛川县石头镇中心幼儿园
93	延安市	屈红侠	贾亚玲		格子里的世界	洛川县幼儿园
94	榆林市	冯小珂	冯 欢	思宇红	米奇妙妙屋之磁铁大世界	榆林市第十六幼儿园
95	榆林市	薛佳佳	高 姣	宋璐雅	闯关大探险	吴堡县示范幼儿园
96	榆林市	高艳梅	艾婷婷	石 维	梯形益智桥	米脂县第五幼儿园
97	汉中市	彭小多	高 恬	吴 琼	熊猫乐淘淘	佛坪县幼儿园
98	汉中市	李雅旎			森林运动会	南郑区恒大幼儿园
99	安康市	罗小慧	吴 娟	马 卉	趣味剧场	旬阳市第一幼儿园
100	安康市	沈 晶			"洞"手"洞"脑	汉阴县第三幼儿园
101	安康市	王 灿			魔板嗨翻天	汉阴县第三幼儿园
102	商洛市	张朝钰			有趣的转动	柞水县曹坪镇中心幼儿园
103	商洛市	韩 娅	屈佳莉	李 青	杯中探影	洛南县第三幼儿园
104	商洛市	杨丽丽	管凤霞	王 蓉	舞动的彩球	山阳县恒大幼儿园
105	商洛市	刘 璨	石亚静	沈仕琴	彩虹妙妙屋	柞水县曹坪镇中心幼儿园
106	商洛市	赵玲玲	王 鑫		疯狂的瓶盖	商州区第二幼儿园
107	省直属	李 敏	李雅雯	章悦悦	趣玩光影	陕西师范大学实验幼儿园
				小学特等奖		
108	西安市	蔡海涛	龚 睿		PVC管材——自制魔变趣味体育器材	西安市浐灞第二小学
109	西安市	李 土	郜安宁		纸箱版电路暗箱+纸杯版电路暗箱	西安高新第二小学
110	铜川市	邢 粉			抵抗弯曲	铜川市耀州区石柱镇演池小学
111	汉中市	陈郦君			新型便携式导体检测器	城固县考院小学

序号	市（区）	作者姓名	作品名称	所在单位
			小学一等奖	
112	西安市	张琴英	生活中的省力杠杆演示仪	西安建筑科学大学附属小学
113	西安市	段媛媛　孙丹琳　董怡君	多功能立体展台	西安市宏景小学
114	西安市	伍立威	旱地雪橇	西安航天城第二小学
115	西安市	路琪儿　寇磊　申晓	风的成因演示仪	西安高新区第十三小学
116	榆林市	冯海利	滚筒乐翻天	横山区城关小学
117	榆林市	马宁　张淼　许彩霞	滴水时钟	榆林市第六小学
118	安康市	张帝平	声音的高低原理演示仪	紫阳县第二小学
119	安康市	王丽娟	日照模型	安康市第一小学
			小学二等奖	
120	西安市	郭宣汝	新冠防疫立体绘本	西咸新区沣东新城第五小学
121	西安市	杜娟利　盖春丽　杨亮	拼拼乐	新城区太华路小学
122	西安市	卫德龙	中国空间站模型	西安经开第十三小学
123	西安市	陈佳媚　王晓丽　孟芸	大戏园真热闹	西安市莲湖区前卫路小学
124	西安市	王萍　董小云　李雷	自循环式生态家园	西安国际陆港第二小学
125	西安市	侯希维	分类难题我帮你——垃圾分类投放	西安铁一中滨河学校（小学部）
126	宝鸡市	张银秀	等底等面积百变模型	宝鸡市陈仓区虢镇小学
127	渭南市	张惺　刘磊落　秦跳跳	月相演示	临渭区解放路小学
128	榆林市	杜小慧	DIY声光地震报警器	子洲县实验小学
129	汉中市	王定全	空气能传播声音模拟器	宁强县实验小学
130	安康市	张书田　贺禹龙　张辉	简易胡蜂诱捕器	毛坝镇中心小学
			小学三等奖	
131	西安市	付小云　王颖　郭斌	电路暗盒	碑林区乐居厂小学
132	西安市	王瑾　程宝军	方位路线测量器	蓝田县滋水学校
133	西安市	晁悦　魏敏菲　杨海军	磁悬浮趣味演示装置	西安航天城第一小学
134	宝鸡市	侯永宁	梯形面积大小的探究模拟教具	宝鸡市陈仓区虢镇小学
135	宝鸡市	李秀芳	烙饼问题演示仪	宝鸡市金台区东仁堡小学
136	咸阳市	张育苗	风力发电厂	武功县普集镇中心小学
137	铜川市	王鑫	验证"光的传播路线"演示装置	铜川市印台区方泉小学
138	渭南市	李妮妮　董帅	家乡的艺术——陕西游	白水县白水小学

序号	市（区）	作者姓名	作品名称	所在单位
139	延安市	白 雪	叶子的秘密	延安市宝塔区川口乡中心小学
140	延安市	刘淑香	识字魔方	黄龙县中心小学
141	延安市	高泽坤	智能摆动机构	延安实验小学
142	榆林市	郭云芳　张世龙	多功能演示仪	定边县西关小学
143	汉中市	戴长安　范彬立　刘 铸	多功能量角器	镇巴县简池镇中心小学
144	安康市	柯宝林	张拉整体	石泉县后柳镇中心小学
145	商洛市	黄芳霞　司宏英　张 建	神奇的磁控饮水机	洛南县第二小学
146	商洛市	方先发	月相变化演示仪	商州区第二小学
初中一等奖				
147	咸阳市	王锁锋　杜 瑞	看见自己的声音	西藏民族大学附属中学
148	咸阳市	仵晨菡	人体血液循环演示装置	咸阳彩虹学校
149	渭南市	杨红兴	内能转化为机械能演示器	富平县东上官初中
150	榆林市	刘杰夫　赵 霞　杨文旭	色光综合演示仪	榆林市教育技术中心
151	榆林市	蔡元昊　王会东	眼睛成像及视力矫正演示器	靖边县第十中学
152	榆林市	张丽君　张永利	多功能圆	吴堡中学
初中二等奖				
153	西安市	陈 斐	人体血液循环途径的可操作模型	西安交大附中分校
154	宝鸡市	王亚丽　郭 阳　何昕妮	低段视障生单词拼写教玩具	宝鸡市特殊教育学校
155	宝鸡市	李爱民	电、磁、机械能转化演示器	宝鸡市凤县双石铺中学
156	咸阳市	全娟莉	Neighbourhood	淳化县卜家镇初级中学
157	铜川市	王敏敏	二氧化碳的制取及性质探究	铜川市宜君县彭镇中学
158	铜川市	管 昊	"青花瓷"美术教学仪	铜川市王益中学
159	铜川市	王 鸿	大航海时代	铜川市耀州区庙湾中学
160	渭南市	王莉果	勾股定律演示器	潼关县城关第二初级中学
161	延安市	赵 书　王 丽　张史玲	人体血液循环演示模型	延安市新区第一中学
162	安康市	陈宗礼　李远军　李丽达	心搏与血液循环动态模型	汉王镇初级中学
初中三等奖				
163	西安市	冯玲娜　高佳媛	多功能滑轮综合探究板	西安市庆安初级中学
164	西安市	强志科	数字化比例可调光的合成原理演示器	西安铁一中分校
165	西安市	常 敏	钉板床压强演示器	西安市经开第一中学

序号	市（区）	作者姓名	作品名称	所在单位
166	西安市	崔　婧	眼球模型	西安市西光中学
167	西安市	郭　瑾	探究矩形判定方法的工具	高陵区第四中学
168	咸阳市	王锁锋　杜　瑞	悬浮球	西藏民族大学附属中学
169	咸阳市	王君莉	消化系统磁力教具	旬邑县实验中学
170	渭南市	王　琼　孙　凡　刘　欢	自制电动机	渭南初级中学
171	渭南市	李锦绣	"金属与酸反应"自制教具	渭南中学
172	渭南市	郑　君	DIY多功能训练箱	渭南市特殊教育学校
173	榆林市	冯治山	液体气化吸热现象演示仪	榆林市教育技术中心
174	汉中市	秦　露	二氧化碳的性质探究	佛坪县初级中学
175	安康市	张朝全	电动门	白河县城关初级中学
			高中特等奖	
176	西安市	孙　涛	"可视化"电源内阻实验演示仪	西安市经开第一中学
177	西安市	倪　侃　吕康社　赵云轩	按键式光谱观察仪	西安市第八十五中学
178	延安市	姚丽娟	光学RGB三原色混色演示仪	延安中学
179	安康市	樊　进　岳显兵　何昌锋	一种新型自制反射弧兴奋传导演示仪	旬阳中学
180	商洛市	贾根春　胡慧霞　雷建设	光伏太阳能全自动跟踪控制器	陕西省山阳中学
181	省直属	马文哲	手持便携式电导率检测仪	陕西省西安中学
			高中一等奖	
182	西安市	孙永强　朱鹏飞　武玄琴	平抛运动实验装置	西安高新第一中学
183	宝鸡市	肖　飞	连续化微型实验气体制备及性质探究多功能仪器	宝鸡中学
184	咸阳市	肖兴华	手摇电风扇和电风扇	咸阳市实验中学
185	商洛市	王　峰　奚　明	适用多人场所防疫语音警示器	陕西省山阳中学
186	府谷县	张福平	北半球三圈环流模型与气压带风带形成	府谷县府谷中学
			高中二等奖	
187	西安市	王俊博	通电螺线管磁场强弱演示仪	西安市东元路学校
188	西安市	马海涛	电感和电容交变电流的影响演示	西安市田家炳中学
189	渭南市	李瑞瑞　马伟锋　冯红俊	互联网水位监测报警器	白水县白水中学

序号	市（区）	作者姓名			作品名称	所在单位
190	延安市	王冬生	郭 伟	闫新力	数字式向心力演示仪	延安市安塞区高级中学
191	榆林市	霍 雄	苏 宏	延娜娜	单摆测量重力加速度试验器	绥德县第一中学
192	省直属	王 欢			玻意耳定律演示器	陕西省西安中学
193	省直属	关秋霞			反射弧结构演示模型	西安市长庆未央湖学校
高中三等奖						
194	西安市	王 朵			动物细胞系列亚显微模型	西安市铁一中陆港高级中学
195	铜川市	刘益涛			超重失重体验仪	铜川市耀州区耀州中学
196	延安市	李世全			一种多功能地球仪	延安市安塞区高级中学
197	延安市	张四海	党珍珍		中国季风气候风向模拟器	延安市实验中学
198	安康市	高鲜维			齿轮传动结构——变速齿轮组	汉阴中学

（2）陕西省 2021 年基础教育优秀教学成果自制教具类学生获奖名单

序号	类别	市（区）	作者姓名	作品名称	指导教师	所在单位	奖次
1	小学	渭南市	师帅一	机械手	纪 宁	渭南高新区第一小学	一等奖
2	小学	咸阳市	张妙菱	液压杠杆吊车	李文一	咸阳市实验学校	二等奖
3	小学	西安市	刘睿智	桌面投篮机	何亚丽	西安市经开第四小学	三等奖
4	小学	铜川市	霍瑾逸	浮沉玩偶	王 鑫	铜川市印台区方泉小学	三等奖
5	小学	渭南市	峇忻昱	无动力小喷泉	李海燕	渭南市华州区南街小学	三等奖
6	高中	西安市	马浩轩 张 沫 郝子飞	遗传信息的转录系列教具	侯芝娟 何 贞 姚艳玲	周至中学	一等奖
7	高中	西安市	张 恒 李冬冬 王炳惠	DNA双螺旋立体教学模型	侯芝娟 何 贞 姚艳玲	周至中学	二等奖
8	高中	宝鸡市	李艺涵	DNA双螺旋结构模型	刘 香	宝鸡中学	三等奖

4.陕西省科协 2022 年度高水平专业性学术交流项目

根据《陕西省科协 2022 年度高水平专业性学术交流项目评审办法》，2022 年度高水平专业性学术交流项目严格按照项目公开申报、初审、专家评审等程序，最终确定示范项目 1 个、重点项目 5 个、特色项目 20 个。

陕西省科协2022年度高水平专业性学术交流项目评审结果

序号	申报题目	申报单位	评审结果
1	2022年黄河流域生态保护和高质量发展学术论坛	陕西省水力发电工程学会	示范
2	第五届光子学与光学工程国际会议（icPOE 2022）暨第十四届西部光子学学术会议	陕西省光学学会	重点
3	首届陕核高峰论坛	陕西省核学会	重点
4	第六届国际丝路新能源与智能网联汽车大会	陕西省汽车工程学会	重点
5	第一届陕西省肿瘤学术大会	陕西省抗癌协会	重点
6	全国农业与气象论坛	陕西省气象学会	重点
7	陕西省第十四届动物生态学与野生动物资源保护管理研讨会	陕西省动物学会	特色
8	第十二届中西部地区土木建筑学术年会	陕西省土木建筑学会	特色
9	第一届全国"微生物与绿色发展"西安高峰论坛暨陕西省微生物学会第七学术金秋活动	陕西省微生物学会	特色
10	第一届数字交通创新发展学术论坛	陕西省公路学会	特色
11	减污降碳、协同增效，共建美丽陕西——2022年环境科学技术年会	陕西省环境科学学会	特色
12	"时空信息全面服务数字经济"高峰论坛	陕西省测绘地理信息学会	特色
13	第三届中国智能机器人学术年会	陕西省计算机学会	特色
14	第一届储能与节能国际研讨会	西安交通大学	特色
15	2022第六届陕西物联网技术及应用研讨会	陕西省通信学会	特色
16	陕西省氢产业创新发展学术研讨会	陕西省化工学会	特色
17	陕西省园艺产业绿色发展学术研讨会	陕西省园艺学会	特色
18	西北五省（区）护理学术研讨会	陕西省护理学会	特色
19	数字乡村建设与乡村振兴科技论坛	陕西省生态学会	特色
20	2022航空工业国际论坛	陕西省航空学会	特色
21	测井技术策源地高端论坛	陕西省石油学会	特色
22	第十二届全国高校城市地下空间工程专业建设研讨会	陕西省岩土力学与工程学会	特色
23	2022年心理卫生学术年会	陕西省心理卫生协会	特色
24	2022年陕西省农业工程高质量发展学术研讨会	陕西省农业工程学会	特色
25	中国抗癌协会妇科肿瘤专业委员会第十九届全国妇科肿瘤学术大会	陕西省抗癌协会	特色
26	"学术金秋进校企"科技期刊服务国家重大战略系列学术活动：培养科技人才促进成果转化——主编与作者见面会	陕西省科技期刊编辑学会	特色

5. 2022年度陕西省科协科技期刊项目

根据《2022年度陕西省科协科技期刊项目评审办法》，2022年度省科协科技期刊项目严格按照公开申报、初审、专家评审等程序，最终确定科技期刊培育类12个、主编（社长）沙龙类2个、小型学术研讨活动类14个、人才队伍建设活动类13个。

2022年度陕西省科协科技期刊项目结果——科技期刊培育类

序号	申报题目	申报单位	评审结果
1	科技期刊优质稿源建设与知识服务提升	《光子学报》	重点
2	"稀有金属材料与工程"学术质量和影响力提升行动	《稀有金属材料与工程》	重点
3	"卓越计划"背景下一流英文科技期刊发展策略及实践	《交通运输工程学报（英文）》	重点
4	电子信息领域科技期刊稿源及影响力建设	《西安电子科技大学学报》	特色
5	科技期刊与航空航天产业融合发展研究	《西北工业大学学报》	特色
6	基于专刊出版的学术期刊高影响力建设	《中国公路学报》	特色
7	基于"四个面向"实现《陕西师范大学学报（自然科学版）》提质增效	《陕西师范大学学报（自然科学版）》	特色
8	基于学术影响的优质稿源建设	《交通运输工程学报》	特色
9	刊载强国梦，争创首发权——网络首发增强科技期刊及学术话语权	《水土保持学报》	特色
10	面向"双碳"目标的电力期刊特色专题培育	《热力发电》	特色
11	基于一流学科地质学的综合性学术期刊特色化路径研究	《西北大学学报（自然科学版）》	特色
12	交叉融合引领创新——综合性学报的特色化办刊实践	《西安交通大学学报》	特色

2022年度陕西省科协科技期刊项目结果——主编（社长）沙龙类

序号	申报题目	申报单位	评审结果
1	陕西省科技期刊国际影响力提升路径研讨主编沙龙	西北有色金属研究院、陕西省科技期刊编辑学会	通过
2	陕西省高校世界一流科技期刊建设研讨会	长安大学、陕西省高校学报联合会	通过

2022年度陕西省科协科技期刊项目结果——小型学术研讨活动类

序号	申报题目	申报单位	评审结果
1	陕西能源类科技期刊战略协同发展打造集群数字化服务平台	《石油工业技术监督》	通过
2	"学科交叉融合刊学并蒂创新"	《西北大学学报（自然科学版）》	通过
3	科技期刊优质内容传播与推广策略研讨	长安大学期刊管理中心	通过
4	科技期刊服务科研成果产业化研究	《中国油脂》	通过
5	科技期刊特色栏目建设与质量提升研讨会	《应用光学》	通过

序号	申报题目	申报单位	评审结果
6	科技期刊出版中的科学数据管理及服务学术研讨	《计算机技术与发展》	通过
7	中文科技期刊青年编委会的组织与实践	《中国材料进展》	通过
8	科技期刊螺旋上升式专业化发展路径："企业+"模式专栏探索	《中国皮肤性病学杂志》	通过
9	陕西省科技期刊出版产业高峰论坛	《机械科学与技术》	通过
10	科技期刊版权规范与保护学术研讨会	西安交通大学期刊中心	通过
11	综合性高校学报集群化协同出版和特色差异化发展研讨活动	《咸阳师范学院学报》	通过
12	期刊航天特色专栏专刊发展研讨	《火箭推进》	通过
13	陕西地方应用型本科高校学报稿源质量	《安康学院学报》	通过
14	微特电机技术创新与发展论坛	西安微电机研究所有限公司	通过

2022年度陕西省科协科技期刊项目结果——人才队伍建设活动类

序号	申报题目	申报单位及申报人	评审结果
1	国产数字出版平台全流程一体化实践	《光子学报》——张威	通过
2	科技期刊助力产业进步——微信公众号运营探索	《钛工业进展》——何蕾	通过
3	建设世界一流期刊背景下英文科技期刊编辑职业发展路径研究	《交通运输工程学报（英文）》——李洋	通过
4	科技期刊数字出版能力提升与实践	《中国公路学报》——马勇	通过
5	媒体融合背景下科技期刊传播力研究策略	《棉纺织技术》——李舒婕	通过
6	科技期刊编辑队伍建设的问题及对策	《西安建筑科技大学学报》——闫增峰	通过
7	陕西科技期刊专刊出版活跃度及服务能力研究	《地球科学与环境学报》——马文军	通过
8	期刊特色人才队伍建设研究	《测井技术》——杜雪威、冯琳伟	通过
9	数字化背景下学术期刊人才队伍建设路径探析	《水土保持学报》——王红红	通过
10	基于能力管理的科技期刊编辑人员评价体系研究	《石油管材与仪器》——屈忆欣	通过
11	办刊人才职业发展路径研究	长安大学期刊管理中心——任璐	通过
12	科技期刊人才队伍的现状及发展	《火炸药学报》——李念念	通过
13	科技期刊论文处理费和版面费收取情况调研	《中国油脂》——武丽荣	通过

6. 陕西省会企校企协作项目

根据省科协《关于申报陕西省会企校企协作项目的通知》（陕科协发〔2022〕事企字9号）要求，在有关学会、协会、研究会，高校科协申报的基础上，经评审，"创新领跑，科技赋能——三航聚力政产学研深度融合""助力独立医学实验室高质量发展会企校企协作项目"等20个项目入选。

陕西省科协会企校企协作项目评审结果入选名单

序号	项目名称	报送单位
1	创新领跑，科技赋能——三航聚力政产学研深度融合	西北工业大学科协
2	猕猴桃溃疡病高效防控技术科技服务	西北农林科技大学科协
3	汇聚科教资源助力企业创新发展	西安理工大学科协
4	纺织装备智能制造科技服务团	西安工程大学科协
5	智能传感器感知会企校企协作	宝鸡文理学院科协
6	区域关键有色金属加工制备校企协作项目	西安建筑科技大学科协
7	前列腺癌康复AI辅助诊断治疗技术研发	西京学院科协
8	汉中航空制造及装备研发校企协同创新平台	陕西理工大学科协
9	校企协同助力陕西能源行业企业提质增效项目	西安石油大学科协
10	延安能源技术产业链创新链融合发展实践	延安大学科协
11	陕西省汽车行业会企联动协同创新项目	陕西省汽车工程学会
12	富硒食品产业质量强基与学会服务能力提升	陕西省食品科学技术学会
13	凝聚畜牧兽医会企力量助力陕西省乡村产业振兴	陕西省畜牧兽医学会
14	助力独立医学实验室高质量发展会企校企协作项目	陕西省医学会
15	智能测控技术会企协作创新	陕西省自动化学会
16	学会助力地方中小企业技术水平提升	陕西省机械工程学会
17	口腔软硬组织保存与修复重建协作项目	陕西省医学传播学会
18	煤炭绿色高效清洁分质化工利用	陕西省化工学会
19	省消防协会——西科大联合助企项目	陕西省消防协会
20	陕西省图学学会科技咨询与人才培训	陕西省图学学会

7. 2022年陕西省科协"志行陕西"高校科技志愿服务资助项目

为全面贯彻落实党的二十大精神，广泛动员高校科技工作者、大学生和基层科技工作者投身科技志愿服务事业，弘扬和践行科技志愿服务精神，省科协开展"志行陕西"高校科技志愿服务项目申报评审工作，"能源领域'双碳'技术科普途径拓展与实践""飞天逐梦——点亮孩子们心中的航天梦"等 11 个项目获得资助。

2022年陕西省科协"志行陕西"高校科技志愿服务资助项目名单

序号	项目名称	承担单位	负责人
1	能源领域"双碳"技术科普途径拓展与实践	西安交通大学	刘文凤
2	飞天逐梦——点亮孩子们心中的航天梦	西北工业大学	岳晓奎
3	大手拉小手，一起去追"星"	西北农林科技大学	宋育阳
4	"本草"科技志愿服务项目	陕西师范大学	俱名扬
5	凝聚科普之光，焕发科学精神——西北大学博物馆科普"志"行	西北大学	杨国栋
6	轻工筑梦新征程科普宣传实践项目	陕西科技大学	徐卫涛
7	延安大学走近身边的生物科普志愿服务	延安大学	陈国梁
8	云端筑梦师——科普启智帮教助学科技志愿服务项目	西安工程大学	黄　冠
9	"秋叶静美"——中医药融入安宁疗护的科技志愿服务体系	陕西中医药大学	侯　滢
10	商洛学院秦岭科技馆	商洛学院	程　敏
11	"智慧助农，巾帼筑梦"——服务乡村振兴巾帼科技志愿行动	西安培华学院	班　理

三、创新活动先进单位及个人

1. 陕西省科协所属省级学会 2021 年度学会评估

根据《陕西省科协 2021 年度学会评估工作办法》，省科协组织所属省级学会开展 2021 年度评估工作。经学会申报、形式审查、会议评审、省科协党组会议审议，评出四星级学会 15 个，三星级学会 35 个、二星级学会 50 个。

陕西省科协所属省级学会2021年度学会评估结果
四星（15个学会）

序号	学会名称
1	陕西省医学会
2	陕西省老科学技术教育工作者协会
3	陕西省药学会
4	陕西省汽车工程学会
5	陕西省通信学会
6	陕西省微生物学会
7	陕西省水力发电工程学会
8	陕西省石油学会

序号	学会名称
9	陕西省康复医学会
10	陕西省动物学会
11	陕西省机械工程学会
12	陕西省护理学会
13	陕西省电子学会
14	陕西省林学会
15	陕西省煤炭学会

三星（35个学会）

序号	学会名称
1	陕西省气象学会
2	陕西省天文学会
3	陕西省营养学会
4	陕西省消防协会
5	陕西省抗癌协会
6	陕西省植物学会
7	陕西省农业工程学会
8	陕西省生理科学会
9	陕西省化工学会
10	陕西省测绘地理信息学会
11	陕西省照明学会
12	陕西省生态学会
13	陕西省金属学会
14	陕西省科学技术情报学会
15	陕西省土木建筑学会
16	陕西省体育科学学会
17	陕西省光学学会
18	陕西省园艺学会
19	陕西省古生物学会
20	陕西省计算机学会
21	陕西省自动化学会
22	陕西省心理卫生协会
23	陕西省食品科学技术学会

序号	学会名称
24	陕西省环境科学学会
25	陕西省中西医结合学会
26	陕西省野生动植物保护协会
27	陕西省性学会
28	陕西省岩土力学与工程学会
29	陕西省自然科学学会研究会
30	陕西省农作物学会
31	陕西省科普作家协会
32	陕西省纳米科技学会
33	陕西省科技期刊编辑学会
34	陕西省防痨协会
35	陕西省宇航学会

二星（50个学会）

序号	学会名称
1	陕西省遗传学会
2	陕西省图象图形学学会
3	陕西省植物病理学会
4	陕西省土壤学会
5	陕西省水土保持学会
6	陕西省细胞生物学学会
7	陕西省电源学会
8	陕西省特种设备协会
9	陕西省生物化学与分子生物学学会
10	陕西省心理学会
11	陕西省地球物理学会
12	陕西省工业与应用数学学会
13	陕西省土地学会
14	陕西省力学学会
15	陕西省毒理学会
16	陕西省预防医学会
17	陕西省地质学会

序号	学会名称	
18	陕西省物理学会	
19	陕西省法医学会	
20	陕西省工程热物理学会	
21	陕西省高等院校科学技术协会联合会	
22	陕西省铁道学会	
23	陕西省植物保护学会	
24	陕西省化学会	
25	陕西省水产学会	
26	陕西省有色金属学会	
27	陕西省数学会	
28	陕西省中医药专家协会	
29	陕西省声学学会	
30	陕西省标准化协会	
31	陕西省烟草学会	
32	陕西省纺织工程学会	
33	陕西省振动工程学会	
34	陕西省工艺美术学会	
35	陕西省腐蚀与防护学会	
36	陕西省麻风防治与皮肤健康协会	
37	陕西省真空学会	
38	陕西省生物医学工程学会	
39	陕西省微运动健康学会	
40	陕西省文物考古工程协会	
41	陕西省营养师协会	
42	陕西省中医药学会	
43	陕西省反邪教协会	
44	陕西省电工技术学会	
45	陕西省针灸学会	
46	陕西省电机工程学会	
47	陕西省农村专业技术协会联合会	
48	陕西省计量测试学会	
49	陕西省解剖学会	
50	陕西省印刷技术协会	

2. 2022年陕西省企业"三新三小"创新竞赛优秀组织单位

为深入贯彻习近平总书记来陕考察重要讲话精神，助力秦创原创新驱动平台建设，深化"两链"融合，坚持创新驱动，在全省企业营造良好的创新生态，陕西省科学技术协会、陕西省工业和信息化厅、陕西省人民政府国有资产监督管理委员会在全省企业中开展2021年陕西省企业"三新三小"创新竞赛，并评选出汉中市科协、宝鸡市科协、西安市科协、咸阳市科协、陕西煤业化工集团有限责任公司、陕西燃气集团科协、陕西电子信息集团公司科协、西部机场集团企业科协、陕西法士特汽车传动集团有限责任公司科协、陕西交通控股集团有限公司科协等10个优秀组织单位。

2022年陕西省企业"三新三小"创新竞赛优秀组织单位名单

序号	单位
1	汉中市科协
2	宝鸡市科协
3	西安市科协
4	咸阳市科协
5	陕西煤业化工集团有限责任公司
6	陕西燃气集团科协
7	陕西电子信息集团公司科协
8	西部机场集团企业科协
9	陕西法士特汽车传动集团有限责任公司科协
10	陕西交通控股集团有限公司科协

3. "典赞·2022科普中国"陕西省科协拟推荐名单

根据《中国科协办公厅关于开展"典赞·2022科普中国"活动的通知》有关要求，陕西省科协拟推荐纪俭、贾栓孝、李英等10位年度科普人物和10项年度科普作品。

"典赞·2022科普中国"活动陕西省科协拟推荐名单

一、年度科普人物（10名）		
序号	姓名	单位
1	纪　俭	西安市鄠邑区高级职业农民、葡萄研究所所长、农艺研究员（科研科普人物）
2	贾栓孝	宝鸡钛业股份有限公司总经理、总工程师、正高级工程师（科研科普人物）

序号	姓名	单位
3	李 英	汉中市农业技术推广与培训中心油菜首席专家/推广研究员（科研科普人物）
4	殷 刚	平利县神草园茶业有限公司董事长、初级农艺师（科研科普人物）
5	冯佰利	西北农林科技大学教授（科研科普人物）
6	杜兆江	西安市中心医院眼科主任副主任医师（基层与社会科普人物）
7	柏景森	西京电器总公司离退办政工师退休干部（基层与社会科普人物）
8	屈军涛	洛川县苹果生产技术推广服务中心主任、农机推广员（基层与社会科普人物）
9	高 强	榆林市科技馆科普大篷车志愿服务队负责人、榆林市科学技术馆馆长（基层与社会科普人物）
10	罗品芝	汉阴县平梁镇中心卫生院院长、汉阴县平梁镇科协副主席（基层与社会科普人物）
二、年度科普作品（10个）		
1	《种业中国》李栋（科普图书）	
2	《谎言修复师》张军（科普图书）	
3	《漫画地震小知识》谢迪菲（科普图书）	
4	《时间科学馆》窦忠（科普图书）	
5	《最后的熊猫村庄》白忠德（科普图书）	
6	《病毒演义：人类与病毒的博弈》景富春（科普图书）	
7	《草木祁谈》祁云枝（科普图书）	
8	《玩在自然中》王莉（科普图书）	
9	"国防科技成就专题展"陕西国防科技展览馆（科普展览）	
10	"昆虫伪装大师与昆虫歌手科普展览"西北农林科技大学博览园（科普展览）	

4. 陕西省2022年优秀科普创作作品征集活动优秀组织单位

2022年4月6日，省科协、省教育厅联合印发了《关于开展陕西省2022年优秀科普创作作品征集活动的通知》（陕科协发〔2022〕宣字5号）。省科协会同省教育厅，制订了《陕西省2022年优秀科普创作作品征集活动评审办法》，于7月25日，按照初筛、初评、集中评审的程序，召开了集中评审会，共评出一等奖30件、二等奖100件、三等奖150件、优秀奖200件，优秀组织单位30家。

陕西省2022年优秀科普创作作品征集活动优秀组织单位（排名不分先后）

序号	单位
1	宝鸡市科学技术协会
2	陕西省科普宣传教育中心
3	西安思源学院
4	沐施教育培训
5	安康学院
6	空军军医大学第二附属医院
7	咸阳市渭城区文林学校
8	童心思维少儿美术基地
9	陕西国际商贸学院
10	延安市科技馆
11	渭南师范学院
12	陕西职业技术学院
13	陕西服装工程学院
14	西安市曲江第一小学
15	西咸新区第一小学
16	西安理工大学
17	宝鸡市第一中学
18	宝鸡市金台区石油小学
19	宝鸡高新第二小学
20	咸阳师范学院
21	西安医学院
22	宝鸡文理学院
23	陕西中医药大学
24	陕西省人民医院
25	西安大兴医院
26	榆林学院
27	西安交通大学第一附属医院
28	西安美术学院

序号	单位
29	宝鸡高新第五小学
30	陕西巴别塔教育科技有限公司

4.2022 年"典赞·科普三秦"活动获奖名单

根据省科协《关于开展 2022 年"典赞·科普三秦"活动的通知》（陕科协发〔2022〕普字 38 号）、《关于开展 2022 年"典赞·科普三秦"活动的补充通知》（陕科协发〔2022〕普字 47 号）有关要求，通过公开申报、资格审查、专业评审等程序，评选出纪俭、贾栓孝、杜兆江等 10 名年度科普人物。

2022年"典赞·科普三秦"活动获奖名单（年度科普人物）

序号	推荐单位	申报类别	姓名	工作商位
1	西安市科协	年度科普人物	纪 俭	西安市鄠邑区高级职业农民、葡萄研究所所长、农艺研究员
2	宝鸡市科协	年度科普人物	贾栓孝	宝鸡钛业股份有限公司总经理、总工程师、正高级工程师
3	西安市科协	年度科普人物	杜兆江	西安市中心医院眼科主任、副主任医师
4	西安市科协	年度科普人物	柏景森	西京电器总公司离退办政工师退休干部
5	榆林市科协	年度科普人物	高 强	榆林市科技馆科普大篷车志愿服务队、榆林市科学技术馆馆长
6	安康市科协	年度科普人物	罗品芝	汉阴县平梁镇中心卫生院院长、汉阴县平梁镇科协副主席
7	铜川市科协	年度科普人物	王彩红	陕西省铜川市耀华瓷业有限公司艺术总监高级工艺美术师
8	铜川市科协	年度科普人物	张 军	铜川市新区锦绣园小学副校长、小学高级职称
9	陕西省宇航学会	年度科普人物	崔万照	中国空间技术研究院西安分院研究员
10	西北大学科协	年度科普人物	白 琳	西北大学博物馆科研部副部长、文博馆员

后 记

科学技术正以前所未有的速度不断发展。我们目睹了人工智能、大数据、基因编辑等领域的突破，这些创新为我们的生活带来了巨大的便利和机遇。然而，这同时也带来了一系列的挑战，需要我们共同应对。

科学技术的迅猛发展对公众科学素质提出了新的要求。我们身处一个充满科技的时代，了解科学和技术已经成为公民的基本素养。了解科学的原理和方法，具备科学思维和判断能力，能够理性看待科技的利与弊，成为身处瞬息万变时代的我们必须追求和具备的素养。我们需要加强科学教育，提高公众的科学素质，以便更好地应对科技发展带来的挑战。

在这个科技飞速发展的时代，我们不能袖手旁观。面对挑战，我们应该积极参与和适应变革，不断提升自己的科学素质和适应能力。只有这样，我们才能更好地把握科技带来的机遇，并为经济、社会的可持续发展作出贡献。

作为科教大省的陕西，近年来在提升公众科学素质方面进行了大胆探索和改革，并取得了丰硕的成果。公众对科学的认知水平和科学思维能力得到了明显提高，科学知识在社会中的传播和应用得到了更广泛的推广。这不仅为陕西的科技创新奠定了坚实的基础，也为公众参与科学决策、推动社会进步提供了有力的支持。未来，陕西将继续积极推动科学传播工作，加强科普基地建设，创新科普方式，培养更多的科普人才，进一步提升公众的科学素质，为实现科技强省的目标贡献力量。

为了使社会各界更加重视科普工作，深入了解陕西省在提升公众科学素质方面的工作及其成效，以设立于西北工业大学的陕西省公众科学素质发展研究中心（2021 年成立）为主体，在西北工业大学双一流基地建设基金的支持下，编纂出版了《陕西省公众科学素质发展年鉴（2022）》。

囿于研究水平和能力，年鉴中难免会有不足、疏漏甚至错讹之处，敬请专家学者及读者朋友批评指正。

公众科学素质发展研究中心《陕西公众科学素质发展年鉴 2022》
编写组
2023 年 6 月